住房和城乡建设部“十四五”规划教材
高等职业教育土建类专业“互联网+”数字化创新教材

建筑工程计算机辅助技术应用
（第二版）

王昌辉　吴顺平　主　编

中国建筑工业出版社

图书在版编目（CIP）数据

建筑工程计算机辅助技术应用 / 王昌辉，吴顺平主编. -- 2 版. -- 北京：中国建筑工业出版社, 2024. 8. -- (住房和城乡建设部“十四五”规划教材) (高等职业教育土建类专业“互联网+”数字化创新教材).

ISBN 978-7-112-30096-9

Ⅰ. TU-39

中国国家版本馆CIP数据核字第2024BM5065号

本教材共分七个项目，以实际工程案例为载体，较为详细地介绍了预备知识、绘图环境设置、基本绘图技巧、建筑施工图绘制、结构施工图绘制、布局与打印输出和结构模型三维转换等内容。

本教材可作为高等职业院校土木建筑类学生的教材和教学参考书，也可作为建设类行业企业相关技术人员的学习用书。

为更好地支持本课程的教学，我们向使用本书的教师免费提供教学课件，有需要者请与出版社联系，索要方式为：1. 邮箱 jckj@cabp.com.cn；2. 电话（010）58337285；3. 建工书院 http：//edu.cabplink.com。

责任编辑：刘平平　李　阳

责任校对：张　颖

住房和城乡建设部“十四五”规划教材

高等职业教育土建类专业“互联网+”数字化创新教材

建筑工程计算机辅助技术应用（第二版）

王昌辉　吴顺平　主　编

*

中国建筑工业出版社出版、发行（北京海淀三里河路9号）

各地新华书店、建筑书店经销

北京点击世代文化传媒有限公司制版

北京圣夫亚美印刷有限公司印刷

*

开本：787 毫米 ×1092 毫米　1/16　印张：12¾　插页：11　字数：339 千字

2024 年 8 月第二版　2024 年 8 月第一次印刷

定价：**45.00** 元（赠教师课件）

ISBN 978-7-112-30096-9

（43179）

如有内容及印装质量问题，请与本社读者服务中心联系

电话：(010) 58337283　QQ：2885381756

（地址：北京海淀三里河路 9 号中国建筑工业出版社 604 室　邮政编码：100037）

出版说明

党和国家高度重视教材建设。2016年，中办国办印发了《关于加强和改进新形势下大中小学教材建设的意见》，提出要健全国家教材制度。2019年12月，教育部牵头制定了《普通高等学校教材管理办法》和《职业院校教材管理办法》，旨在全面加强党的领导，切实提高教材建设的科学化水平，打造精品教材。住房和城乡建设部历来重视土建类学科专业教材建设，从“九五”开始组织部级规划教材立项工作，经过近30年的不断建设，规划教材提升了住房和城乡建设行业教材质量和认可度，出版了一系列精品教材，有效促进了行业部门引导专业教育，推动了行业高质量发展。

为进一步加强高等教育、职业教育住房和城乡建设领域学科专业教材建设工作，提高住房和城乡建设行业人才培养质量，2020年12月，住房和城乡建设部办公厅印发《关于申报高等教育职业教育住房和城乡建设领域学科专业“十四五”规划教材的通知》（建办人函〔2020〕656号），开展了住房和城乡建设部“十四五”规划教材选题的申报工作。经过专家评审和部人事司审核，512项选题列入住房和城乡建设领域学科专业“十四五”规划教材（简称规划教材）。2021年9月，住房和城乡建设部印发了《高等教育职业教育住房和城乡建设领域学科专业“十四五”规划教材选题的通知》（建人函〔2021〕36号）。为做好“十四五”规划教材的编写、审核、出版等工作，《通知》要求：(1) 规划教材的编著者应依据《住房和城乡建设领域学科专业“十四五”规划教材申请书》（简称《申请书》）中的立项目标、申报依据、工作安排及进度，按时编写出高质量的教材；(2) 规划教材编著者所在单位应履行《申请书》中的学校保证计划实施的主要条件，支持编著者按计划完成书稿编写工作；(3) 高等学校土建类专业课程教材与教学资源专家委员会、全国住房和城乡建设职业教育教学指导委员会、住房和城乡建设部中等职业教育专业指导委员会应做好规划教材的指导、协调和审稿等工作，保证编写质量；(4) 规划教材出版单位应积极配合，做好编辑、出版、发行等工作；(5) 规划教材封面和书脊应标注“住房和城乡建设部‘十四五’规划教材”字样和统一标识；(6) 规划教材应在

“十四五”期间完成出版，逾期不能完成的，不再作为《住房和城乡建设领域学科专业“十四五”规划教材》。

住房和城乡建设领域学科专业“十四五”规划教材的特点，一是重点以修订教育部、住房和城乡建设部“十二五”“十三五”规划教材为主；二是严格按照专业标准规范要求编写，体现新发展理念；三是系列教材具有明显特点，满足不同层次和类型的学校专业教学要求；四是配备了数字资源，适应现代化教学的要求。规划教材的出版凝聚了作者、主审及编辑的心血，得到了有关院校、出版单位的大力支持，教材建设管理过程有严格保障。希望广大院校及各专业师生在选用、使用过程中，对规划教材的编写、出版质量进行反馈，以促进规划教材建设质量不断提高。

住房和城乡建设部“十四五”规划教材办公室

2021年11月

前言

计算机辅助设计（CAD）在我国建筑行业的应用越来越广泛，对于高等职业院校土建施工类学生来说，建筑 CAD 是必修的专业基础课程，与建筑识图、建筑构造、BIM 建模等课程紧密联系，培养学生掌握建筑信息化技术和计算机运用基础知识，具备绘制土建工程竣工图和施工图的能力。

本书共七个项目，以实际工程案例为载体，较为详细地介绍了建筑 CAD 的预备知识、绘图环境设置、基本绘图技巧、建筑施工图绘制、结构施工图绘制、布局与打印输出和结构模型三维转换等内容。

本书作为住房和城乡建设部“十四五”规划教材、高等职业教育土建类专业“互联网 +”数字化创新教材，主要特色有：

1. 落实“立德树人”根本任务，融入课程思政元素。以培养学生遵纪守法、爱岗敬业、诚实守信等职业素养为主线，将爱国情怀、安全意识、工匠精神等思政元素融入到教材的各个项目中。

2. 理实一体。采取项目引领、任务驱动的学习方式，实现“岗课赛证”融通。围绕实际工程案例“某学校综合实训大楼”施工图纸，整理出建筑工程识图赛项和“1+X”考证建筑工程识图职业技能等级考证绘图实训。

3. 配套数字化资源，适应教学信息化要求。通过扫描二维码观看教学视频，方便学生自主学习。

4. 兼顾内容的系统性和实用性。根据建筑制图步骤，较为系统地介绍了绘图软件的知识和技巧，循序渐进、简明扼要，内容实用。

5. 图文并茂，通俗易懂。编者对每个任务都做了概括归纳和实践经验总结，对读者学习有很大帮助。尤其是在精心设计的任务拓展中，帮助学生在实例操作中提升和巩固 CAD 绘图技能。

本教材可以作为高等职业学校建筑工程技术、装配式建筑工程技术、智能建造技术、工程造价、建设工程管理、建设工程监理、城乡规划、智慧城市管理技术等专业教材，亦可作为广大工程技术人员学习参考用书。

本书由贵州建设职业技术学院王昌辉教授、吴顺平副教授任主编，贵州建设职业技术学院邹林、黄青、李娜、王淼，广州市城市建设职业学校费腾、杨春娣，云南建设学校陈超、贵州开放大学（贵州职业技术学院）阳露、广州中望龙腾软件股份有限公司宋愉祥、贵州省建筑设计研究院有限责任公司陈玥彤以及浙江建设技师学院张朝晖等人共同参与本书的编写。在编写过程中，全国职业院校技能大赛建筑工程识图赛项（高职组）优秀指导教师王芷淳团队为本教材提供了大量宝贵的实践经验。

由于编者水平有限，书中难免存在疏漏或不足之处，恳请读者批评指正。

目录 Contents

项目一
预备知识

一、建筑工程计算机辅助技术的应用

1. 建筑工程设计

在建筑工程设计中，其主要用于绘制建筑施工图、结构施工图、设备施工图及建筑模型效果图等工作，如图 1-1 ~ 图 1-4 所示。

2. 建筑工程施工

在建筑工程施工中，主要用于绘制建筑工程隐蔽施工图、网络计划图、横道图、测量放线定位图、竣工图等工作，如图 1-5 ~ 图 1-7 所示。

3. 建筑工程管理

在建筑工程管理中，计算机辅助技术与计价软件相结合，运用计算机辅助技术的绘图功能绘制基本图形，由计价软件录入参数，两者结合后能创建出实体模型，从而计算出项目的工程量，通过工程量能计算成本和工期，为企业管理提供重要数据。

二、软件简介

1.AutoCAD

AutoCAD 是 Autodesk 公司开发的计算机辅助设计与绘图软件，是现今应用较为广泛的工程绘图软件。

2. 中望 CAD

中望 CAD（ZWCAD）是中国中望公司开发的计算机辅助设计与绘图软件，它具有强大的二维和三维绘图功能，在机械、城市规划、建筑、测绘等许多行业都得到广泛的应用。中望 CAD 的主要功能有以几点：

（1）绘图功能

用户可以简单地使用键盘输入或者鼠标单击激活命令，系统会给出提示信息，使得计算机绘图变得简单易学。

用户可以使用基本绘图命令绘制常用的图形和或形体，还可以通过插入块、设计中心等命令，使计算机绘图变得快捷而高效。

辅助绘图命令包括对象捕捉功能、对象追踪功能、动态输入、手势精灵等，使得绘图更加方便与准确。

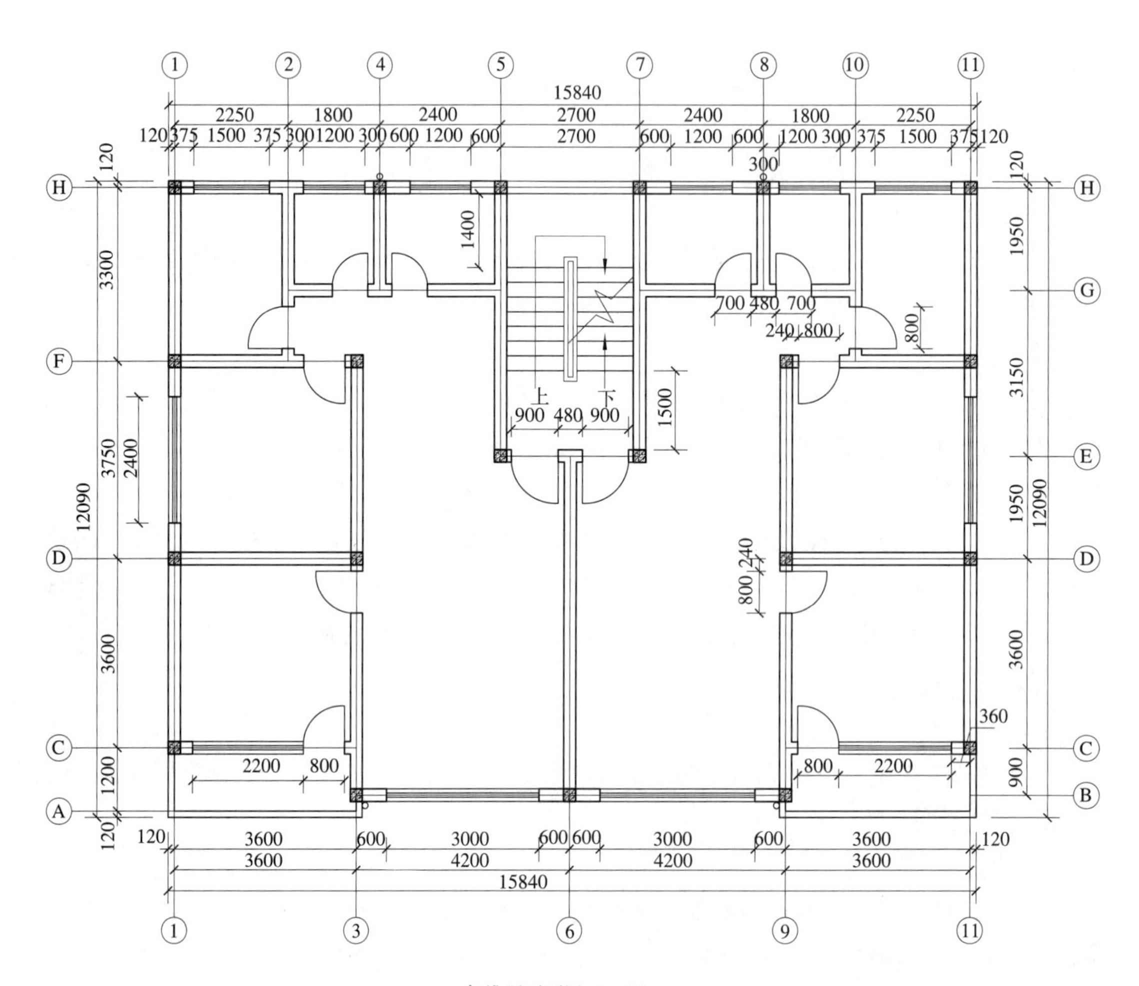

15840
2250 1800 2400 2700 2400 1800 2250
120 375 1500 375 300 1200 300 600 1200 600 2700 600 1200 600 1200 300 375 1500 375 120
300
1400
上
下
900 480 900
1500
700 480 700
240 800
800
3300
3750
2400
12090
3600
1200
120
1950
3150
1950
12090
3600
900
360
800 240
2200 800
800 2200
120 3600 600 3000 600 600 3000 600 3600 120
3600 4200 4200 3600
15840
标准层平面图 1：50

图 1-1　建筑施工图

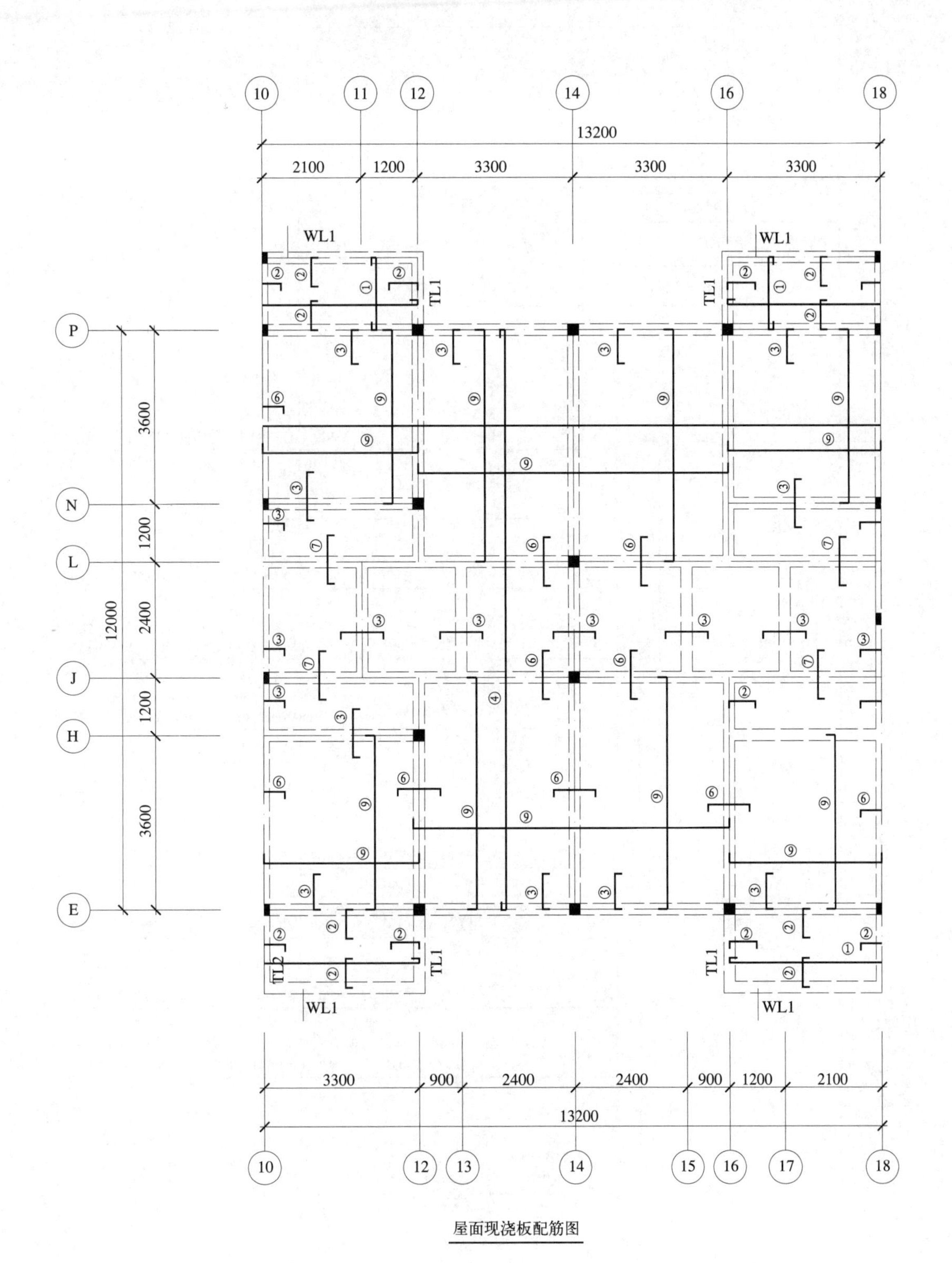
10
11
12
14
16
18
13200
2100
1200
3300
3300
3300
WL1
TL1
P
N
L
J
H
E
3600
1200
2400
1200
3600
12000
TL2
3300
900
2400
2400
900
1200
2100
13200
13
15
17
屋面现浇板配筋图

图 1-2　结构施工图

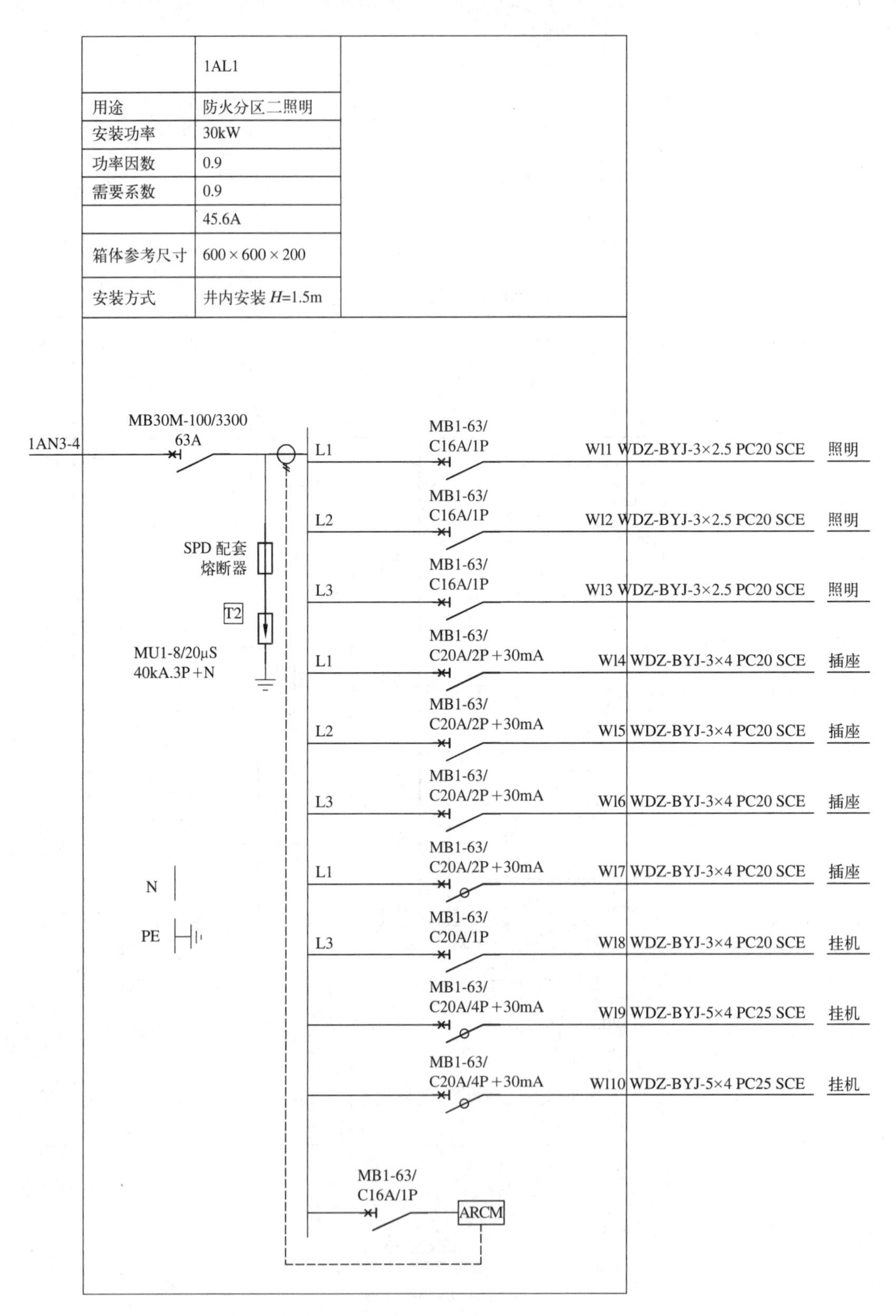

1AL1
用途
防火分区二照明
安装功率
30kW
功率因数
0.9
需要系数
0.9
45.6A
箱体参考尺寸
600×600×200
安装方式
井内安装 H=1.5m
1AN3-4
MB30M-100/3300
63A
SPD 配套
熔断器
T2
MU1-8/20μS
40kA.3P+N
N
PE
L1
MB1-63/
C16A/1P
Wl1 WDZ-BYJ-3×2.5 PC20 SCE
照明
L2
MB1-63/
C16A/1P
Wl2 WDZ-BYJ-3×2.5 PC20 SCE
照明
L3
MB1-63/
C16A/1P
Wl3 WDZ-BYJ-3×2.5 PC20 SCE
照明
L1
MB1-63/
C20A/2P+30mA
Wl4 WDZ-BYJ-3×4 PC20 SCE
插座
L2
MB1-63/
C20A/2P+30mA
Wl5 WDZ-BYJ-3×4 PC20 SCE
插座
L3
MB1-63/
C20A/2P+30mA
Wl6 WDZ-BYJ-3×4 PC20 SCE
插座
L1
MB1-63/
C20A/2P+30mA
Wl7 WDZ-BYJ-3×4 PC20 SCE
插座
L3
MB1-63/
C20A/1P
Wl8 WDZ-BYJ-3×4 PC20 SCE
挂机
MB1-63/
C20A/4P+30mA
Wl9 WDZ-BYJ-5×4 PC25 SCE
挂机
MB1-63/
C20A/4P+30mA
Wl10 WDZ-BYJ-5×4 PC25 SCE
挂机
MB1-63/
C16A/1P
ARCM

图 1-3　设备施工图

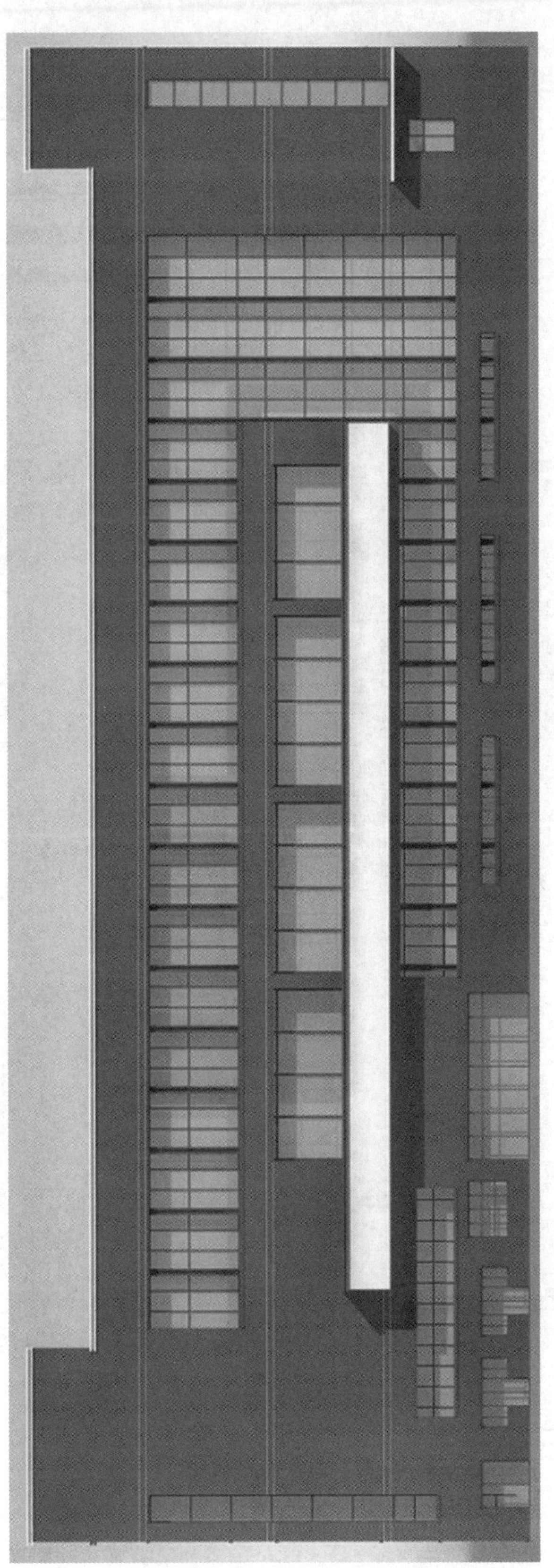

图 1-4 单体效果图

孔桩隐蔽工程验收记录

验收日期：　　年　月　日

工程名称	×××区二期 A10 活动中心	隐蔽部位	⑩×Ⓐ 轴	孔桩类型	WZ-1	地勘号	ZK-11	自编号	11

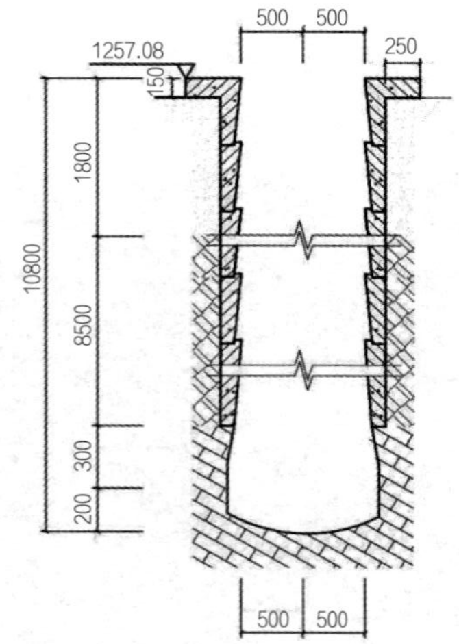

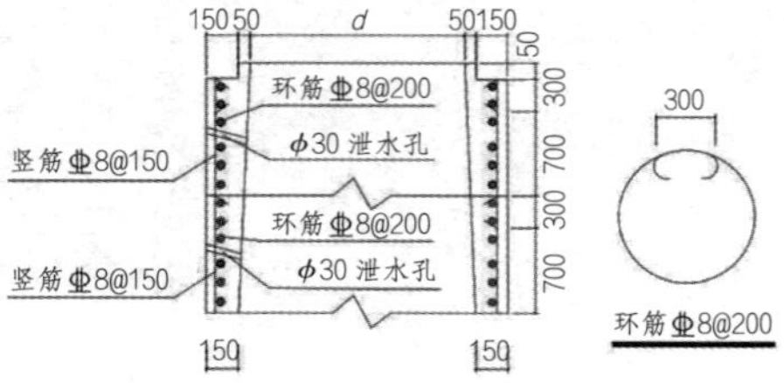

说明：

1. 本人工挖孔桩根据桩基础说明、结施 -02 施工。
2. 本工程 ±0.000 相当于绝对高程 1261.5m。
3. 孔底持力层为中风化石灰岩，承载力特征值 $f_{ak} \geqslant$ 4000kPa，持力层经勘察单位确认满足设计要求。
4. 图示尺寸单位均为“mm”。
5. 该孔轴线位移、垂直偏差符合设计和施工验收规范要求。
6. 嵌岩深度≥ 500mm，满足设计要求。
7. 土石方人工运距 50m，集中堆放后，挖掘机装车（8t 自卸汽车）场内运输 1km内。
8. 护壁厚度上口为 200mm，下口厚度为 150mm 倒挂式护壁，每节按 1000mm 施工，配筋竖筋为 ⏀8@150，竖向搭接 300mm，环向为 ⏀8@200，环向搭接 300mm（详见平面布置图大样）。
9. 护壁混凝土浇筑充盈系数为 10％。
10. 护壁混凝土强度等级为 C30。

注：三、四类土　破碎不完整裂坚石　中风化岩石

钢筋混凝土护壁示意

验收意见：

建设单位代表		地勘单位代表		监理单位代表	
设计单位代表		审计单位代表		施工单位负责人	

图 1-5　建筑工程隐蔽施工图

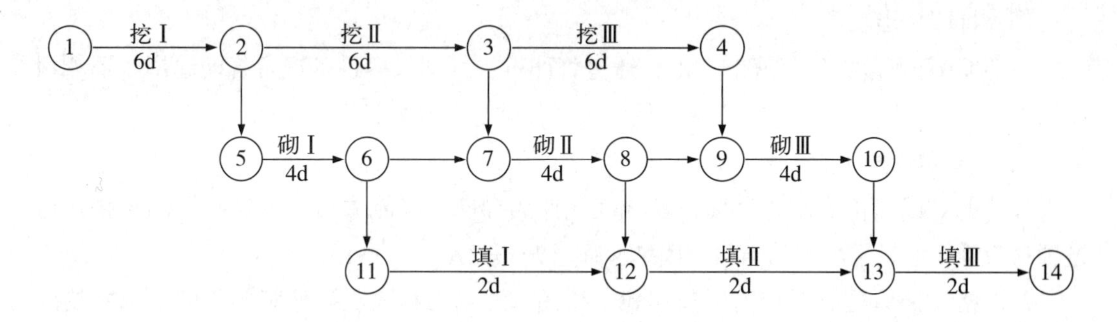

图 1-6　网络计划图

工作名称	持续时间	进　度　计　划（周）															
		1	2	3	4	5	6	7	8	9	10	11	12	13	14	15	16
挖土方	6																
做垫层	3																
支模板	4																
绑钢筋	5																
混凝土	4																
回填土	5																

计划进度
实际进度
▲
检查日期

图 1-7　横道图

（2）图形编辑功能

中望 CAD 具有图形编辑功能，通过平移、缩放、复制、旋转等图形编辑命令，使绘制图形事半功倍，布尔运算使得三维复杂实体的生成变得简单，容易掌握。

（3）三维建模功能

中望 CAD 具有三维建模功能，用户创建实体、线框或网络模型，并可用于检查、渲染、执行工程分析等。

（4）尺寸标注功能

中望 CAD 在标注尺寸时不仅能够自动给出真实尺寸，还能通过编辑与样式设置来改变尺寸大小、比例和标注样式。

（5）帮助文档系统

操作过程中，选择菜单中的“帮助”功能，即可进入中望 CAD 帮助文档系统。强大的“帮助”功能提供了软件功能介绍、扩展工具、安装与注册等内容，详细地介绍了命令的使用技巧。

（6）打印输出功能

中望 CAD 可以将绘制好的图形，通过打印机、绘图仪等设备进行打印输出，还能用打印输出设备输出不同格式的文件，便于与其他软件共享资源。

三、本书的学习方法

1. 依照“以岗位需求为目标，以学生就业为导向，以能力培养为核心”的思路，通过项目教学，激发学生主动学习、团结协作、开拓创新。

2. 严格按照建筑制图相关标准和规范绘图，培养工程人员严谨科学、精益求精的职业素养。

3. 对照“1+X”考证、技能大赛建筑工程识图赛项具体绘图要求，反复训练，培养学生吃苦耐劳的工匠品质。

项目二
绘图环境设置

【项目说明】

1. 绘图环境设置是绘图的基础，利用图层工具可以将不同类型的图形对象进行分组，并用不同的特性加以识别，从而对各个对象进行有效的组织管理，使各种图形信息更为清晰、有序。

2. 养成“左手键盘、右手鼠标、紧盯命令提示行”的作图习惯，提高分析问题和解决问题的能力。

任务 2.1　软件基本操作

【任务内容】

1. 熟悉 CAD 工作界面。
2. 掌握打开、新建及保存 CAD 图形文件的方法。
3. 熟练掌握 CAD 基本操作。

【任务分析】

熟悉 CAD 图形界面的结构、功能及设置。掌握十字光标状态、命令窗口提示及键盘鼠标的配合操作。

【任务实施】

一、启动 ZWCAD 2023 软件

1. 双击桌面上的图标 ZWCAD 2023，如图 2-1 所示。

图 2-1　启动软件（1）

2. 点击开始菜单→所有程序→ ZWCAD 2023 简体中文版，如图 2-2 所示，进入软件工作界面的二维绘图环境，如图 2-3 所示。

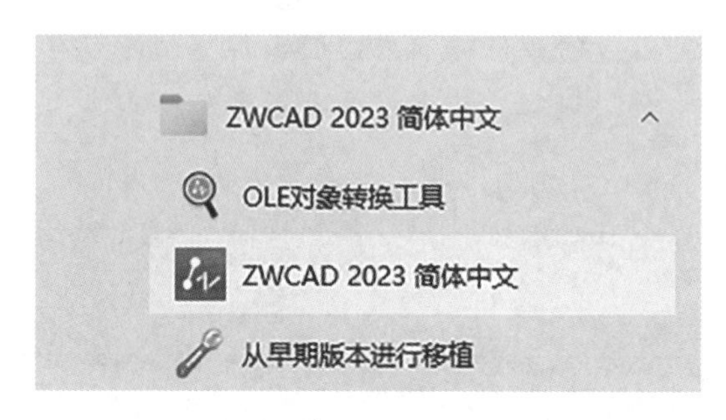

图 2-2　启动软件（2）

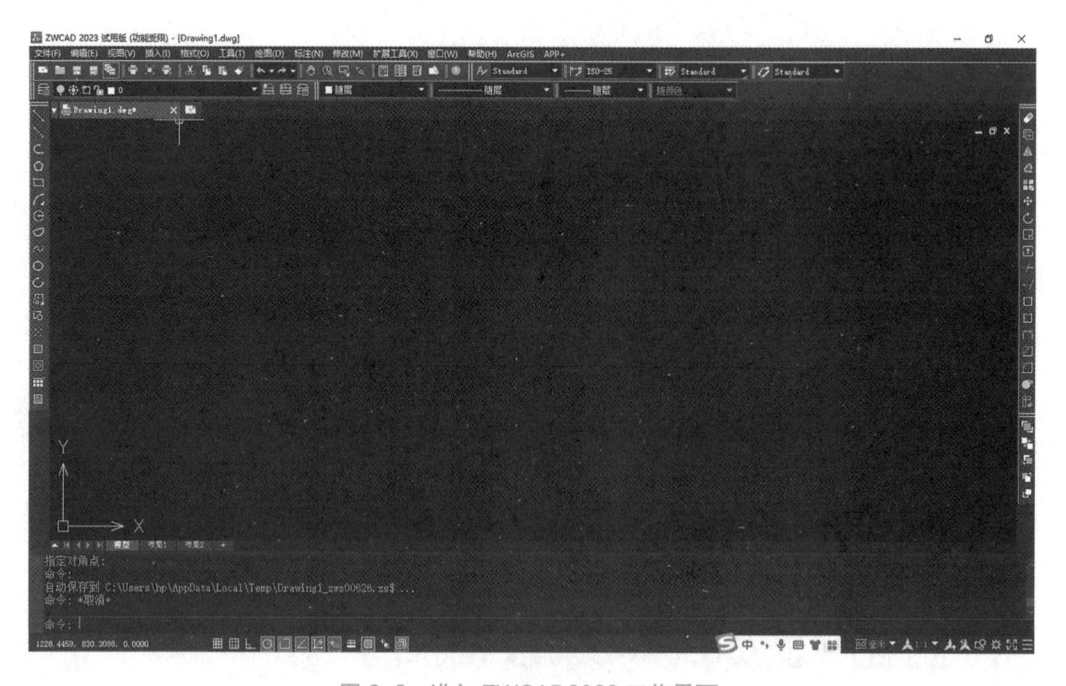

图 2-3　进入 ZWCAD2023 工作界面

3. 建立新的图形文件

启动 ZWCAD 后，可采用下列方式创建新的绘图文件：

（1）菜单栏中选择“文件”→“新建”。

（2）工具栏中选择“新建”按钮。

（3）命令行输入：NEW。

（4）快捷键：Ctrl+N。

选择以上任意一种操作方式后，屏幕都会显示“选择样板”对话框，选择“zwcad”样板文件如图 2-4 所示。

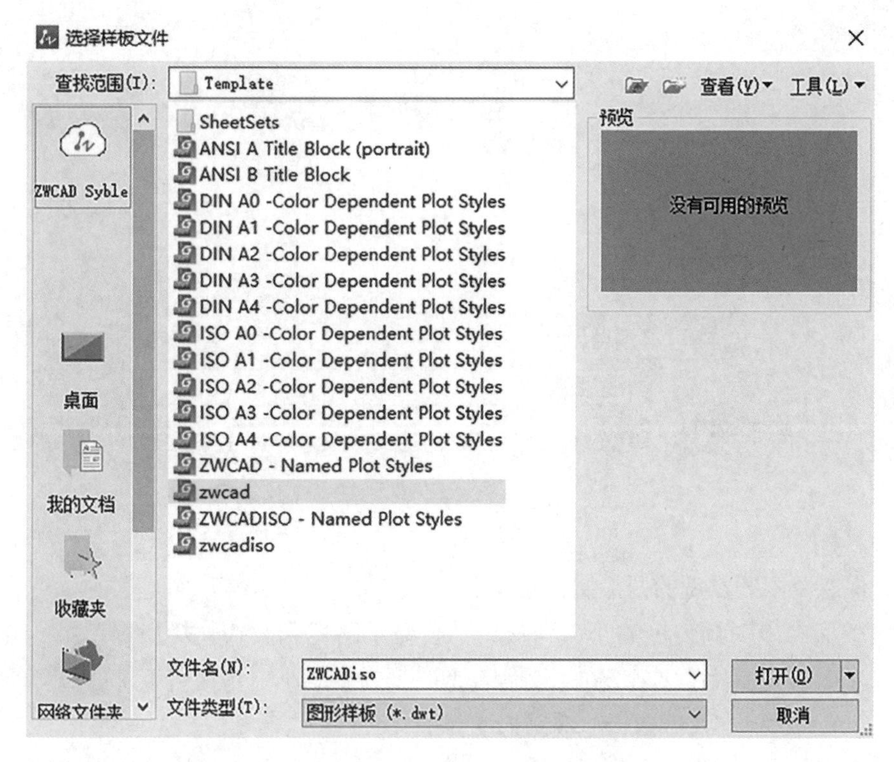

图 2-4　选择样板

单击“打开”按钮，新建一个绘图文件，文件名会显示在标题栏上。

4. 保存图形文件

（1）点击应用程序菜单→“保存”，选择保存的位置。

（2）工具栏中选择“保存”按钮。

（3）命令行输入：SAVE。

（4）快捷键：Ctrl+ S。

新文件第一次选择以上任意一种操作方式后，屏幕都会显示“图形另存为”对话框，如图 2-5 所示。

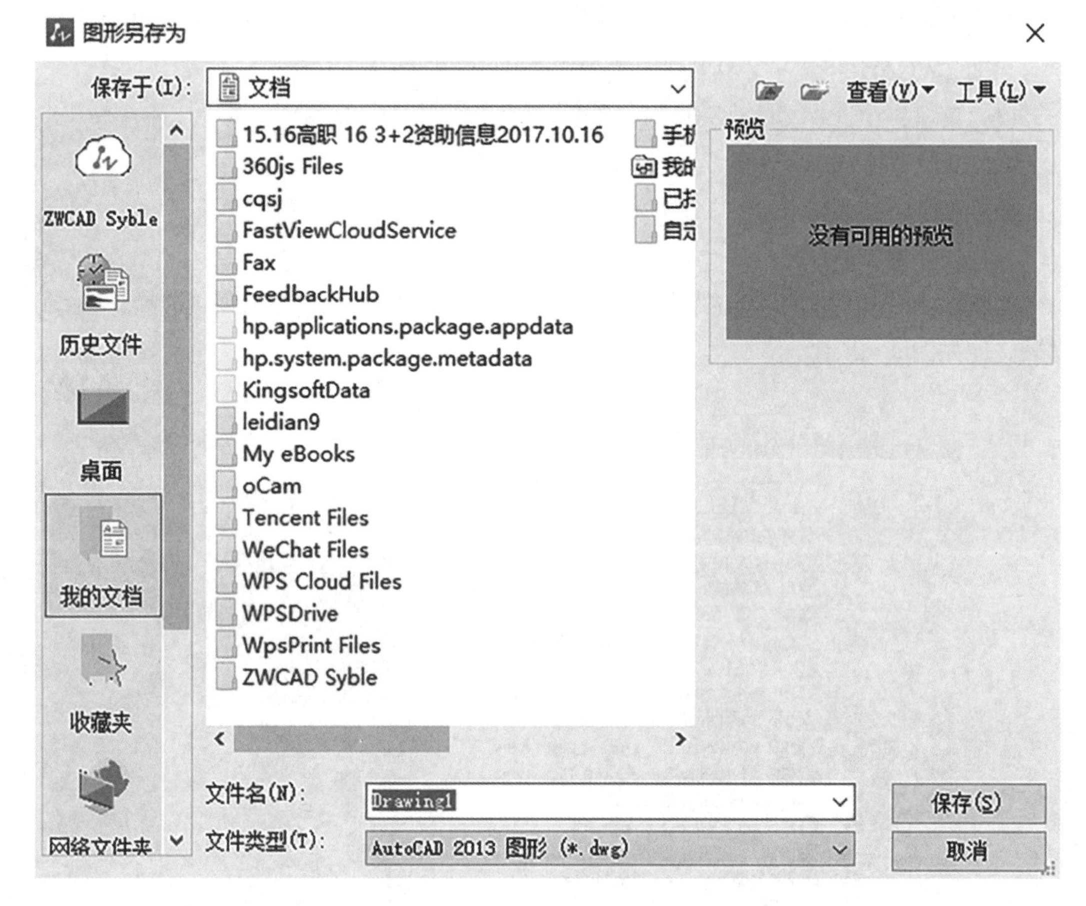

图 2-5　图形另存为

（5）保存为不同类型的图形文件

单击“保存于”列表框的小三角按钮，会显示路径列表，选择保存路径；在“文件名”文本框中输入文件的名称；在“文件类型”列表框的小三角按钮中可选择文件保存的格式；最后单击“保存”按钮，完成图形文件保存。

（6）自动保存文件

①菜单栏中选择“工具”→“选项”；

②在绘图窗口单击鼠标右键，选择“选项”。

选择以上任意一种操作方式后，屏幕都会显示“选项”对话框（图 2-6）。

5. 打开图形文件

（1）菜单栏中选择“文件”→“打开”。

（2）工具栏中选择“打开”按钮。

（3）命令行输入：OPEN。

（4）快捷键：Ctrl+ O。

选择以上任意一种操作方式后，屏幕都会显示“选择文件”对话框，如图 2-7 所示。

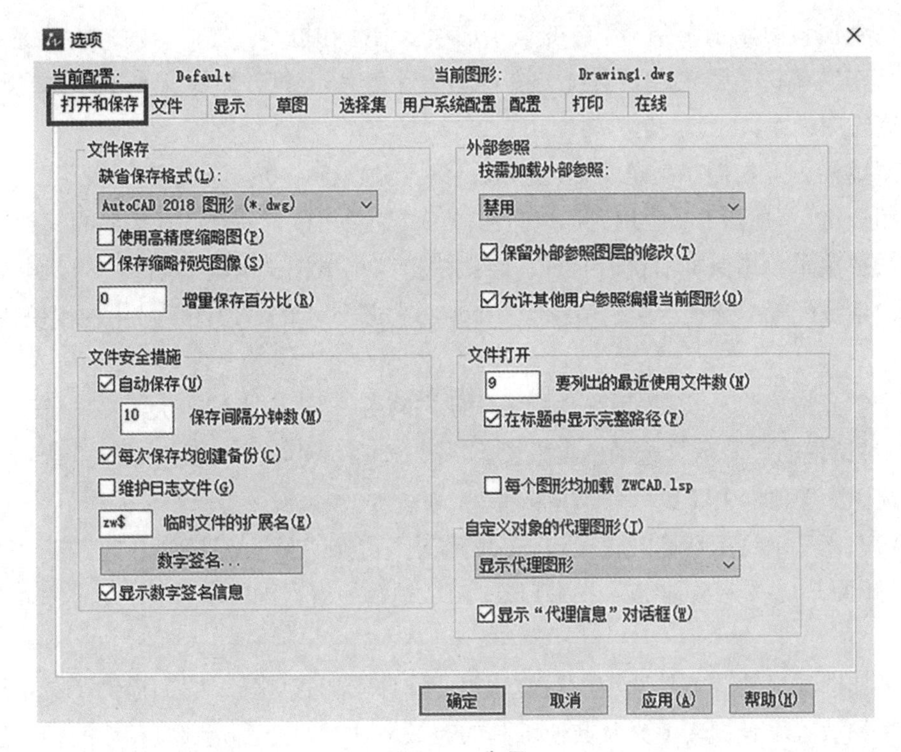

图 2-6　选项

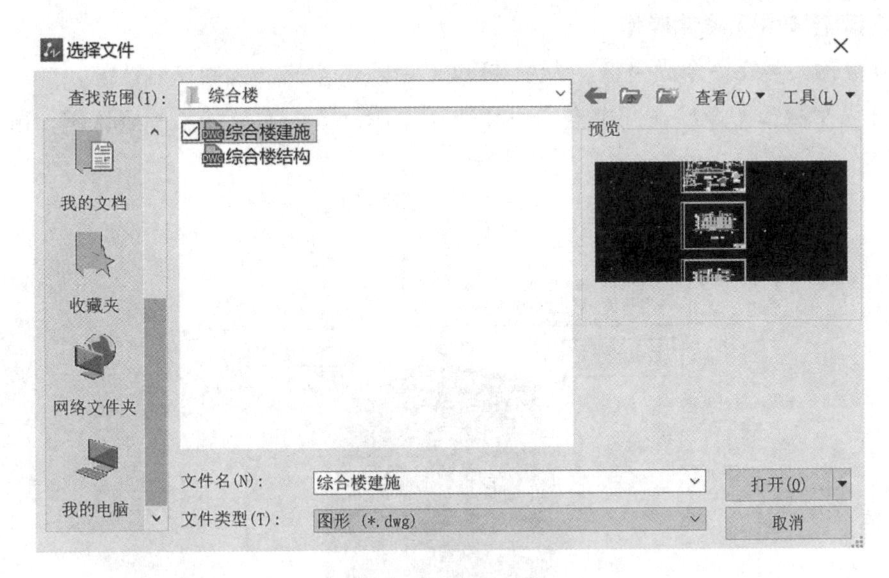

图 2-7　选择文件

二、软件基本操作

1. 打开 CAD 程序后工作空间选择“ZWCAD 经典”界面。新建 CAD 文件时选择图形模板“zwcad.dwt”。绘图窗口分为模型空间和布局空间两个选项卡，左下角是坐标系图标及坐标原点。

2. 命令窗口中显示命令、系统变量、选项、信息和提示。在命令窗口输入命令时一定要“回车”确认。隐藏命令窗口“按 Ctrl+9 组合键”。打开命令文本窗口按“F2 键”，可以检查绘图过程。

3. 菜单栏、工具栏作用是快捷地输入、设置和执行命令。隐藏菜单栏、工具栏“按 Ctrl+O 组合键”。打开工具栏用光标指向任一工具栏单击鼠标右键选择需要的工具栏。

4. 快捷菜单单击鼠标右键时打开，隐藏快捷菜单单击“工具”菜单“选项”对话框的“用户系统配置”选项卡上，清除“Windows 标准”下的“绘图区域中使用快捷菜单”选项。

5. 十字光标形状与绘图时 CAD 的工作状态有关，“十字光标”大小在“工具”菜单“选项”对话框的“显示”选项卡上设置，“拾取框”大小在“工具”菜单“选项”对话框的“选择”选项卡上设置，

6. 状态栏显示绘图环境的设置状态、光标坐标位置及坐标系精度。“正交”开关 F8，“极轴”开关 F10，“对象捕捉”开关 F3，“对象追踪”开关 F11，“DYN 动态输入”开关 F12。

7. 工具选项板是“工具选项板”窗口中的选项卡形式区域，它们提供了一种用来组织、共享和放置块、图案填充及其他工具的有效方法。每个图元都有相应的特性选项板可以查询更改图元特性。

三、键盘和鼠标硬件操作

1. 键盘输入英文命令或坐标，大小“Enter”键、“空格”为回车确认键。

2. 鼠标左键为命令操作、定点操作和选择操作，鼠标右键为回车确认键，鼠标右键为查看操作键，如图 2-8 所示。

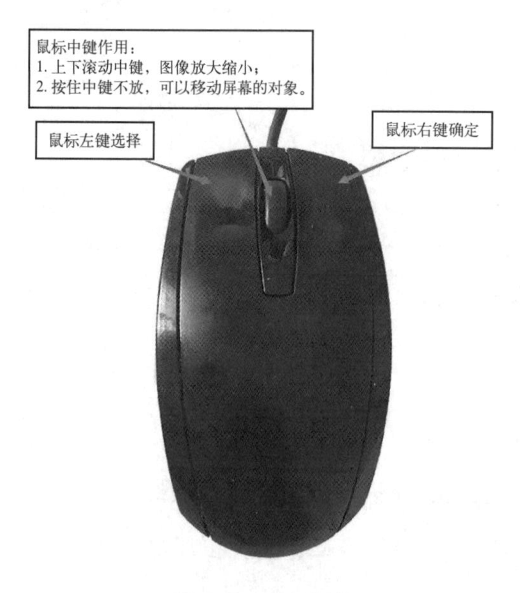

图 2-8　鼠标操作

当中望 CAD 中开启手势精灵功能时，在绘图区域按鼠标右键拖动可以快速执行命令，通过识别不同的拖动轨迹控制执行不同的命令，具体设置和使用技巧可以在“帮助”中查看。

3. 为提高绘图效率，建议关闭鼠标右键快捷菜单，左手键盘输入命令，右手鼠标右键回车确认。

四、CAD 基础操作

1. 十字光标的状态

（1）“⌖”命令提示状态：提示操作者输入命令（见：命令输入方式）；

（2）“＋”点的输入状态：提示操作者输入点的坐标（见：点的输入方式）；

（3）“□”对象选择状态：提示操作者选取被编辑对象（见：选择集设置）。

2. 命令输入方式

（1）通过命令输入行直接输入英文命令；

（2）通过工具条命令按钮图标输入命令；

（3）通过主菜单栏输入命令；

（4）通过单击鼠标右键或 Enter 键重新执行前一命令；

（5）放弃命令“U”或热键“Ctrl+Z”，恢复命令“Redo”或热键“Ctrl+Y”，按 Esc 键退出命令状态。

3. 点的输入方式

（1）用鼠标直接在绘图窗口点取点；

（2）用目标捕捉方式捕捉特殊点（图 2-9）；

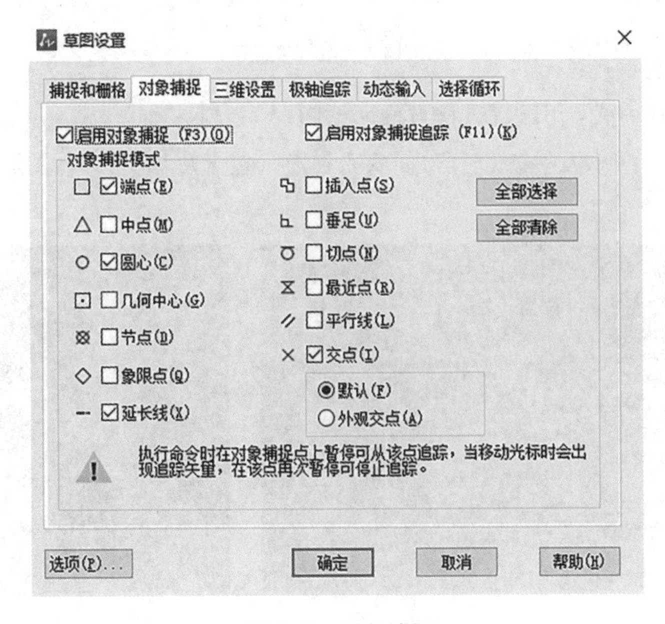

图 2-9　对象捕捉

（3）在命令输入行直接输入点的坐标；

（4）在指定方向上通过给定距离确定点；

（5）通过对象追踪和极轴追踪输入点的坐标（图 2-10）。

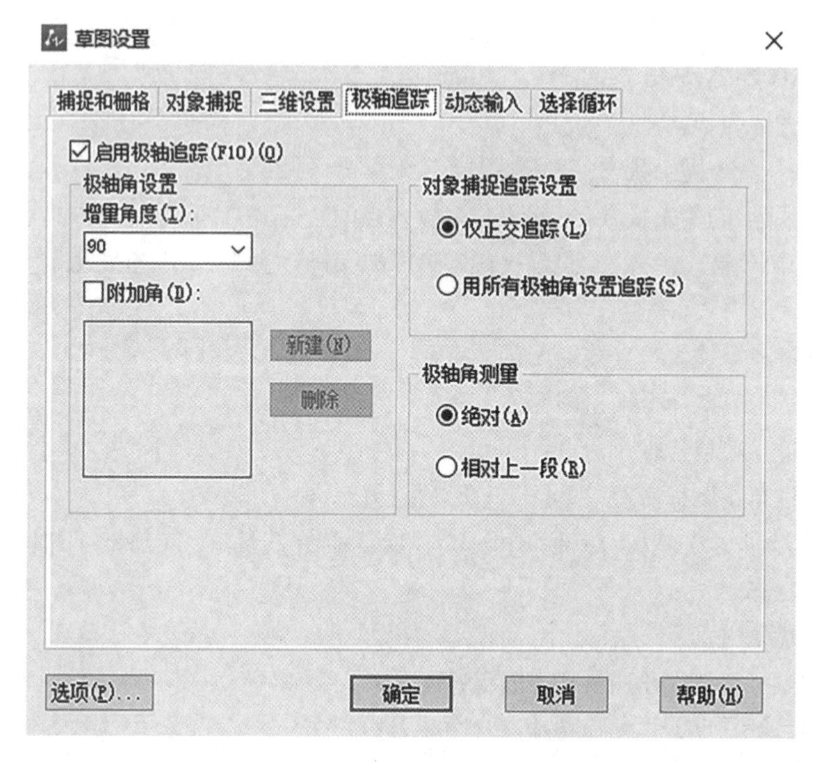

图 2-10　极轴追踪

4. 选择集设置

（1）直接点取方式：用鼠标直接点取所需图形。

（2）窗口方式：从左到右（包含）、从右到左（包含及相交），如图 2-11 所示。

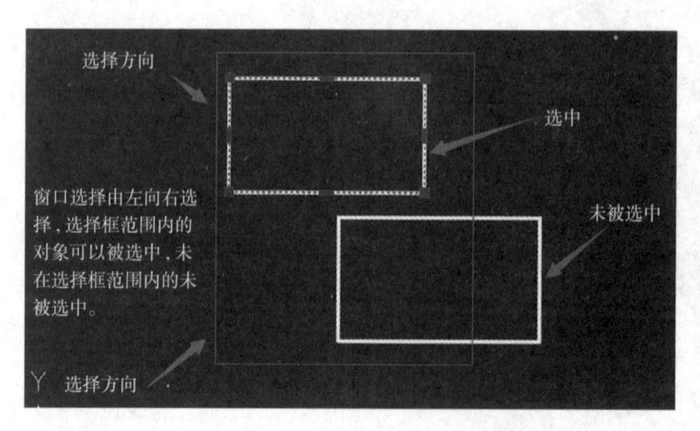

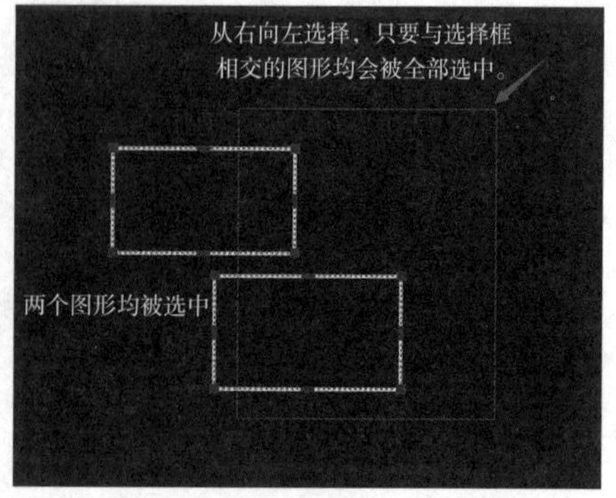

图 2-11　窗口选择

（3）全部方式：将当前图形中所见图形对象作为当前选择集，在“选择物体”提示下键入（ALL）。

（4）围线方式：在“选择物体”提示下键入（F），以连线方式选取与之相交的图形。

（5）交替选择对象：按 Shift+ 空格键。连续单击所需对象直到亮显所需对象，回车确认。

5. 命令的取消与恢复：

（1）取消命令：通过输入 U 命令、按工具条“放弃”按钮、按热键“Ctrl+Z”；

（2）恢复命令：通过输入 Redo 命令、按工具条“重做”按钮、按热键“Ctrl+Y”；

（3）按 Esc 键退出当前命令状态。

6. 查看图形命令

（1）执行 Zoom 命令，也可键入热键“Z”。

（2）执行 Pan 命令，也可键入热键“P”。

（3）鼠标滑轮控制视图：使用滑轮在图形中进行缩放和平移，而无需使用任何命令。

①放大或缩小：转动滑轮：向前，放大；向后，缩小，缩放比例设为 10%。

②缩放到图形范围：双击滑轮按钮。

③平移：按住滑轮按钮并拖动鼠标。

④平移（操纵杆）：按住 CTRL 键以及滑轮按钮并拖动鼠标。

⑤显示“对象捕捉”菜单：将 MBUTTONPAN 系统变量设置为 0 并单击滑轮按钮。

7. 对象捕捉设置

（1）按住“Shift”或“Ctrl”并击右键打开捕捉设置；也可键入热键“OS”；右键单击对象捕捉开关。

（2）捕捉设置开关：键盘 F3 键为对象捕捉开关，F10 键为极轴追踪开关，F11 键为对象追踪开关。

（3）用对象追踪功能确定点：打开对象追踪开关，从捕捉点中引出辅助线，根据屏幕辅助线提示确定点。

（4）用极轴追踪功能确定点：打开极轴追踪开关，设置极轴角的增量角和附加角，根据提示确定点。

五、认识坐标

1. 绝对坐标：是以绘图窗口左下角坐标原点（0，0）为参照点的坐标系，常用于测量、规划及道桥等工程制图。表达样式：直角坐标（X，Y）、极坐标（D<A），如图 2-12（a）所示。

2. 相对坐标：是以前一个坐标点为参照原点（@0，0）的坐标系，常用于建筑、结构、设备、装饰及园林等工程制图。表达样式：直角坐标（@X，Y）、极坐标（@D<A），如图 2-12（b）所示。

3. 直角坐标系“+、−”号表示方向，负值表示反方向。极坐标系逆时针为正“+”，顺时针为负“-”，如图 2-12（c）所示。

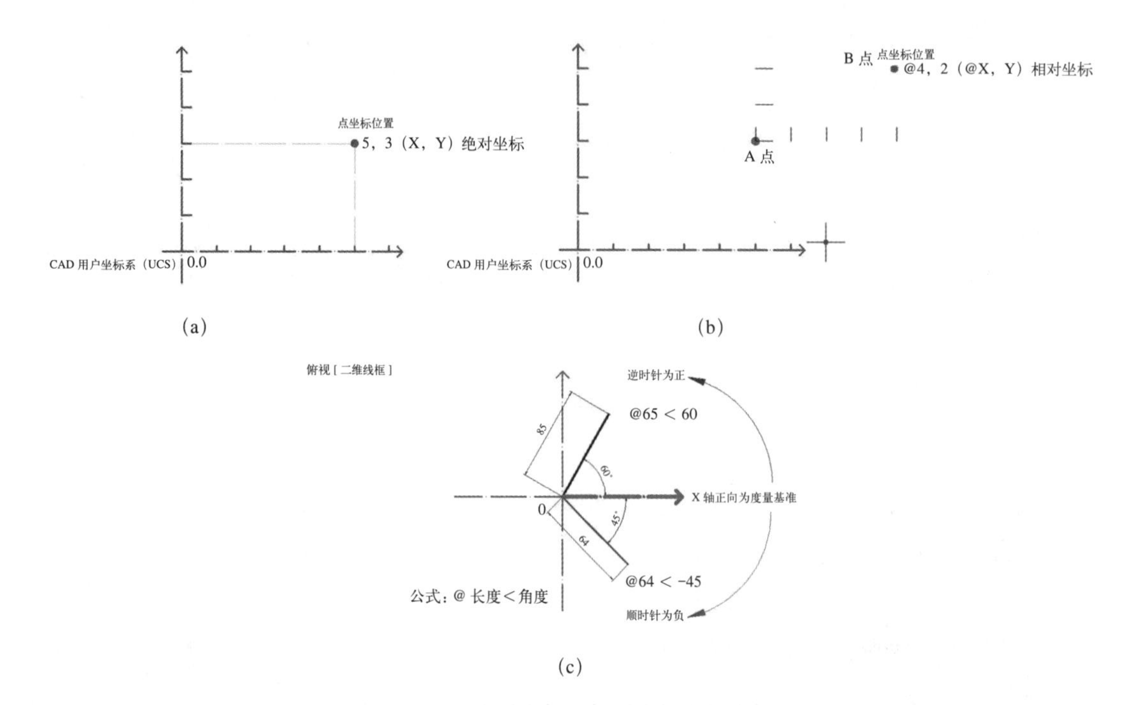

图 2-12　绝对坐标、相对坐标和极坐标

【实例操作 2-1】

关闭“动态输入”，通过 Line（直线）命令依次输入：用鼠标任意点取一个起点→（@400，0）→（@150<135）→（@-400，0）→（C）闭合。如图 2-13 所示。

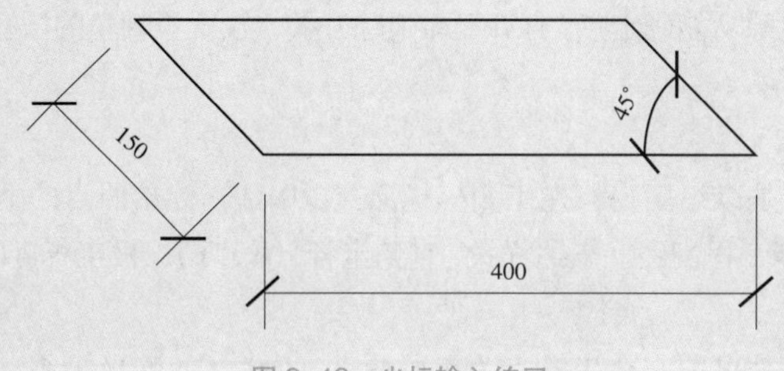

图 2-13　坐标输入练习

【任务总结】

1. 学生在任务实施过程中以小组交流学习为主要学习方式，提倡通过查阅资料、使用帮助文件、向同学学习自主解决实训中的问题。

2. 明确任务内容，理解作图原则的内容及意义，注意命令窗口提示，严格按照作图原则操作。

3. 实训内容和过程结合工程实践，执行国家专业制图规范及教学 CAD 标准，通过反复操作训练强化操作技术的熟练程度。

【任务拓展】

以 Line（直线）为例，通过（1）~（4）四种不同的命令输入方式绘制直线，并演示"取消命令""恢复命令""退出命令"的操作。

任务 2.2　绘图环境设置

【任务内容】

创建 DWG 文件，设置图形界限、单位、图线、颜色及线宽。

【任务分析】

1. 了解创建绘图环境步骤。
2. 掌握图形界限和单位的设置。
3. 掌握图层管理器中图线、颜色、线宽的设置。
4. 掌握文字样式及尺寸标注的设置。

【任务实施】

一、设置绘图环境

1. 设置“单位”

（1）单击格式下拉菜单，选择“单位”；屏幕弹出“图形单位”对话框，如图 2-14 所示；

（2）在“长度”选项中选择“类型”为小数，“精度”为 0；

（3）在“角度”选项中默认系统设置（特殊要求时设置）；

（4）在“插入比例”下拉列表中选择“毫米”为单位；

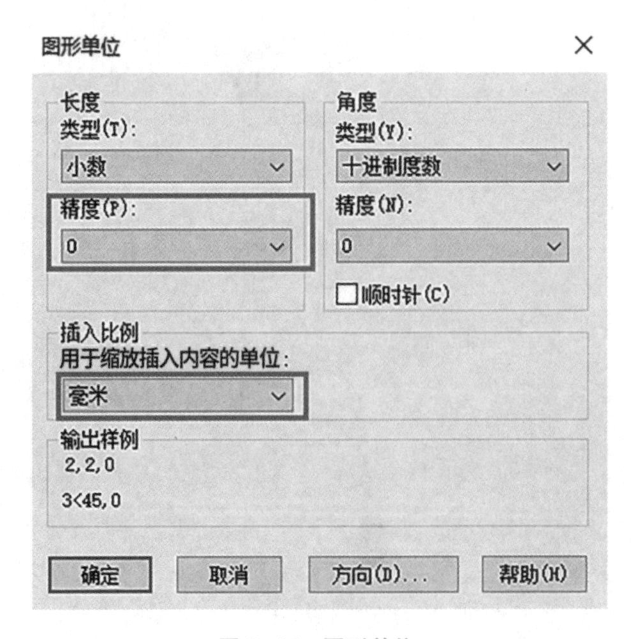

图 2-14　图形单位

（5）单击图标中“确定”按钮，图形单位对话框会自动关闭，表示设置完成。

2. 设置图形界限

（1）单击“格式”下拉菜单，选择“图形界限”；

（2）根据命令行窗口提示设置左下角为（0，0），回车；

（3）根据命令行窗口提示设置右下角为（3000，2000），回车；

（4）查看全图：输入 Zoom，回车，A，回车。

3. 设置图层

（1）单击“格式”下拉菜单→点击图层或直接点击工具栏按钮屏幕弹出“图层特性管理器”对话框，如图 2-15 所示。

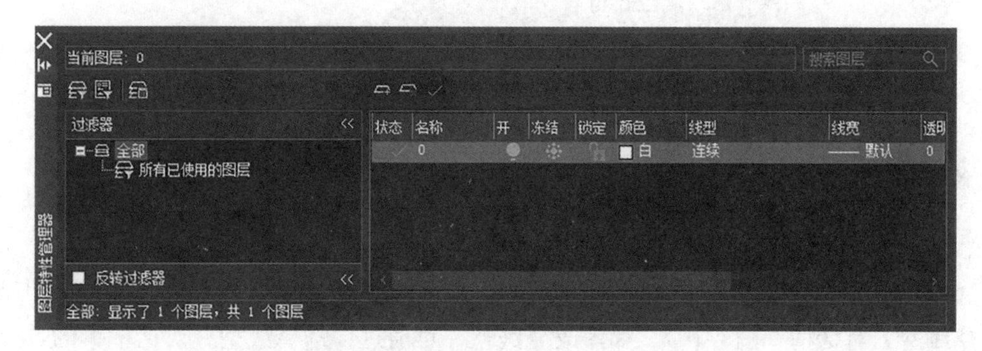

图 2-15　图层特性管理器

（2）设置名称：单击图层特性管理器中的图标新建图层“”，然后输入名称。

（3）设置颜色：单击图层特性管理器中颜色下方的“”图标，即显示选择颜色对话框；选择颜色对话框中包括索引颜色（图 2-16）、真彩色（图 2-17）、配色系统（图 2-18）。

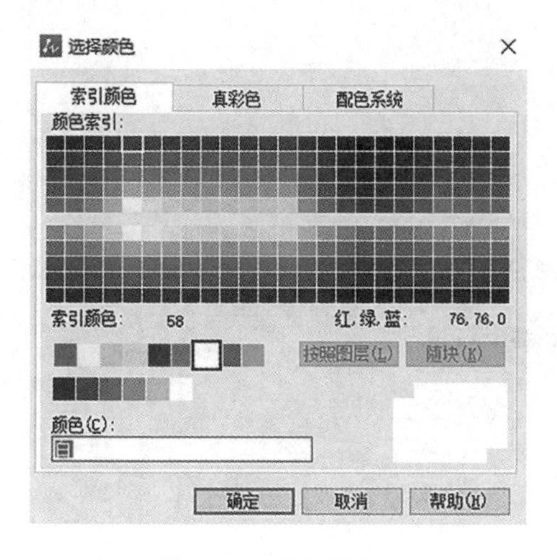

图 2-16　选择颜色

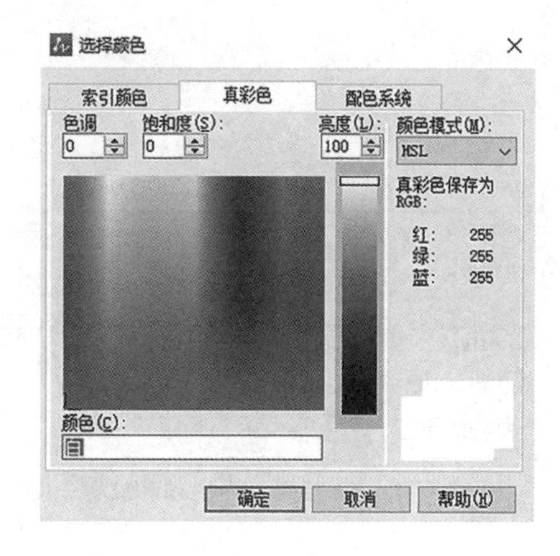

图 2-17　真彩色

选择颜色
索引颜色
真彩色
配色系统
配色系统(B):
DIC COLOR GUIDE(R)
RGB 等效值:
DIC 1
DIC 2
DIC 3
DIC 4
DIC 5
DIC 6
DIC 7
DIC 8
DIC 9
DIC 10
红: 255
绿: 255
蓝: 255
颜色(C):
白
确定
取消
帮助(H)

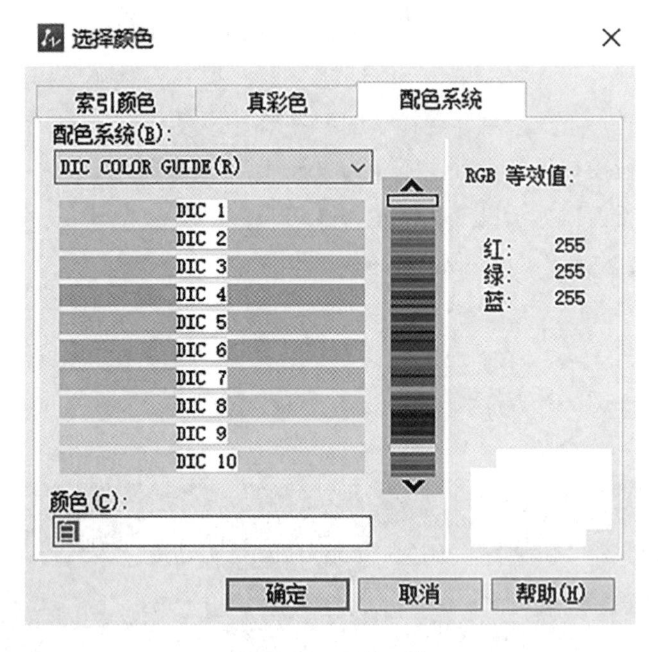

图 2-18　配色系统

（4）设置线型：单击图层特性管理器中线型下方“英文字母（线型名称）”，即显示“选择线型”对话框（图 2-19），如需改变线型，可通过“选择线型”对话框中的“加载或重载线型”对话框进行设置（图 2-20）。

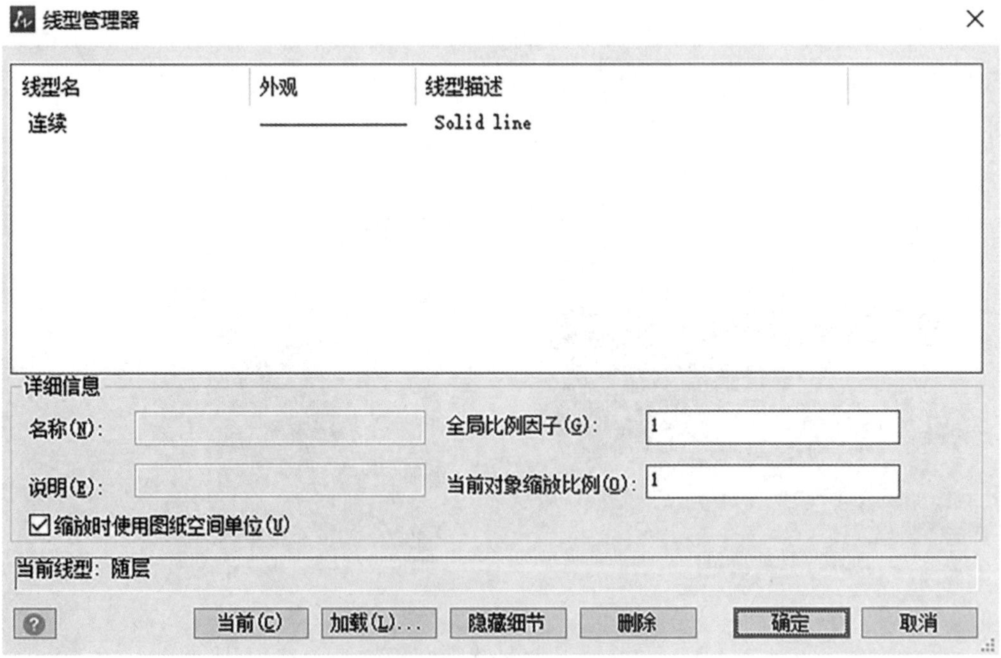

线型管理器
线型名
外观
线型描述
连续
Solid line
详细信息
名称(N):
全局比例因子(G):
1
说明(E):
当前对象缩放比例(O):
1
缩放时使用图纸空间单位(U)
当前线型：随层
当前(C)
加载(L)...
隐藏细节
删除
确定
取消

图 2-19　选择线型

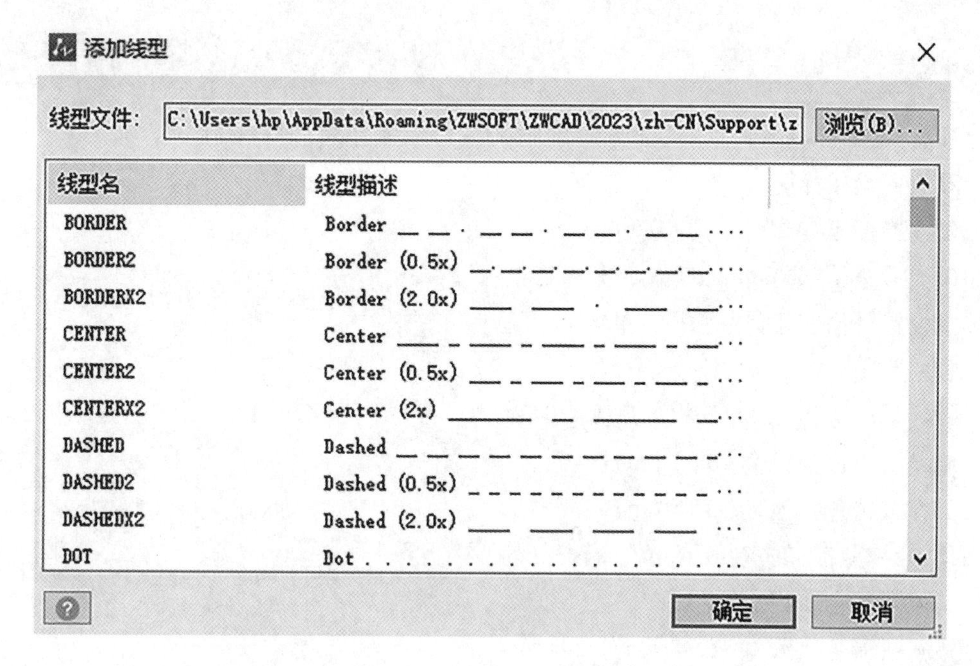

图 2-20　加载或重载线型

（5）设置线宽：单击图层特性管理器中线宽下方的“默认”，即显示“线宽”对话框（图 2-21）。

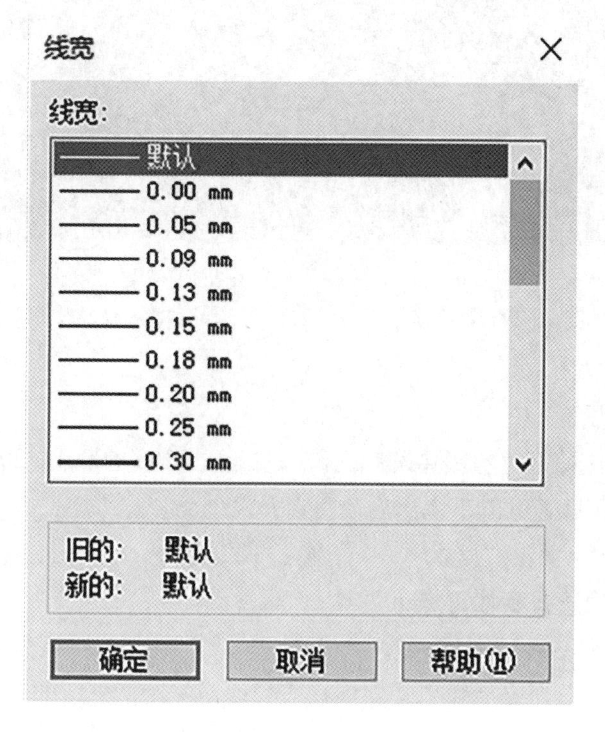

图 2-21　线宽

【实例操作 2-2】

1. 文件创建与保存（以“任务 2-1.DWG”命名保存为 CAD 图形文件）。

2. 设置绘图环境

①设置图幅：(3000，2000)。

②查看全图：Zoom 回车 A 回车。

③设置单位：精度为“0”，单位为“毫米”。

④设置图层：

轴线（红色、线型：ZWCAD_ISO04W100、线宽：0.18mm）；

墙线（白色、线宽：0.35mm）；

门窗（黄色、线宽：0.18mm）；

楼梯（洋红、线宽：0.18mm）；

标注（绿色、线宽：0.18mm）；

梁柱（青色、线宽：0.35mm）。

设置线型全局比例因子为 0.2，将当前图层定为轴线层。如图 2-22 所示。

注：可根据实际绘图需要增减图层。

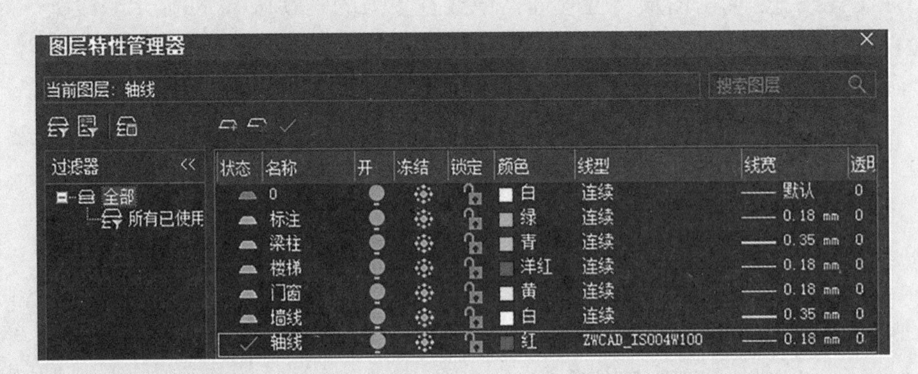

图 2-22　图层设置

二、文字样式设置

在实际绘图中应遵循《房屋建筑制图统一标准》GB/T 50001—2017 中的要求，选用合适的字体。用户可以通过以下方法启动文字样式命令。

1. 菜单栏中选择：单击“格式”→“文字样式”命令。

2. 样式工具栏中选择 A 按钮启动文字样式命令。

3. 在命令行中输入命令 style[ST]。

启动“文字样式”命令后弹出“文字样式管理器”对话框，即可开启文字样式设置，如图 2-23 所示。

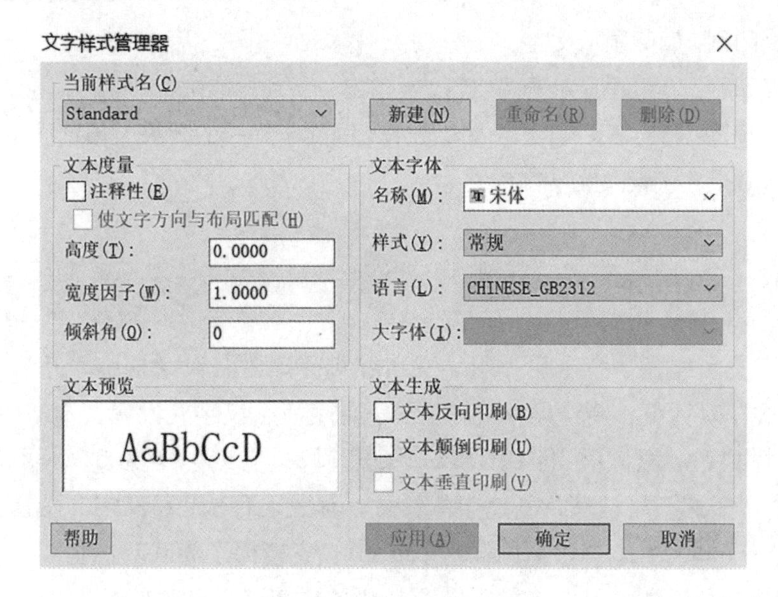

图 2-23 文字样式对话框

4. 对话框中选项说明

(1) 当前样式名：管理字体样式名称。

显示文字样式名、添加新样式以及重命名和删除现有样式。列表中包括已定义的样式名并默认显示当前样式。设置结束后，点击“应用”按钮，将选中样式设为当前样式。

(2) 文本度量：修改高度、宽度因子以及倾斜角。

注释性：使文字具有注释性特性。控制文字对象在模型空间或布局空间中显示的比例和尺寸。

使文字方向与布局匹配：该选项仅在文字具有注释性特性时可用。指定图纸空间视口中的注释性文字对象的方向和布局方向一致。

高度：设置文字的固定高度。在标注文字中，如果文字样式的固定文本高度不为 0，则始终使用文本样式的固定高度而忽略标注样式中的文字高度设置。

宽度因子：设置字符的间距。宽度因子大于 1 时扩大文字；小于 1 时压缩文字。

倾斜角度：设置文字的倾斜角度，此角度的取值范围为 -85 ~ 85。

(3) 文本字体：修改或编辑文本的字体样式。

名称：在下拉列表中选择文本的字体名。

样式：选择文字的字型。

语言：指定字体对应的语言。

大字体：指定亚洲语言的大字体文件。是针对中文等双字节（全角）定制的字体文件。在文字样式对话框中须勾选“使用大字体”，才能在右侧列表中选择大字体文件。

(4) 文本生成：设置文本的印刷方式。

文本反向印刷：反向显示文字。

文本颠倒印刷：颠倒显示文字。

文本垂直印刷：显示垂直对齐的字符。

（5）文本预览：指定不同的文字内容显示不同文字样式的效果，预览区域显示不同文字样式的显示效果，不反映文字高度。

【实例操作 2-3】

在“文字样式”命令后弹出“文字样式管理器”对话框中，开启“新建文字样式”对话框，新建字体样式，样式名称为：汉字，设置文本字体名称：仿宋，样式：常规，语言：CHINESE_GB2312，宽度因子为 0.7。再次开启“新建文字样式”对话框，新建字体样式，样式名称为：非汉字，设置文本字体名称：simplex. shx，大字体：Tssdchn.shx，宽度因子为 0.7。

SHX 字体：也称为小字体，包含一些单字节（半角）的数字、字母和符号。如果文字样式要使用 CAD 字体，首先选择一种小字体。常用的小字体有 simplex.shx 和 txt.shx。

使用大字体：指定亚洲语言的大字体文件。只有在“字体名”中指定 SHX 文件，才能使用“大字体”。

5. 单行文字命令

（1）创建单行文字

①启动单行文字命令的方式

a. 菜单栏中选择：“绘图 | 文字 | 单行文字”命令。

b. 文字工具栏中选择 AI 按钮启动单行文字命令。

c. 命令行中输入命令 text 或 dtext。

②选项说明

起点：可以直接在屏幕上拾取一个点作为文字的起始点。当前文字样式没有固定高度时才显示“指定高度”提示。

对正（J）：控制文字的对齐方式。系统提供了 14 种对齐样式，可根据需要进行选择。

样式（S）：选择单行文字采用的文本样式。

（2）编辑单行文字

编辑单行文字启动方式：

①菜单栏中选择：“修改 | 对象 | 文字 | 编辑”命令。

②文字工具栏中选择 A 按钮。

③在命令行中输入命令 DDEDIT。

④直接双击文字。

6. 多行文字命令

（1）创建多行文字

①创建多行文字命令的方式

a. 菜单栏中选择：“绘图 | 文字 | 多行文字”命令。

b. 文字工具栏中选择 A 按钮启动多行文字命令。

c. 在命令行中输入命令 mtext。

②命令参数说明

高度（H）：设置文字框的高度，可以在屏幕上拾取一点，该点与第一角点的距离为文字的高度，或在命令行中输入文字高度值。

对正（J）：确定文字对齐方式。

行距（L）：控制多行文字行与行之间的间距。

旋转（R）：确定文字的倾斜角度。

宽度（W）：确定多行文字的字体样式。

栏（C）：设定栏设置。

设置好以上选项后，系统提示“指定对角点：”，这两个对角点形成的矩形区域中，就是多行文字输入区域，同时将显示如图 2-19 所示的多行文字编辑区。

（2）编辑多行文字

多行文字和单行文字的编辑方法类似，只是命令不同，多行文字编辑命令为 mtedit。

7. 特殊符号的输入

在 CAD 中，一些特殊符号有专门的代码，一般由“%%”加一个特殊字符构成，也可以通过“字符映射表”来输入特殊字符。常用特殊符号的代码和含义见表 2-1。

特殊符号代码及含义　　表 2-1

代码	字符	说明	代码	字符	说明
%%%	%	百分号	%%c	Φ	直径符号
%%p	±	正负公差符号	%%d	℃	摄氏度符号
%%o	—	上划线	%%u	—	下划线
%%nnn	生成任意 ASCII 码字符串，nnn 为 ASCII 码字符值				

其实也可以通过“字符映射表”来输入特殊字符，具体步骤如下：

（1）输入“多行文字”命令，然后指定角点建立一个文本框，系统打开“文字格式”对话框，在这个对话框中，单击“符号”按钮，打开一个下拉列表，我们可以看到有“度数”“正 / 负”“直径”“不间断空格”“其他”等几个选项。选择前三个中的某一选项即可直接输入“°”“±”“Φ”符号，这样就免去了记不住特殊字符的麻烦。

（2）单击“其他”时，会打开“字符映射表”对话框，该对话框包含更多符号供选用，其当前内容取决于在“字体”下拉列表中选择的字体，如图 2-24 所示。

（3）“字符映射表”对话框中，选择要使用的字符，然后双击被选取的字符或单击“选择”按钮，再单击“复制”按钮，将字符拷贝到剪贴板上，点“关闭”返回原来的对话框，将光标放置在要插入字符的位置，用 Ctrl+V 就可将字符从剪贴板上粘贴到当前窗口中。

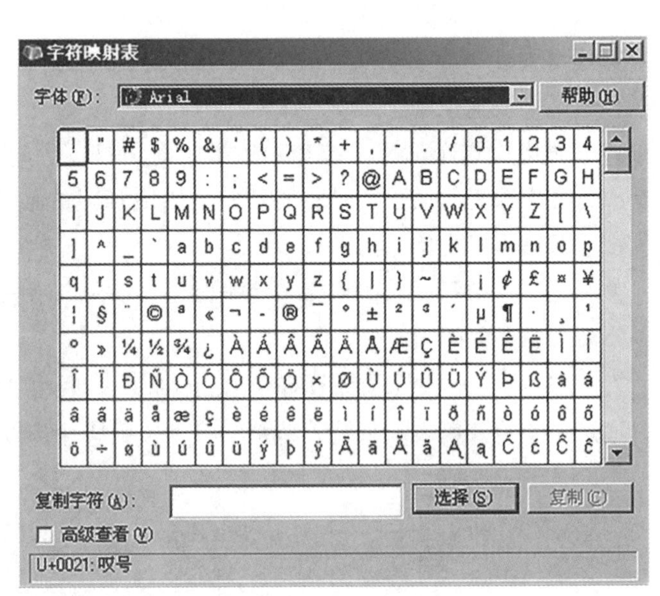

图 2-24 “字符”下拉列表和“字符映射表”

三、尺寸标注样式设置

在建筑行业中，CAD 图纸可以用来展示建筑物各个部位的具体参数与尺寸，尺寸主要是通过尺寸标注的方式显示。根据《房屋建筑制图统一标准》GB/T 50001—2017 的要求，绘图过程中，需要选择符合规定的尺寸标注样式。用户可以通过以下方法启动标注样式命令：

1. 在菜单栏中单击“格式”→“标注样式”，即可开启标注样式设置，弹出“标注样式管理器”对话框，也可以在命令行中输入快捷键 D 后按回车键，即可开启标注样式设置，弹出“标注样式管理器”对话框。如图 2-25 所示。

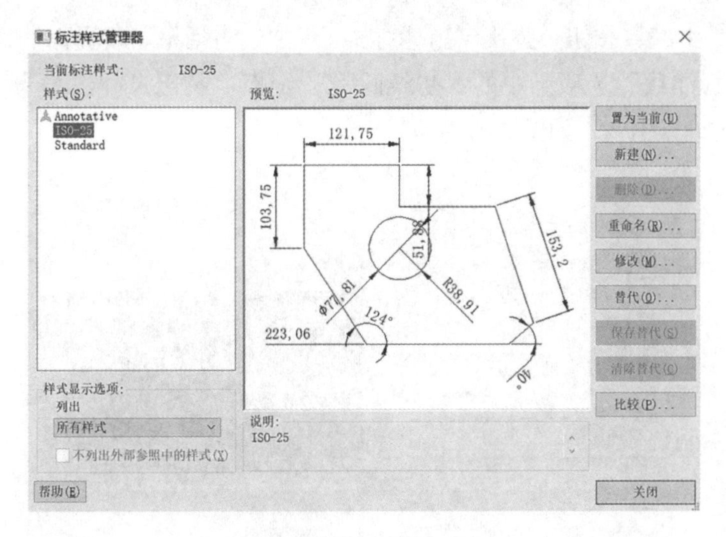

图 2-25 标注样式

2.“标准样式管理器”对话框中选项说明如下：

“新建”：新建标注样式。

“置为当前”：将所选标注样式设定为当前样式。“修改”：修改所选标注样式。

“替代”：替代当前标注样式。

“比较”：从中比较两个标注样式或列出一种标注样式的所有特性。

现按照《房屋建筑制图统一标准》GB/T 50001—2017 的规定，以设置一种标注样式为例，讲解详细步骤，具体操作如下：

（1）单击“新建”按钮，创建一种新的标注样式，命名为“尺寸 100”，如图 2-26 所示。

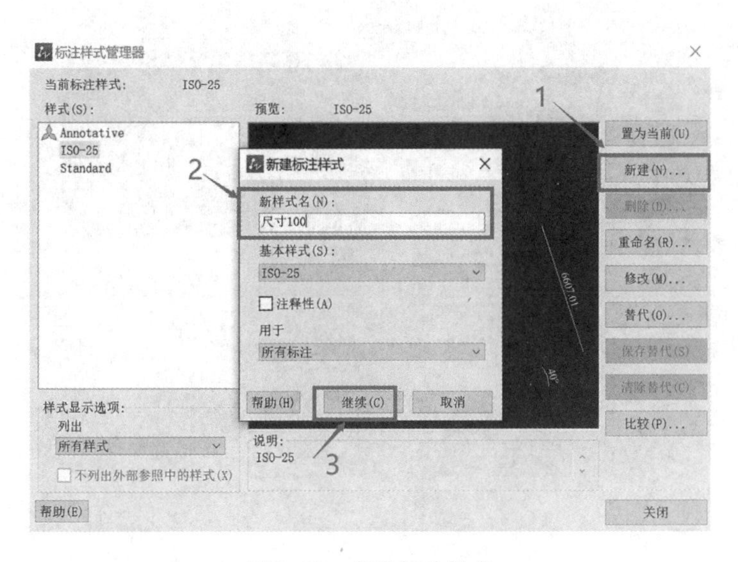

图 2-26 新建标注样式

（2）点击“继续”按钮，弹出“新建样式：标注”对话框，将界面切换至“标注线”选项，设置“标注线”选项卡中的“基线间距”为 8，“超出尺寸线”为 2，“起点偏移量”为 2，其余设置不变，如图 2-27 所示。

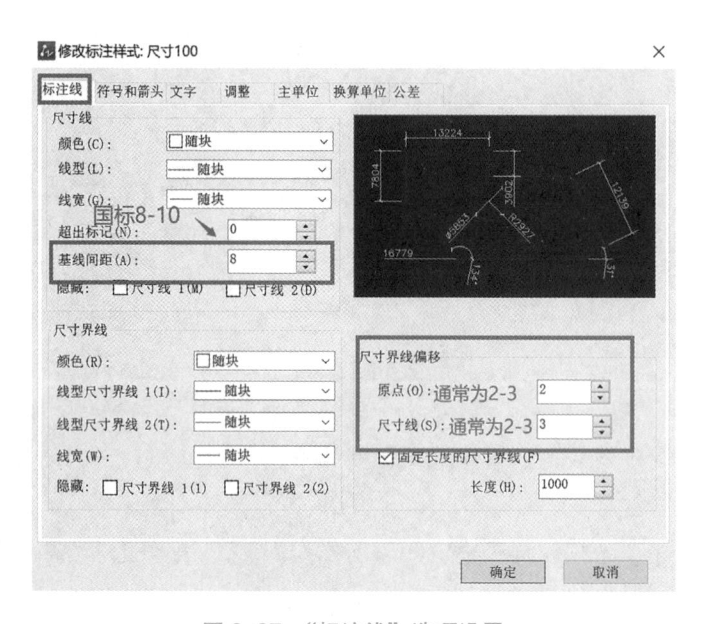

图 2-27 “标注线”选项设置

（3）将界面切换至“符号与箭头”选项，设置“符号和箭头”选项卡中的“箭头”为建筑标记，“箭头大小”为 2.5，如图 2-28 所示。

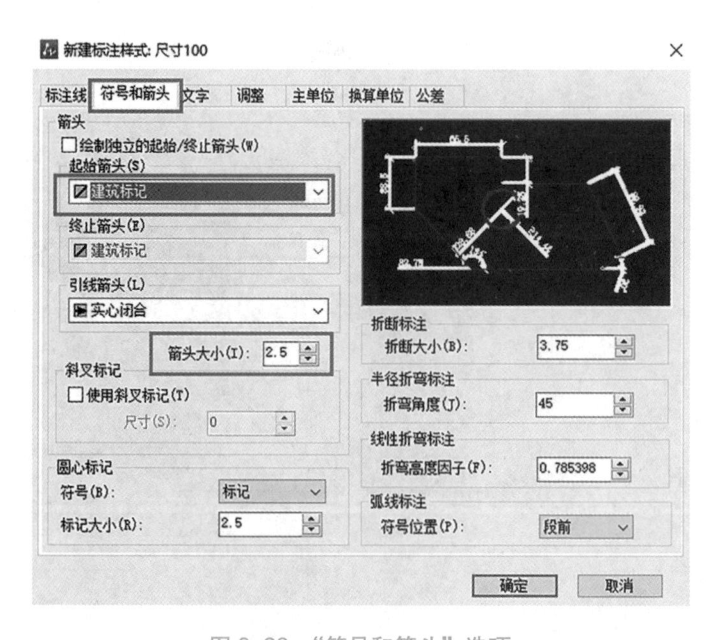

图 2-28 “符号和箭头”选项

（4）依次将界面切换至“文字”，按本章节“文字样式”设置方法。设置“文字”选项卡中的参数；设置“调整”选项卡中的“使用全局比例”为100，“文字位置”为尺寸线上方，不带引线。

（5）设置“主单位”选项卡中的“单位格式”为小数，“精度”为0，修改完成后单击“确定”按钮，再单击“置为当前”按钮，最后单击“关闭”按钮，即完成一种标注样式的设置，如图2-29所示。

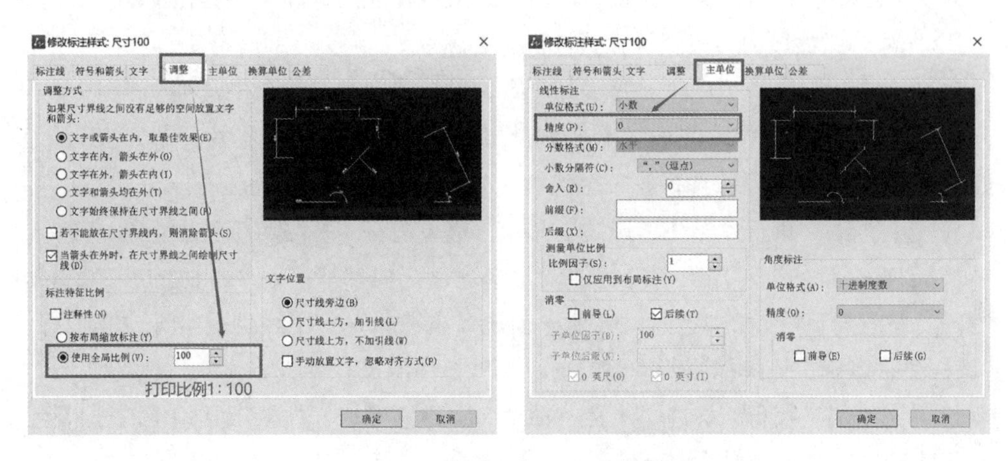

图2-29 调整比例、设置主单位

3. 尺寸标注的类型

中望CAD提供了多种尺寸标注的类型，包括线性标注、对齐标注、坐标标注、半径标注、直径标注、角度标注、基线标注、连续标注和引线标注。如图2-30所示为几种常用的尺寸标注类型。

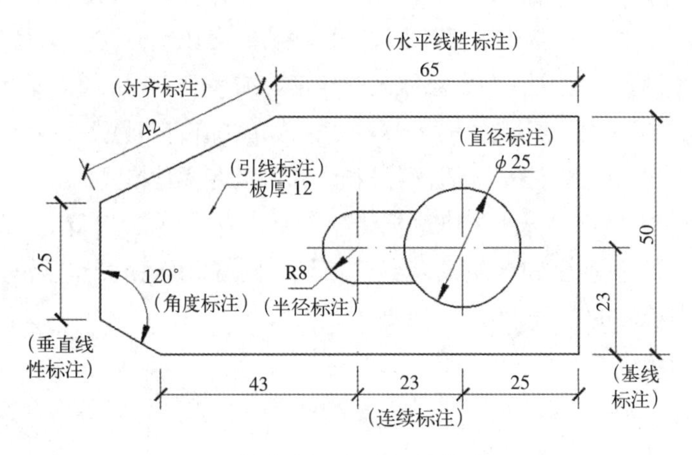

图2-30 尺寸标注类型

（1）线性标注：执行“标注/线性”命令，或单击在“标注”的“线性”按钮，可创建用于标注坐标系 xy 平面中两点之间的距离测量值，并通过指定点或选择一个对象来实现。

（2）对齐标注：执行“标注／对齐”命令，或单击在“标注”工具栏上的“对齐”按钮，可以对对象进行对齐标注。对齐标注是线性标注尺寸的一种特殊形式。在对直线段进行标注时，如果该直线的倾斜角度未知，那么使用线性标注方法将无法得到准确的测量结果，这时可以使用对齐标注。

（3）弧长标注：执行“标注／弧长”命令，或单击在“标注”工具栏上的“弧长”按钮，可以标注圆弧线段或多段线圆弧线段部分的弧长。

（4）基线标注：执行“标注／基线”命令，或单击在“标注”工具栏上的“基线”按钮，可以创建一系列由相同的标注原点测量出来的标注。与连续标注一样，在进行基线标注之前也必须先创建（或选择）一个线性、坐标或角度标注作为基准标注。

（5）连续标注：执行“标注／连续”命令，或单击在“标注”工具栏上的“连续”按钮，可以创建一系列端对端放置的标注，每个连续标注都从前一个标注的第二个尺寸界线处开始。在进行连续标注之前，必须先创建（或选择）一个线性、坐标或角度标注作为基准标注，以确定连续标注所需要的前一尺寸标注的尺寸界线。

（6）半径标注：执行“标注／半径”命令，或单击在“标注”工具栏上的“半径”按钮，可以标注圆和圆弧的半径。

（7）折弯标注：执行“标注／折弯”命令，或单击在“标注”工具栏上的“折弯”按钮，可以折弯标注圆和圆弧的半径。

（8）直径标注：执行“标注／直径”命令，或单击在“标注”工具栏上的“直径标注”按钮’可以标注圆和圆弧的直径。

（9）圆心标注：执行“标注／圆心标记”命令，或单击在“标注”工具栏上的“圆心标记”按钮，即可标注圆和圆弧的圆心。此时只需要选择待标注其圆心的圆弧或圆即可。

（10）角度标注：执行“标注／角度”命令，或单击在“标注”工具栏上的“角度”按钮可以测量圆和圆弧的角度、两条直线间的角度，或者三点间的角度。

（11）引线标注：执行“标注／引线”命令，或单击在“标注”工具栏上的“快速引线”按钮，可以创建引线和注释，而且引线和注释可以有多种格式。

（12）快速标注：执行“标注／快速标注”命令，或单击在“标注”工具栏上的“快速标注”按钮，可以快速创建成组的基线、连续、阶梯和坐标标注，快速标注多个圆、圆弧以及编辑现有标注的布局。

4. 编辑标注对象

在中望 CAD2023 中，可以对已标注对象的文字、位置及样式等内容进行修改，而不必删除所标注的尺寸对象再重新进行标注。

（1）编辑标注：在“标注”工具栏上，单击“编辑标注”按钮，即可编辑已有标注的标注文字内容和放置位置。

（2）编辑标注文字的位置：执行“标注／对齐文字”子菜单中的命令，或单击在“标注”工具栏上的“编辑标注文字”按钮，都可以修改尺寸的文字位置。

（3）替代标注：执行“标注／替代”命令，可以临时修改尺寸标注的系统变量设置，并按该设置修改尺寸标注。该操作只对指定的尺寸对象作修改，并且修改后不影响原系统的变量设置。

（4）更新标注：执行“标注／更新”命令，或单击在“标注”工具栏上的“标注更新”按钮都可以更新标注，使其采用当前的标注样式。

（5）尺寸关联：尺寸关联是指所标注尺寸与被标注对象有关联关系。如果标注的尺寸值是按自动测量值标注，且尺寸标注是按尺寸关联模式标注的，那么改变被标注对象的大小后相应的标注尺寸也将发生改变，即尺寸界线、尺寸线的位置都将改变到相应新位置，尺寸值也改变成新测量值；反之，改变尺寸界线起始点的位置，尺寸值也会发生相应的变化。

【实例操作 2-4】

尺寸标注样式名为“尺寸”。文字样式选用“非汉字”，箭头大小为 1.2mm，基线间距 10mm，尺寸界限偏移尺寸线 2mm，尺寸界限偏移原点 3mm，文字高度 3mm，使用全局比例为 100。

【任务总结】

一、建筑工程作图原则

1. 按制图步骤绘图：打开软件→设置绘图环境→设置单位→设置图幅并显示全图→设置图层→在模型空间绘图→在布局空间标注出图。

2. 作图比例：始终以 1∶1 比例绘图，绘图中不允许有误差，必须合理使用捕捉连接图线。

3. 为不同类型的图元对象设置不同的图层及颜色。图层名相对固定，每个图层要根据规范设置相应的颜色、线型、线宽，绘图时要明确将当前图层，所有图线要归并到正确的图层中。

4. 作图时注意命令提示行及光标状态，根据提示决定下一步操作，提高作图效率减少误操作。

二、关闭、冻结、锁定图层的作用

1. 关闭图层：使图层中所包含的图元对象不被显示和打印，图层中的图形参与图形运算；

2. 冻结图层：使图元不但不被显示和打印，且不参加运算，当解冻图层时图形显示会重新计算；

3. 锁定图层：锁定后图层中的图形可被显示但不能被编辑，可在图层管理器中改变颜色和线型。

【任务拓展】

1. 在“轴线”图层，输入“L”（直线）命令，依次输入坐标：(400，800）起点→（800，800）→（800，1400）→（1600<45）→（@400，0）→（@0，-600）→（@-400，-400）→（C）闭合。

2. 在“隐藏线”图层，输入“C”（圆）命令，左键指定任意圆心→输入半径 300 回车确认，线型改为 0.35。

3. 在“轮廓线”图层，单击工具栏“矩形”命令，左键任意指定第一个角点→指定另一个角点输入坐标（@600，400）回车确认。将图线宽改为 0.7。如图 2-31 所示。

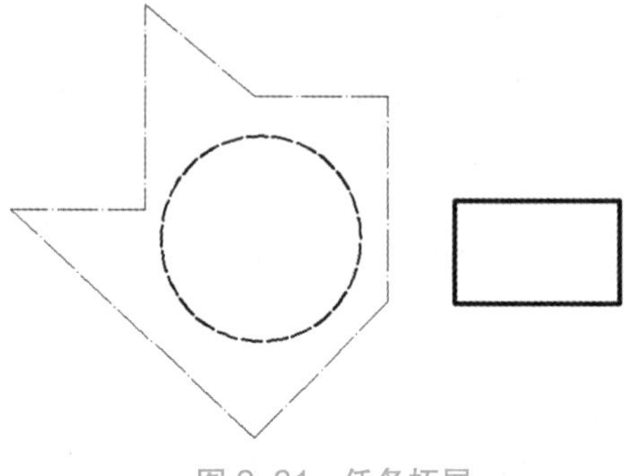

图 2-31　任务拓展

项目三
基本绘图技巧

【项目说明】

1. 通过对图形特征分析，选用适当的绘图、编辑命令绘制基础图形；绘制图框，创建样本文件。

2. 通过反复训练，从“掌握”到“熟练”，提高绘图速度和质量，培养学生具有严谨专注、精益求精的工匠精神。

任务 3.1　常用建筑图例符号绘制

【任务内容】

绘制常用建筑图例符号。

【任务分析】

1. 常用建筑图例符号有箭头符号、标高符号、轴线编号等，常使用到直线（L）、矩形（REC）、圆（C）、圆弧（A）、正多边形（POL）、点（PO）及多段线（PL）等，熟练使用基本绘图命令绘制。

2. 常用到删除（E）、复制（CO）、移动（M）、镜像（MI）、阵列（AR）、旋转（RO）、偏移（O）、缩放（SC）、修剪（TR）等，熟练使用基本修改命令，掌握对象捕捉端点、圆心、交点和象限点的运用，提高作图准确率。

【任务实施】

一、创建文件与保存，设置绘图环境。

1. 文件创建，保存在指定文件夹，文件名为“任务 3-1.DWG”。

2. 绘图环境设置参照项目二，设置线型全局比例因子为 5，将“轮廓线”图层设置为当前层。

二、绘制矩形（500×200）

1. 输入“L”直线命令，指定第一点为任意点，依次输入坐标（@500，0）、（@0，200）、（@-500，0），以参数“C”闭合，如图 3-1 所示。

2. 输入“PL”多段线命令，按 F8 打开正交，指定起点为任意点，依次输入距离值（向右水平 500）、（向上竖直 200）、（向左水平 500），以参数“C”闭合。如图 3-2 所示。

3. 单击工具栏“矩形”命令，指定第一个角为任意点，指定第二个角点（@500，200），单击绘图菜单中填充命令▨，选择“其他预定义”图案“LINE”，角度 45°，比例 25，对象选择添加矩形为填充区域填充图案，调整填充线宽为 0.18，结果如图 3-3 所示，弹出填充对话框，如图 3-4 所示。

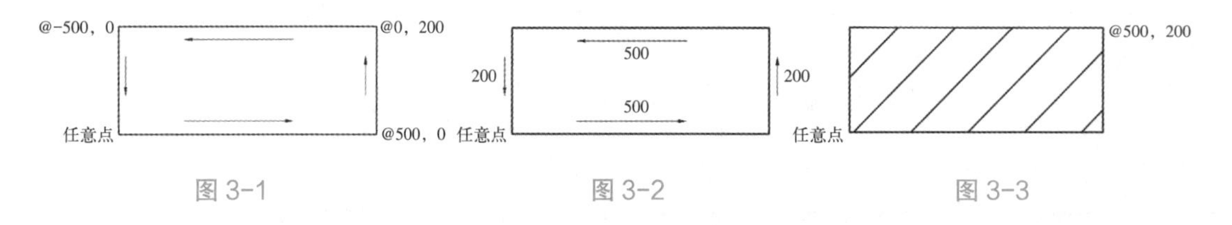

图 3-1　　图 3-2　　图 3-3

图 3-4　填充对话框

图案填充需要注意以下几点：

(1) 在“图案填充”对话框中的“边界”选项组中，我们可以用两种方式来选择我们需要进行图案填充的闭合图形边界。一种为“添加：拾取点”方式，另一种为“添加：选择对象”方式。如图 3-5 所示。

图 3-5 “边界”选项组

若选择“添加：拾取点”方式，则点击▣按钮，则系统回到模型空间进行操作，并提示拾取闭合图形的内部点。此时点击闭合图形中间空的部分，系统会自动计算并识别拾取点所在的闭合图形范围，其选定范围以短虚线显示。

例如，如图 3-6 所示，在由矩形、圆形、三角形组成的图案中，若选取拾取点为图中“X”位置，则被选定的区域为圆形与矩形和三角形的差集，其边界显示为短虚线。当图案填充命令键盘输入完毕后，被填充的部分为图中的阴影部分。

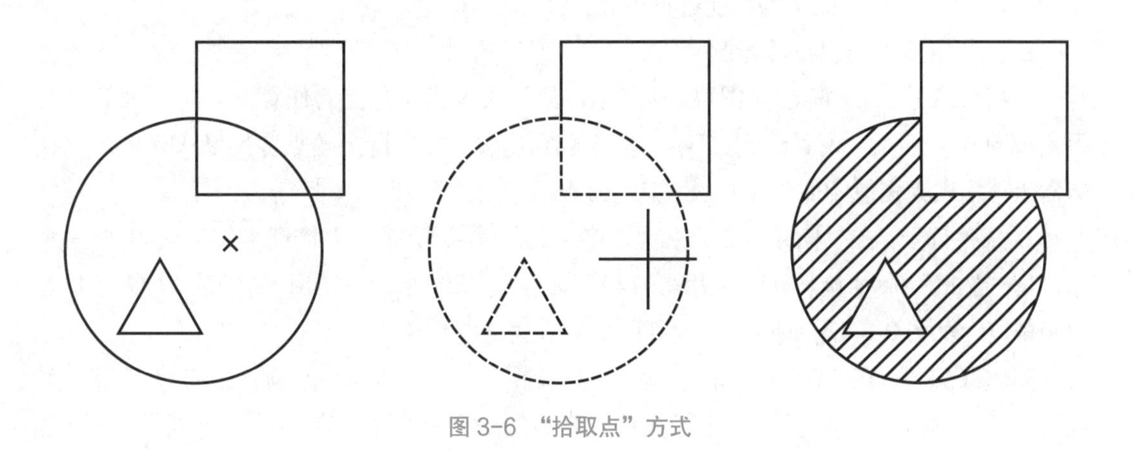

图 3-6 “拾取点”方式

若选择“添加：选择对象”方式，则系统回到模型空间进行操作，并提示选择需要被填充的闭合图形对象。选取之后的闭合图形同样以短虚线显示其边界。

如图 3-7 所示，在由矩形、圆形、三角形组成的图案中，若选择图案填充对象为图中的矩形，则被选定的区域为整个矩形，其边界显示为短虚线。当图案填充命令键盘输入完毕后，被填充的部分为图中的阴影部分。此时图案填充与旁边的圆形和三角形无关。

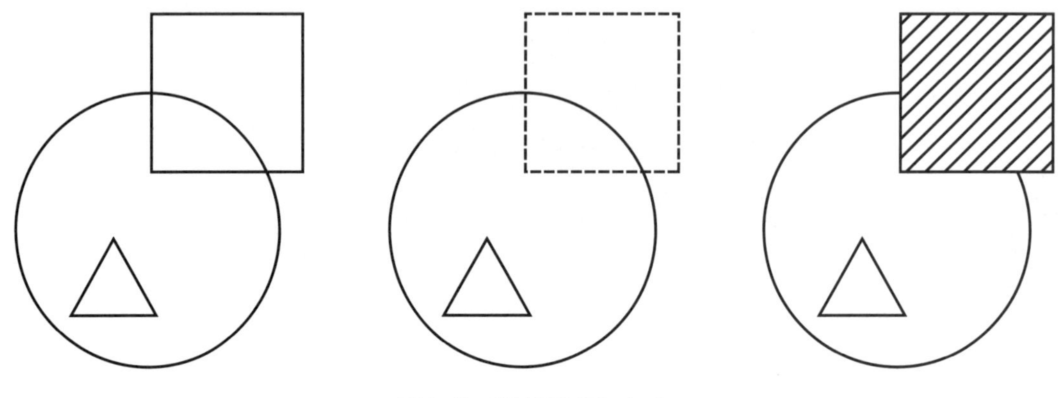

图 3-7 “选择对象”方式

无论采用上述何种方式，我们都可以在一次命令操作中选择一个闭合图形范围，也可以同时选取多个闭合图形。若在一次图案填充命令中连续选取多个闭合图形，则该次命令可以一次填充所有被选定的闭合图形空间。

（2）在图案填充时，还需要调整的角度和比例。默认状态下，图案填充角度为 0°。当我们需要将填充图案进行旋转时，可以直接在该选项组中按照逆时针的方式对填充图形输入旋转的角度。默认状态下，填充的比例为 1。大于 1 时填充图案比例放大，即图案变得更疏；小于 1 时填充图案比例缩小，即图案变得更密。在使用填充图案为实体图案“SOLID”时，角度和比例均不能进行设置。

三、常用建筑图例符号绘制

1. 箭头符号：在“标注”图层；用“多段线”命令指定起点为任意点，向右水平输入距离值 600（箭柄）；设置线宽“W”，指定起点宽度 100、指定端点宽度 0，指定下一点向右水平输入距离值 400（箭头，长宽比为 4 : 1），如图 3-8（a）所示。

2. 标高符号：在“标注”图层；用“多边形”命令绘一个内接圆半径 R=300 的正方形，用“旋转”命令旋转 45°；用“直线”命令绘 1500 长直线；用“修剪”命令剪去上边两条边，如图 3-8（b）所示。（也可用其他方法画出）

3. 轴线编号：在“轴线”图层；轴圈用“圆”命令绘 R=400 的圆，改变线型为“实线”；打开“象限点”捕捉，轴号引线用“直线”命令从圆右象限点绘一条长 1200 的直线。轴号编号“A”（为标注图层），字体为默认字体，字高 600，上下居中，左右居中，夹点操作文字中心与圆心对齐，如图 3-8（c）所示。

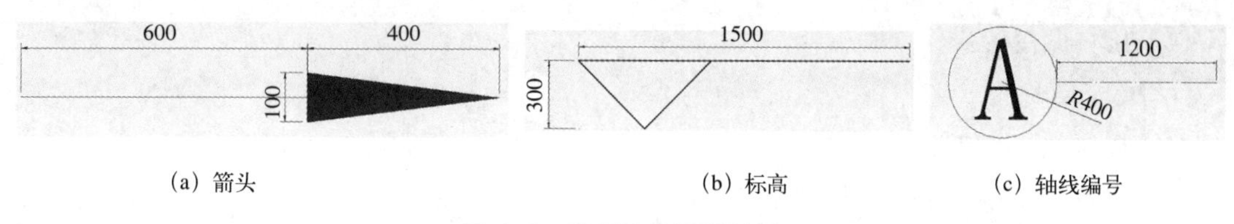

(a) 箭头　(b) 标高　(c) 轴线编号

图 3-8　常用建筑图例符号

【任务总结】

1. 熟悉常用建筑图例符号。

2. 能够使用直线（L）、多段线（PL）、矩形（REC）、正多边形（POL）、圆（C）等绘图命令，以及修剪（TR）、旋转（RO）等编辑命令对常用建筑图例符号进行修改。

3. 了解制图规范中对图例的尺寸要求。

【任务拓展】

1. 多段线命令的操作步骤：

命令：PL

PLINE

指定多段线的起点或 < 最后点 >：任意点

当前线宽是 0

指定下一点或 [圆弧（A）/ 半宽（H）/ 长度（L）/ 撤消（U）/ 宽度（W）]：600

指定下一点或 [圆弧（A）/ 闭合（C）/ 半宽（H）/ 长度（L）/ 撤消（U）/ 宽度（W）]：W

指定起始宽度 <0>：100

指定终止宽度 <100>：0

指定下一点或 [圆弧（A）/ 闭合（C）/ 半宽（H）/ 长度（L）/ 撤消（U）/ 宽度（W）]：400

指定下一点或 [圆弧（A）/ 闭合（C）/ 半宽（H）/ 长度（L）/ 撤消（U）/ 宽度（W）]：空格键结束命令。

2. 正多边形命令的操作步骤：

命令：POL

POLYGON

输入边的数目 <4> 或 [多个（M）/ 线宽（W）]：4

指定正多边形的中心点或 [边（E）]：任意点为圆心

输入选项 [内接于圆（I）/ 外切于圆（C）]<C>：I

指定圆的半径：300

3. 旋转命令的操作步骤：

命令：RO

选择对象：(此时选择正方形）

指定基点：(选择正方形一个顶点为基点）

指定旋转角度或 [复制（C）/ 参照（R）]<270>：45

4. 修剪命名的操作步骤：

命令：TR

TRIM

当前设置：投影模式 =UCS，边延伸模式 = 不延伸（N）

选取对象来剪切边界 < 全选 >：(选择 1500 长直线）

选择要修剪的实体，或按住 Shift 键选择要延伸的实体，或 [边缘模式（E）/ 围栏（F）/ 窗交（C）/ 投影（P）/ 删除（R）/ 放弃（U）]：(选择需要修剪的正方形的上半部分）

选择要修剪的实体，或按住 Shift 键选择要延伸的实体，或 [边缘模式（E）/ 围栏（F）/ 窗交（C）/ 投影（P）/ 删除（R）/ 放弃（U）]：空格键完成命令

5. 圆命名的操作步骤：

命令：C

CIRCLE

指定圆的圆心或 [三点（3P）/ 两点（2P）/ 切点、切点、半径（T）]：任意点

指定圆的半径或 [直径（D）]<800>：400

完成如图 3-9 所示指北针，用细实线绘制，圆的直径宜为 24mm。指针尖为北向，指针尾部宽度宜为 3mm。

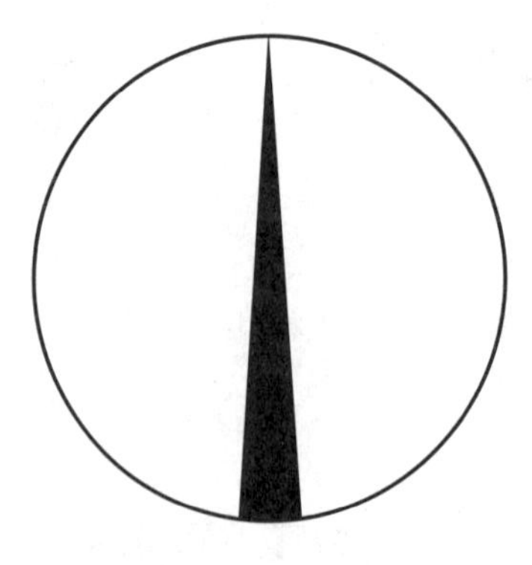

图 3-9 指北针

TASK DEBRIEFING 任务报告

任务 3.2 简单几何图形绘制

【任务内容】

绘制如图 3-10 ~ 图 3-13 所示图形。

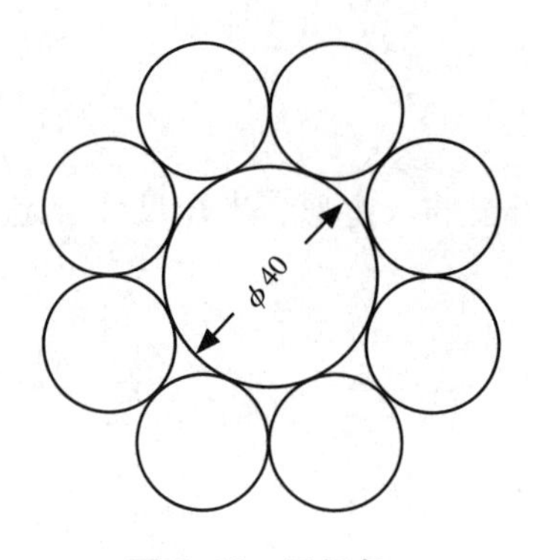

图 3-10 子任务一

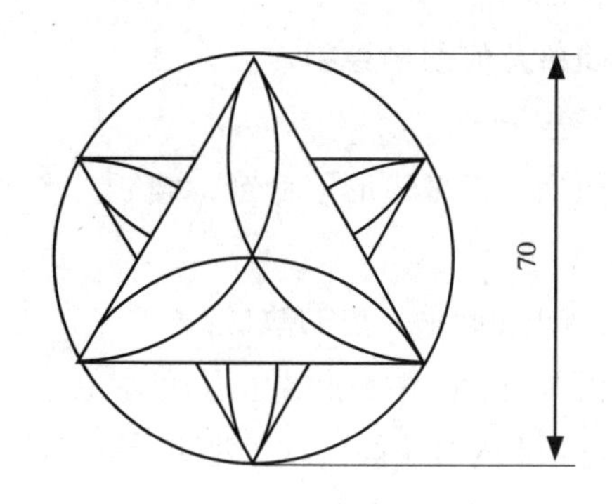

图 3-11 子任务二

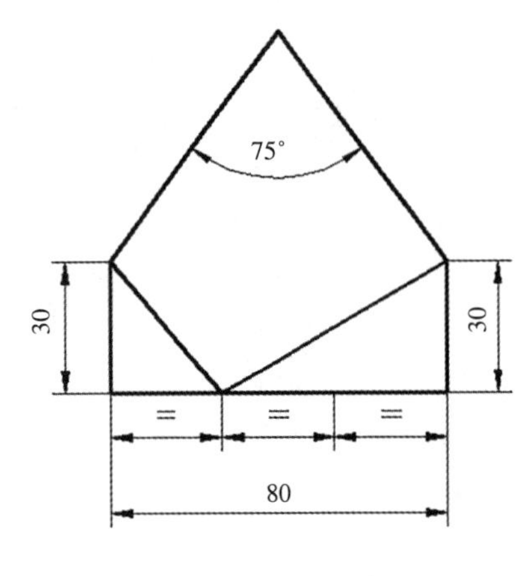

图 3-12　子任务三

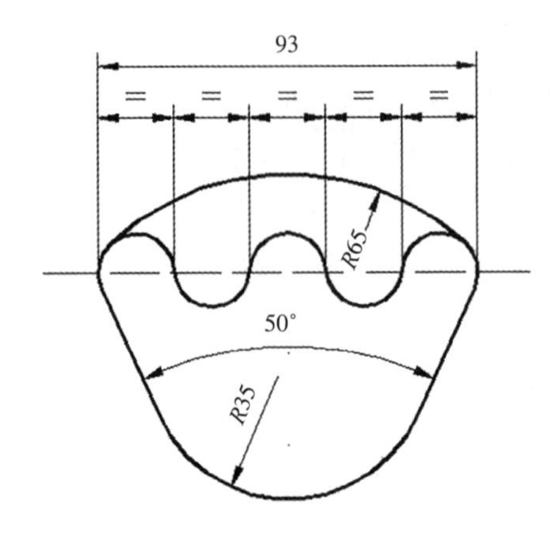

图 3-13　子任务四

【任务分析】

1. 子任务一绘制时，由于外面圆的半径未知，不能直接绘制，需要使用“多边形”命令辅助绘制，再利用“缩放”命令将中间圆的直径缩放到 40mm。

2. 子任务二绘制时，因多为对称图形，可使用镜像命令生成，三角形里面的几条线段用边界修剪命令完成。

3. 子任务三绘制时，下面部分采用定数等分绘制；上面的 75° 可以使用对齐命令绘制（对齐命令为 ALIGN）。

4. 子任务四绘制时，需要使用多种圆弧命令的方法绘制，中间的 5 段圆弧先使用定数等分命令分段，再绘制圆弧。

【任务实施】

一、创建文件与保存，设置绘图环境。

1. 文件创建，保存在指定文件夹，文件名为“任务 3-2.DWG”。

2. 绘图环境设置参照项目二，设置线型全局比例因子为 5，将“轮廓线”图层设置为当前层。

二、简单几何图形绘制

1. 子任务一

（1）使用“正多边形”命令，绘制一个外切于圆的八边形，半径尺寸自定义，如图 3-14 所示。

命令：polygon 输入边的数目：8

指定正多边形的中心点或 [边（E）]：任意点

输入选项 [内接于圆（I）/ 外切于圆（C）]<I>：c

指定圆的半径：自定义

(2) 使用“圆”命令，捕捉圆心A点和中点B点，绘制一个圆（如图3-15所示）。

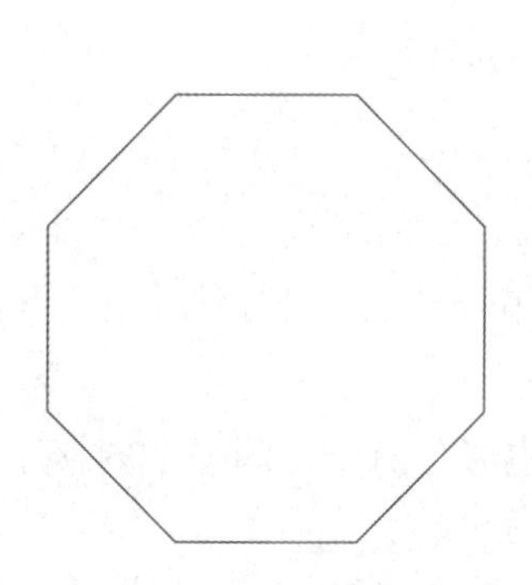

图3-14 绘制正八边形

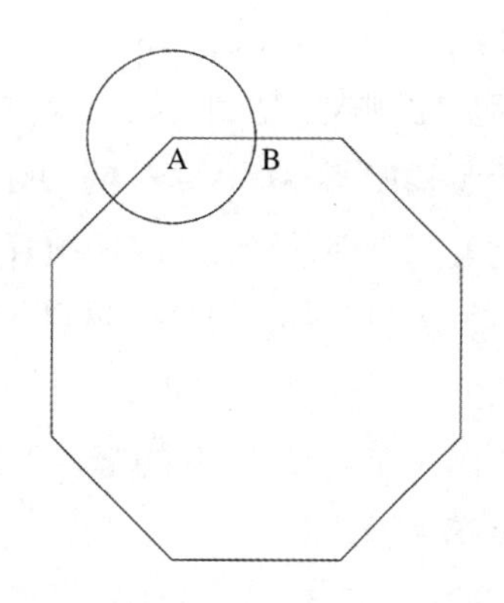

图3-15 绘制圆

(3) 使用“镜像”命令，镜像出其他圆，如图3-16所示。

命令：MI

MIRROR

选择对象：选择圆

指定镜像线的第一点：多边形边长中点B

指定镜像线的第二点：B点的垂直线

是否删除源对象？[是（Y）/否（N）]<否>：N

(4) 单击“绘图”→“圆”→“相切、相切、相切”命令，捕捉任意三个圆3个切点，绘制一个内切圆，如图3-17所示。

(5) 通过内切圆直径一点绘制一条长度为40的直线，使用“缩放”命令，将圆的直径缩放为40，并添加尺寸标注，如图3-18所示。

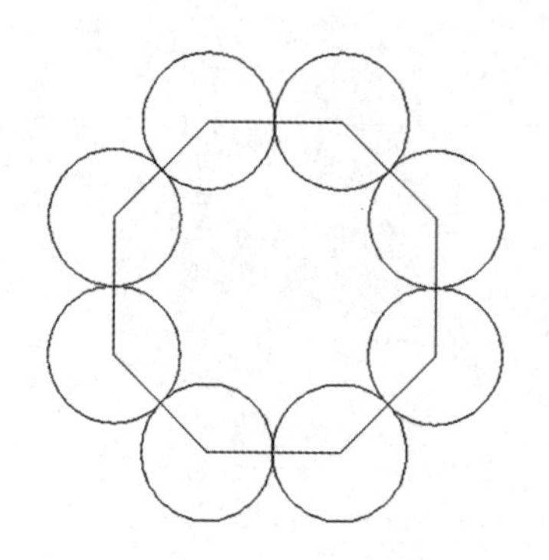

图3-16 镜像圆形

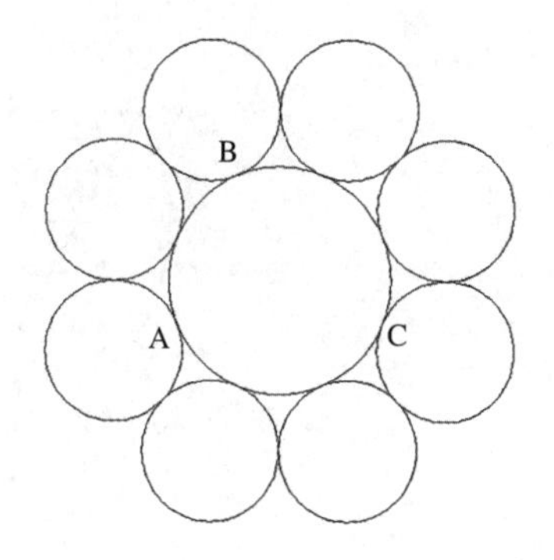

图3-17 绘制内切圆

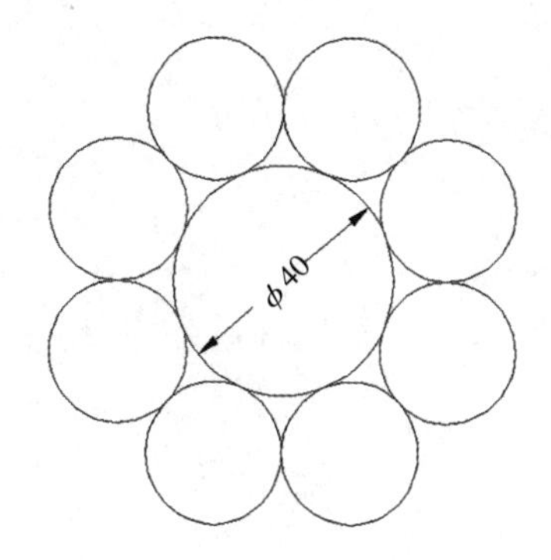

图3-18 子任务一完成图

命令：SC

选择对象：选择所有图元

指定基点：内切圆直径一端点

指定缩放比例或 [复制（C）/ 参照（R）]<1.0000>：R

指定参照长度 <400.0000>：内切圆直径一端点

请指定第二点获取距离：内切圆直径另一端点

指定新长度或 [点（P）]<1.0000>：直线 40 的另一端点

2. 子任务二

（1）先画一个直径为 70 的圆，然后使用“多边形”命令，画一个内接于圆的正三角形，如图 3-19 所示。

命令：POL

输入边的数目 <4> 或 [多个（M）/ 线宽（W）]：3

指定正多边形的中心点或 [边（E）]：选择圆心作为中心点

输入选项 [内接于圆（I）/ 外切于圆（C）]<C>：I

指定圆的半径：捕捉圆上的象限点或直接输入 35。

（2）使用“镜像”命令，沿 AB 方向镜像一个倒三角形，如图 3-20 所示。

命令：MI

MIRROR

选择对象：选择内接三角形作为对象

选择对象：按空格键或者回车键确定对象选择

指定镜像线的第一点：A 点

指定镜像线的第二点：B 点

是否删除源对象？[是（Y）/ 否（N）]< 否 >：N

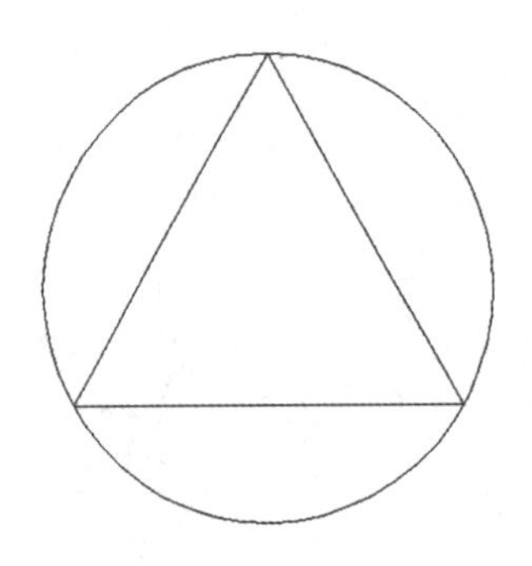

图 3-19　绘制圆形及内接于圆的正三边形

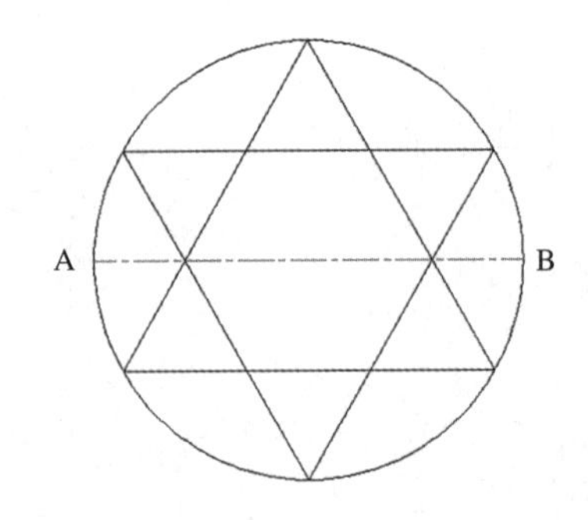

图 3-20　镜像三角形

（3）使用“圆弧”命令，捕捉圆心，画出一段圆弧，这里使用任意三点绘制圆弧的方法绘制，如图 3-21 所示。

命令：A

指定圆弧的起点或 [圆心（C）]：指定图 3-20 中 A 点为起点

指定圆弧的第二个点或 [圆心（C）/ 端点（E）]：B 点

指定圆弧的端点：C 点

(4) 再次使用"镜像"命令，镜像出其他 5 段圆弧，如图 3-22 所示。

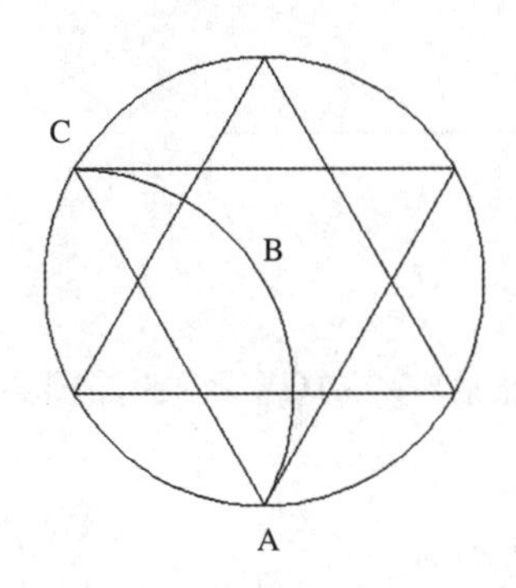

图 3-21　绘制三角形内圆弧

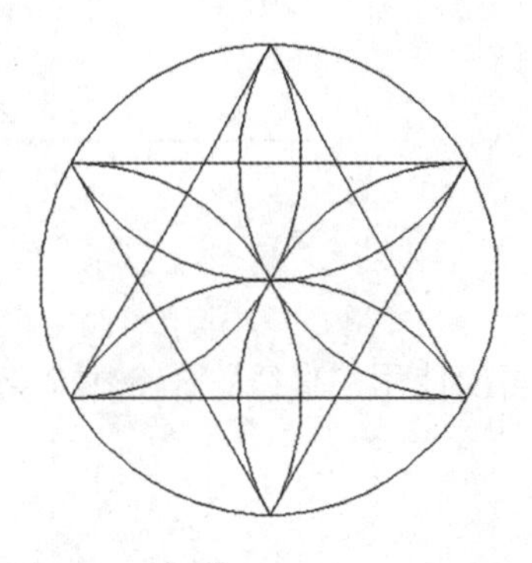

图 3-22　镜像其他五段圆弧

(5) 使用"修剪"命令修剪多余线段，添加尺寸标注，如图 3-23 所示。

命令：TR

TRIM

当前设置：投影模式 =UCS，边延伸模式 = 不延伸（N）

选取对象来剪切边界 < 全选 >：选择正三角形为边界

选取对象来剪切边界 < 全选 >：按空格键或回车键确定选择

选择要修剪的实体，或按住 Shift 键选择要延伸的实体，或 [边缘模式（E）/ 围栏（F）/ 窗交（C）/ 投影（P）/ 删除（R）/ 放弃（U）]：选择需要修剪的地方，修剪完成后空格键结束命令。

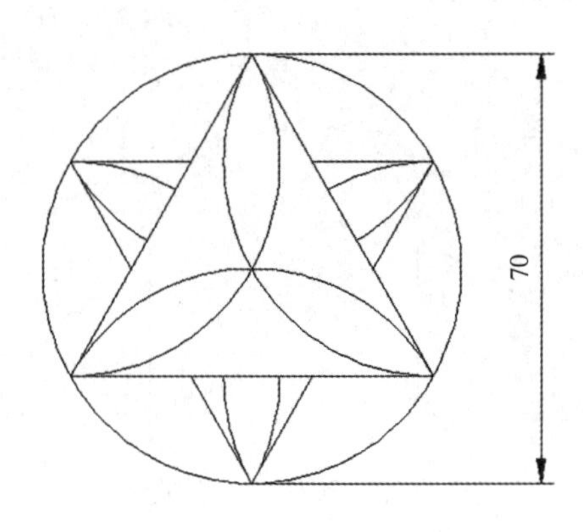

图 3-23　子任务二完成图

3. 子任务三

（1）画一条 80 的直线，然后使用“定数等分”命令，将直线 3 等分，如图 3-24 所示。

命令：DIV

DIVIDE

选取分割对象：选择直线

输入分段数或 [块（B）]：3

图 3-24　定数等分

（2）再次使用“直线”命令画 2 条 30 的直线，然后连接 AC、BC，如图 3-25 所示。

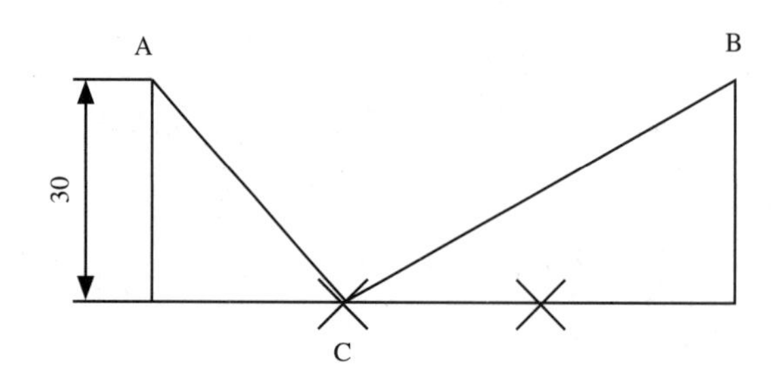

图 3-25　绘制 AC、BC 两条直线

（3）画一条任意长度的直线，激活夹点 A，回车 2 次，使用“复制旋转”命令，复制一条 75° 的直线，如图 3-26 所示。

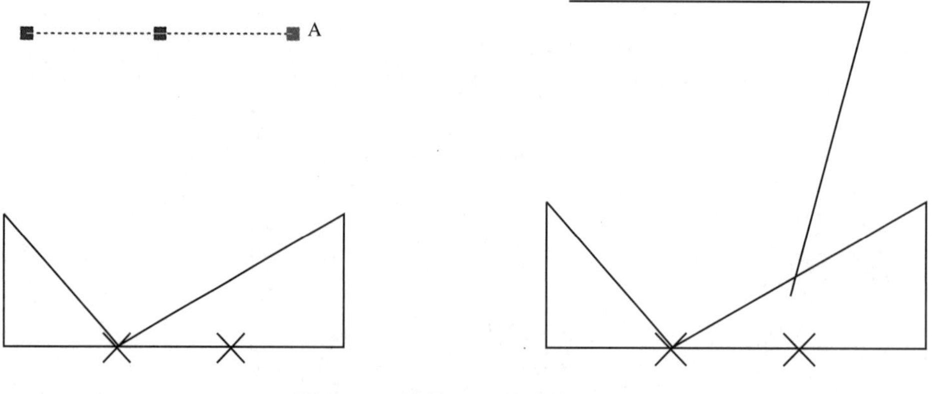

图 3-26　绘制 75° 的直线

** 旋转 **

指定旋转角度或 [基点（B）/ 复制（C）/ 放弃（U）/ 参照（R）/ 退出（X）]：c

** 旋转（多重）**

指定旋转角度或 [基点（B）/ 复制（C）/ 放弃（U）/ 参照（R）/ 退出（X）]：75

（4）使用对齐命令，在命令行输入："al"，捕捉目标点到 A 点和 B 点，如图 3-27 所示。

命令：al

ALIGN

选择对象：选择绘制的两条辅助线

选择对象：空格键完成选择

指定第一个源点：D 点

指定第一个目标点：A 点

指定第二个源点：C 点

指定第二个目标点：B 点

指定第三个源点或 < 继续 >：空格键

是否基于对齐点缩放对象？ [是（Y）/ 否（N）]< 否 >：Y

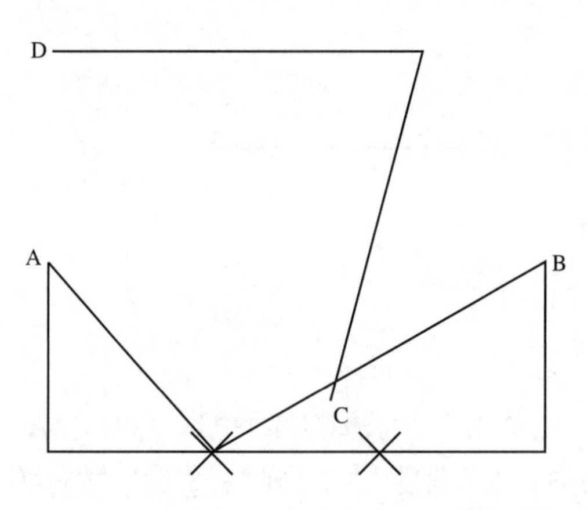

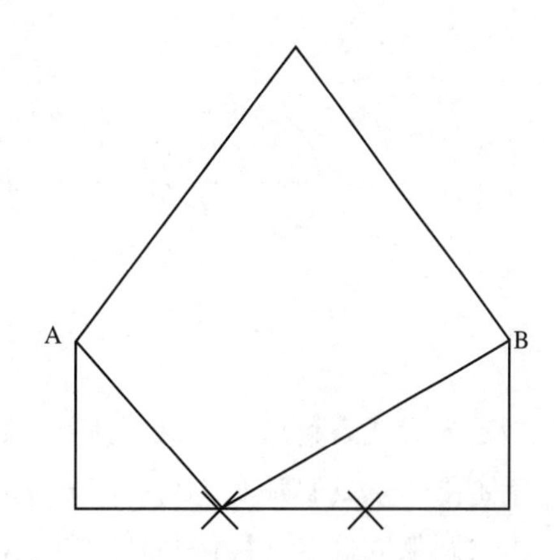

图 3-27　连接直线

（5）添加尺寸标注，完成绘制，如图 3-28 所示。

4. 子任务四

（1）先画一条 93 的直线，然后使用"绘图"→"点"→"定数等分"命令，将直线 5 等分，或使用快捷键"DIV"完成等分，如图 3-29 所示。

（2）使用"多段线"命令，绘制 5 段圆弧，如图 3-30 所示。

命令：PL

PLINE

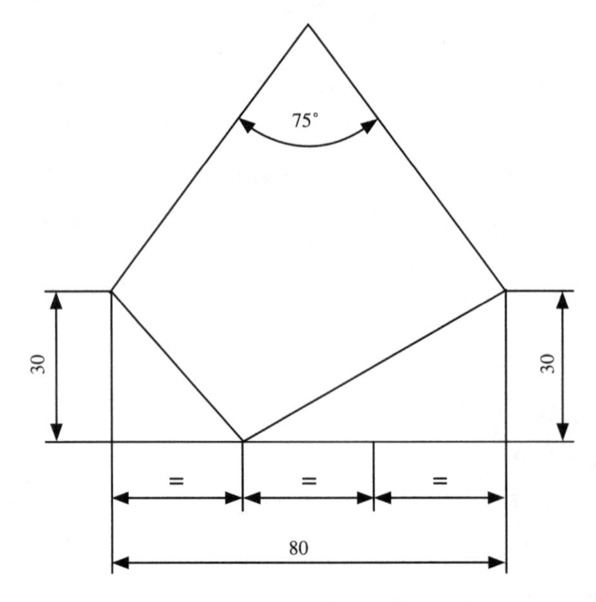

图 3-28　子任务四完成图

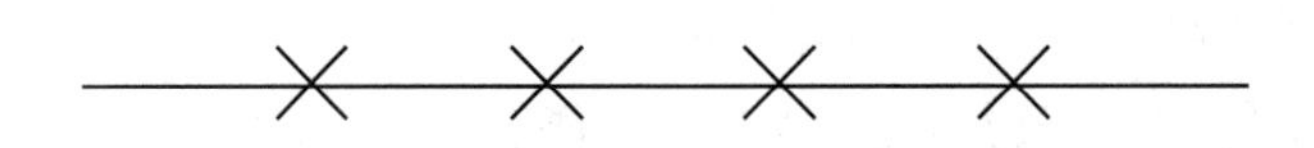

图 3-29　定数等分直线

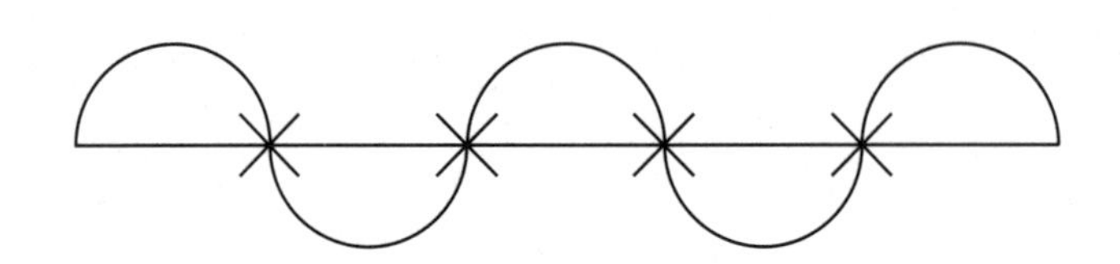

图 3-30　绘制 5 段圆弧

指定多段线的起点或 < 最后点 >：直线一端点

指定下一点或 [圆弧（A）/ 半宽（H）/ 长度（L）/ 撤消（U）/ 宽度（W）]：A

指定圆弧的端点（按住 Ctrl 键以切换方向）或 [角度（A）/ 圆心（CE）/ 方向（D）/ 半宽（H）/ 直线（L）/ 半径（R）/ 第二个点（S）/ 宽度（W）/ 撤消（U）]：D

指定起点切向：与端点垂直方向

指定圆弧的端点（按住 Ctrl 键以切换方向）：根据等分点依次点击

（3）通过圆心，画一条辅助线，长度任意（提示：需要设置极轴追踪的角度为 300°），如图 3-31 所示。

（4）使用“偏移”命令，在图上拾取圆弧的半径为偏移距离，偏移出另一段线条，如图 3-32 所示。

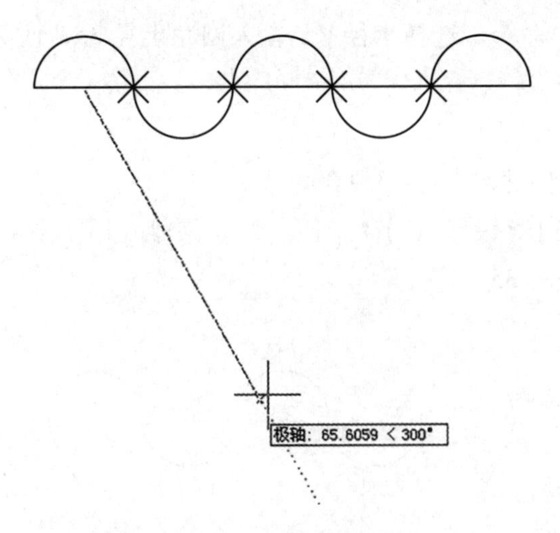

图 3-31　绘制辅助线

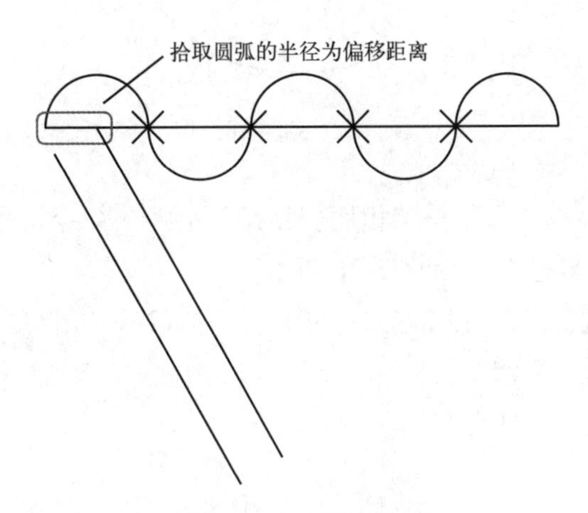

图 3-32　偏移线段

（5）删除辅助线，并使用“镜像”命令，镜像出另一条线段，如图 3-33 所示。

（6）使用“延伸”命令，选择图形，延伸圆弧到直线，如图 3-34 所示。

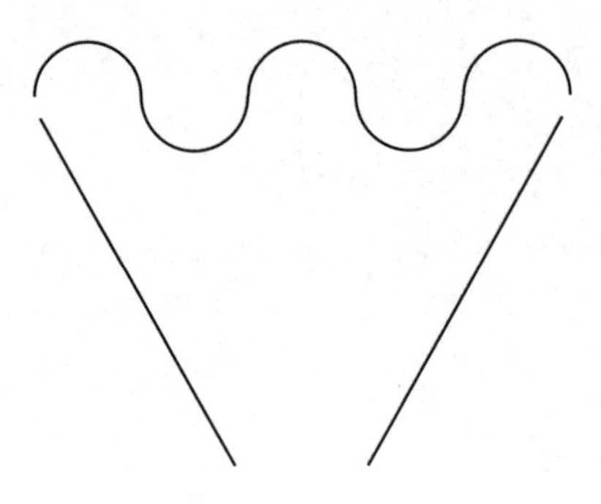

图 3-33　镜像线段

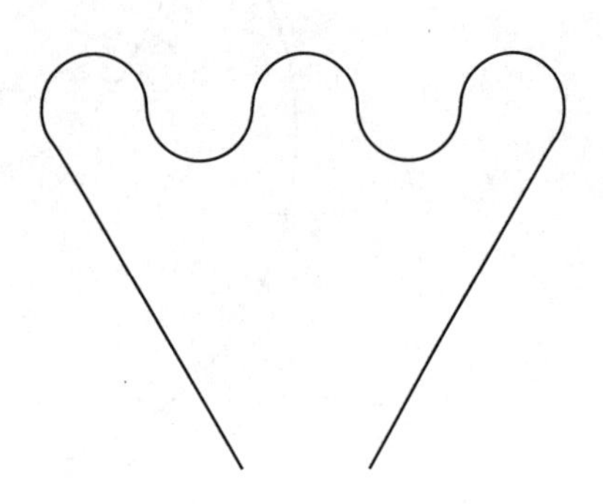

图 3-34　延伸圆弧到直线

（7）使用“圆角”命令，选择半径 R，输入圆角半径 35，使 2 条线段圆角化，如图 3-35 所示。

命令：_fillet 或键入 F

当前设置：模式 = 修剪，半径 =35.0000

选择第一个对象或 [多段线（P）/ 半径（R）/ 修剪（T）/ 多个（U）]：R

指定圆角半径 <35>：35

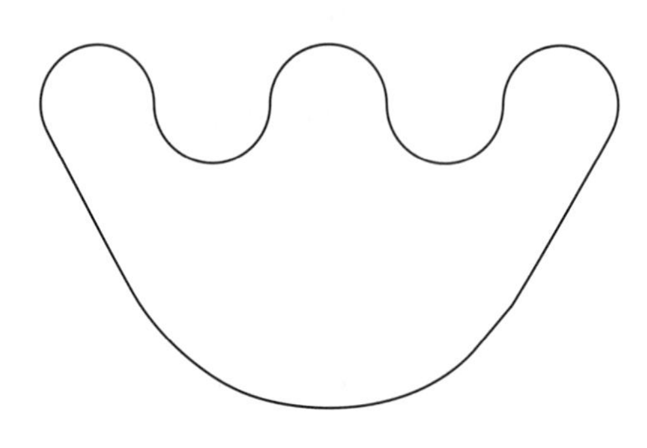

图 3-35　圆角和修剪

（8）使用“绘图”→“圆”→“相切、相切、半径”命令，指定第一个切点 A、指定第二个切点 B，输入半径 65，如图 3-36 所示。

命令：_circle 指定圆的圆心或 [三点（3P）/ 两点（2P）/ 相切、相切、半径（T）]：T

指定对象与圆的第一个切点：

指定对象与圆的第二个切点：

指定圆的半径：65

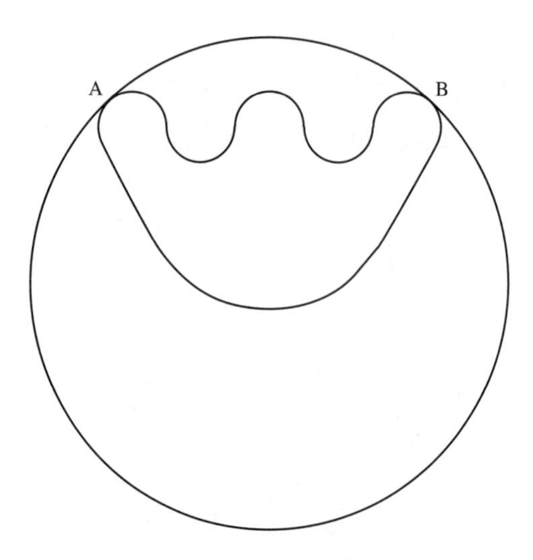

图 3-36　相切、相切、半径绘制圆

(9) 使用“修剪”命令，修剪线段，并添加尺寸标注，如图 3-37 所示。

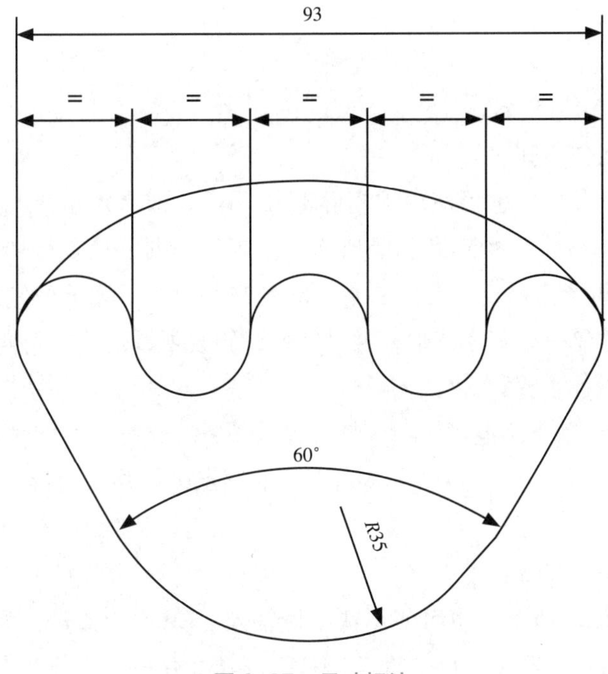

图 3-37　尺寸标注

【任务总结】

1. 在编辑图形对象时，可使用夹点操作，即用鼠标点选图元，直接点取图元的蓝色特征点（点中后呈实心红色），可直接完成拉伸、镜像 MI、移动 M、复制 CO、旋转 RO、缩放 SC 等命令。

2. 操作时，可先选择操作对象，后选择命令，即主谓操作；也可以先选择命令，后选择操作对象，即动宾操作，大多数操作都属于此类型。

3. 其他的常用命令，还有对象及特性编辑、查询距离（DI）、视图刷新（R）、重生成等命令。

4. 绘制基本图的方法有很多，可尝试多种方法绘制基本图形，举一反三，达到熟练使用绘图命令和编辑命令的学习目的。

【任务拓展】

1. 删除命令的操作步骤：

键盘输入 Erase 命令，也可使用快捷键输入“E”，先选中对象后按键盘“Delete”键也可键盘输入删除命令，恢复被删除对象用（Oops）或（U）命令，全部删除加（All）。

2. 复制命令的操作步骤：

键盘输入 Copy 命令，也可使用快捷键输入“CO”或“CP”，参数：(U) 撤消、(All) 全部。

3. 移动命令的操作步骤：

键盘输入 Move 命令，也可使用快捷键输入“M”，操作方法与 Copy 移动命令一样，参数：(U) 撤消、(All) 全部。

4. 阵列命令的操作步骤：

键盘输入 Array 命令，也可使用快捷键输入“AR”或者点击修改面板阵列工具。常用矩形阵列、环形阵列、路径阵列和经典阵列。矩形阵列要设置行列数、行列偏移量和对象后才能确定。环形阵列要设置中心点、阵列数和对象后才能确定。无论采取哪些阵列形式，都需要先绘制一个基本图形，通过特性，修改项目个数、角度、偏移量等参数。

5. 拉伸命令的操作步骤：

键盘输入 Stretch 命令，也可使用快捷键输入“S”，选择对象时要以交叉窗口（从右向左）方式确定对象（点）。拉伸命令是对图形的端点进行移动变形。对图形进行形夹点操作也是拉伸。

6. 拉长命令的操作步骤：

键盘输入 Lengthen 命令，也可使用快捷键输入“LEN”，参数：(DE) 差值、(P) 百分比、(T) 总长、(DY) 动态、(A) 角度、(U) 放弃。拉长命令改变直线或曲线的长度。

7. 延伸命令的操作步骤：

键盘输入 Extend 命令，也可使用快捷键输入“EX”，参数：(P) 投影“N 三维相交模式、UCS 三维投影模式、V 当前视图平面模式”、(E) 边“E 延伸、N 不延伸”、(All) 全部、(U) 放弃。按“Shift”切换为修剪命令。

8. 分解命令的操作步骤：

键盘输入 XPLODE 命令，将合成对象分解为单独的部件。合成对象为两个或两个以上的对象构成。用户可同时分解多个合成对象并分别修改每个对象的颜色、图层和线型。可以指定颜色、图层、线宽和线型，或者从被分解的对象中继承这些属性。

9. 倒角命令的操作步骤：

键盘输入 Chamfer 命令，也可使用快捷键输入“CHA”，参数：(P) 多段线、(D) 距离、(A) 角度、(T) 修剪“T 修剪、N 不修剪”、(M) 方式“D 距离、A 角度”。倒角距离为“0”时有两条直线相连。

10. 圆角命令的操作步骤：

键盘输入 Fillet 命令，参数：(P) 多段线、(R) 半径、(T) 修剪“T 修剪、N 不修剪”。圆角半径为“0”时有两条直线相连。平行线倒圆角两直线以半圆弧相连。

完成如图 3-38 所示图形。

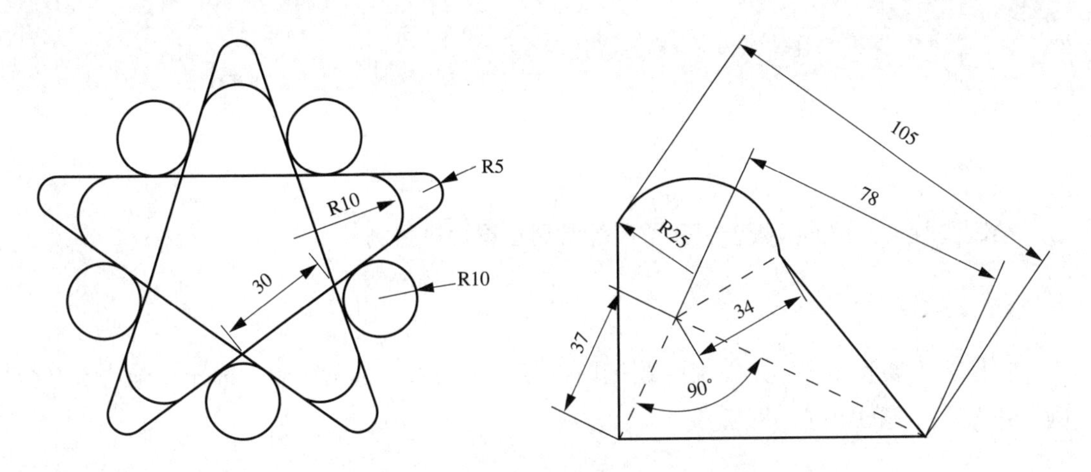

图 3-38 基本图形绘制

TASK DEBRIEFING 任务报告

任务 3.3　建筑材料图例绘制

【任务内容】

绘制混凝土、钢筋混凝土、普通砖等常用建筑材料图例。

【任务分析】

本任务主要利用“矩形”命令绘制图例框，再利用“填充”命令选择正确的填充图例，并设置合适的比例、角度。

【任务实施过程】

一、创建文件与保存，设置绘图环境。

1. 文件创建，保存在指定文件夹，文件名为“任务 3-3.DWG”。

2. 绘图环境设置参照项目二，新增图层“填充图案”，颜色：灰色，线型：连续，线宽：0.18。

二、常见建筑材料图例绘制

1. 理解填充图案与建筑材料的对应关系，使用“轮廓线”图层，剖面轮廓线线宽调整为 0.35，填充图案线宽调整为 0.18，图例尺寸为 600×300，如图 3-39 所示。

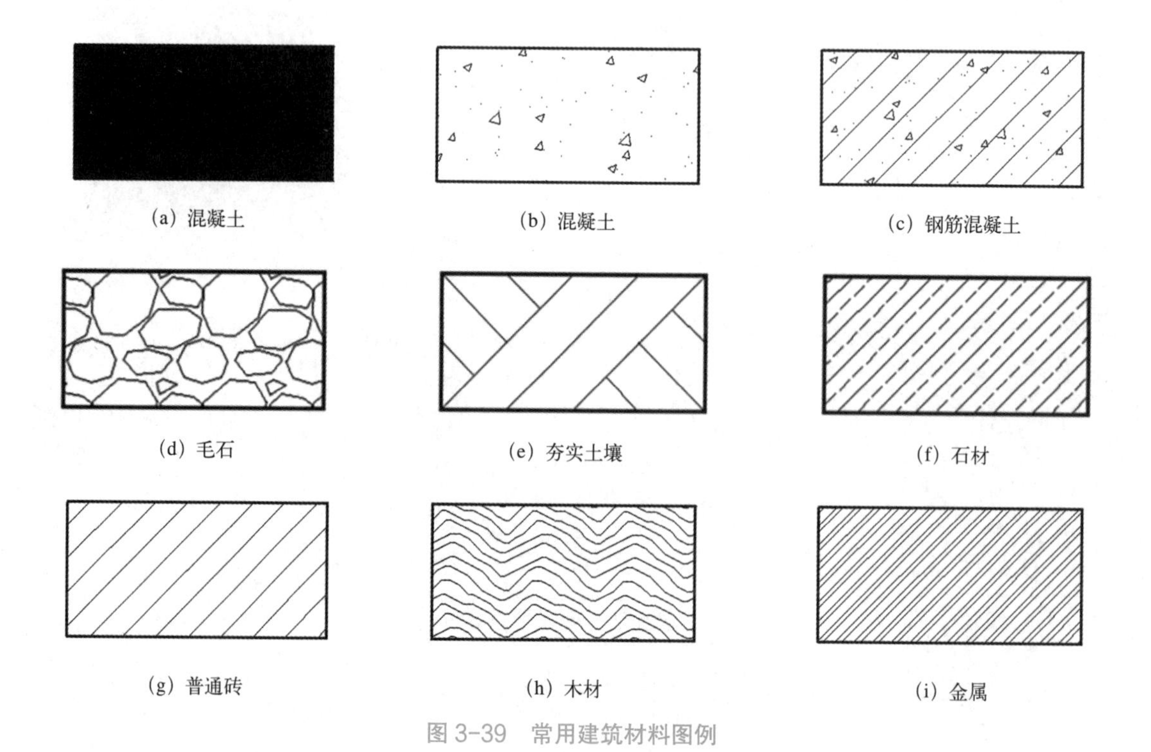

图 3-39　常用建筑材料图例

2. 混凝土：填充图案“SOLID”或填充图案“AR-CONC”，比例“1”。如图 3-39（a）、（b）所示。

3. 钢筋混凝土：混凝土图案“AR-CONC”，比例“1”；钢筋图案“LINE”，角度 45°，比例 20。如图 3-39（c）所示。

4. 毛石：填充图案“GRAVEL”，比例“10”。如图 3-39（d）所示。

5.夯实土壤：画两个300×300 正方形，捕捉中点画“直线”填充。如图3-39(e)所示。

6. 石材：填充图案“ANSI33”，比例“10”。如图 3-39（f）所示。

7. 普通砖：钢筋图案“LINE”，角度 45°，比例 20。如图 3-39（g）所示。

8. 木材：用“样条曲线”命令画曲线填充。如图 3-39（h）所示。

9. 钢材：填充图案“ANSI32”，比例“10”。如图 3-39（i）所示。

【任务总结】

1. 熟悉常用建筑材料图例。

2. 能够利用 CAD 绘图命令及修改命令绘制出常用建筑材料图例，并了解制图规范中对图例的绘制要求。

【任务拓展】

绘制多孔材料图例，图例尺寸 600×300，填充图案“ANSI37”，比例“10”，如图 3-40 所示。

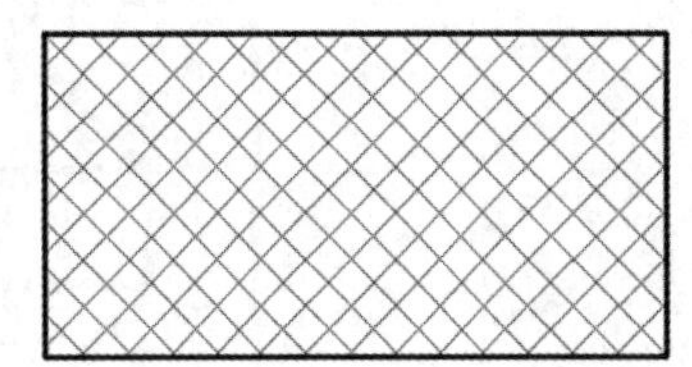

图 3-40　多孔材料

任务 3.4　组合体三视图绘制

1. 组合体三视图绘制

【任务内容】

根据尺寸和投影规律，完成组合体三视图绘制，如图 3-41 所示。

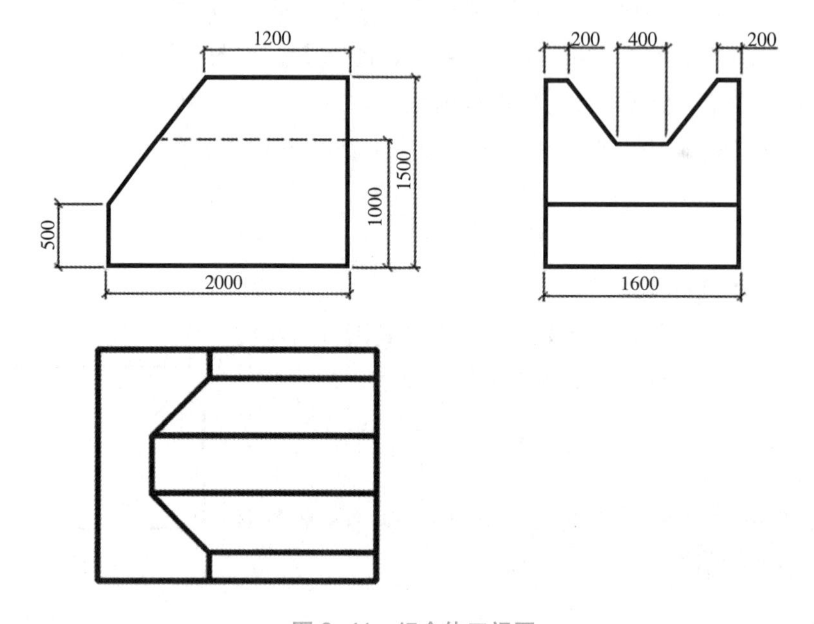

图 3-41　组合体三视图

【任务分析】

1. 审图，理解实体形状、看清标注尺寸，分清定位轴线、轮廓线、隐藏线和标注线的对象和图层。对照三维轴测图，理解主视图、俯视图和左视图轮廓线和隐藏线的投影关系。

2. 绘图顺序，先从主视图开始画，然后再画俯视图和左视图，绘图时要求基准轮廓线对齐，注意从相关联的视图中追踪引用轮廓线。对于视图中没有标明的尺寸要注意从其他视图中查找。

3. 绘制中多采用“偏移”“修剪”和“对象追踪”来画线，注意相关轮廓线的投影关系，直接用“对象追踪”方法引用相关轮廓线提高绘图效率。

【任务实施过程】

一、创建文件与保存，设置绘图环境。

1. 文件创建，保存在指定文件夹，文件名为“任务 3-4.DWG”。

2. 绘图环境设置参照项目二。

二、操作步骤：

1. 建立三视图坐标系，将“轴线”图层设置为当前图层，利用“直线”“极轴追踪”等命令进行绘制。如图 3-42 所示。

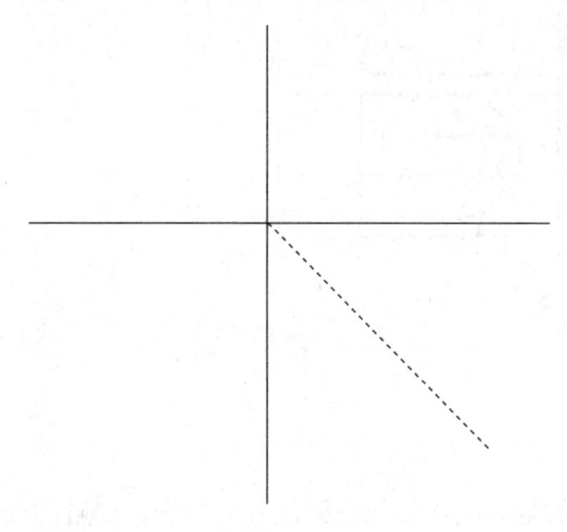

图 3-42　三视图坐标系

2. 将“轮廓线”图层设置为当前图层，根据尺寸利用“直线”“偏移”“复制”等命令绘制立体图形的正面投影和侧面投影。如图 3-43 所示。

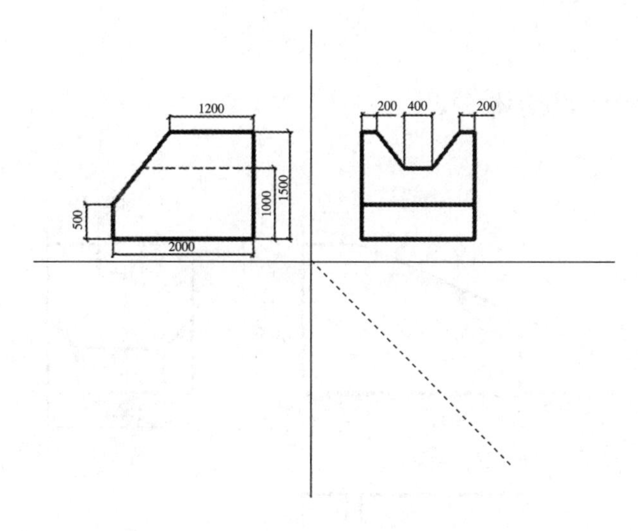

图 3-43　组合体正面、侧面投影

3. 根据尺寸利用“长对正”“宽相等”“高平齐”的投影规律，以及使用绘图命令及修改命令等绘制立体图形的水平投影图，并进行标注。如图 3-44 所示。

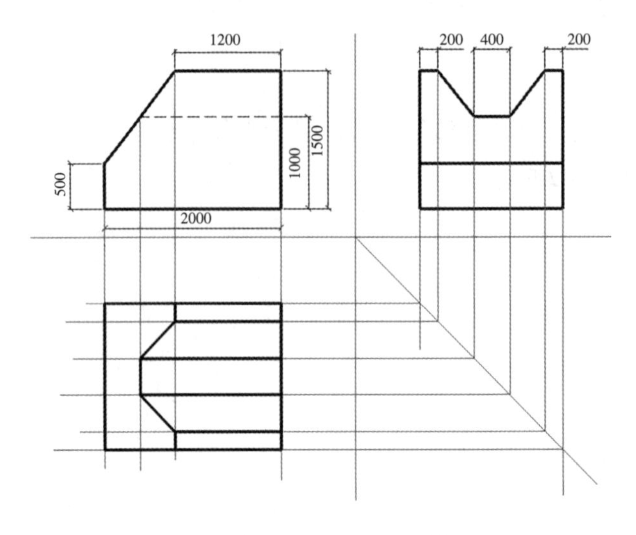

图 3-44　组合体三视图

【任务总结】

1. 掌握平面三视图的基本画法，结合画法几何知识，理解图线与轮廓投影关系。

2. 掌握常用绘图命令、修改命令在三视图绘图中的方法、流程及技巧。掌握对象捕捉、极轴追踪在三视图绘图中的应用技巧。

3. 注重对图元特征点的理解，精确合理应用捕捉，严格按作图原则操作，通过反复操作训练强化操作技术的熟练程度。

【任务拓展】

绘制如图 3-45 所示组合体三视图。

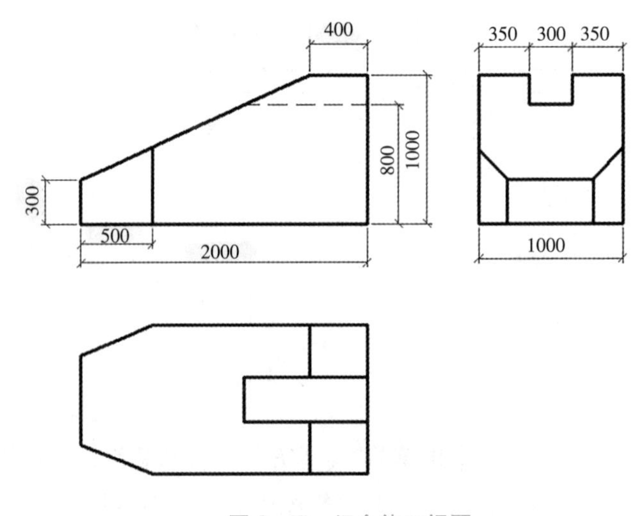

图 3-45　组合体三视图

任务 3.5　组合体轴测图绘制

【任务内容】

绘制完成组合体的正等轴测图，如图 3-46 所示。

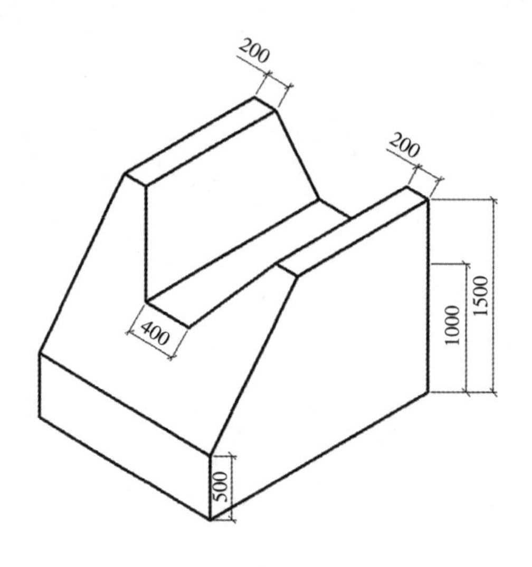

图 3-46　组合体的正等轴测图

【任务分析】

绘制组合体正等轴测图，需要遵循“长对正、高平齐、宽相等”投影规律，绘制三维坐标系，再用“直线”“偏移”“修剪”“复制”“极轴追踪”等命令。

【任务实施】

一、创建文件与保存，设置绘图环境。

1. 文件创建，保存在指定文件夹，文件名为“任务 3-5.DWG”。

2. 绘图环境设置参照项目二。

二、组合体轴测图绘制

1. 将“轴线”图层设置为当前图层，建立绘制正等轴测图的坐标系，先绘制一条任意长直线，再利用“旋转”命令绘制另两条轴测轴，如图 3-47 所示。

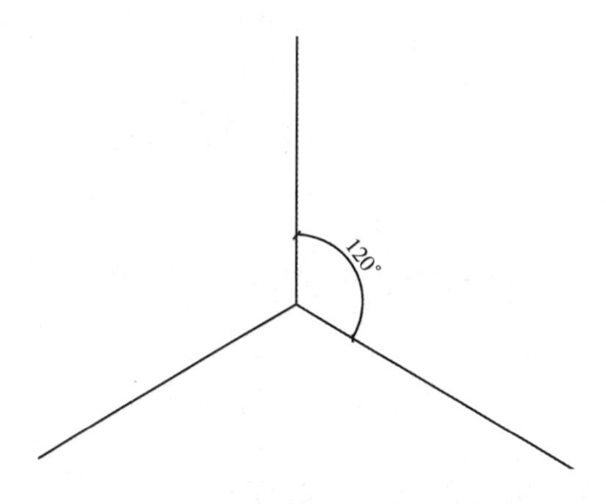

图 3-47　轴测图坐标系

命令：RO

ROTATE

选择对象：选择直线

选择对象：空格键完成选择

指定基点：选择直线的一点

指定旋转角度或 [复制（C）/ 参照（R）] <0>：C

指定旋转角度或 [复制（C）/ 参照（R）] <0>：120 或 −120

2. 将“轮廓线”设置为当前图层，根据图 3-46 所示尺寸，对应“长、宽、高”方向轴位置，按照 1∶1 比例测量绘制在坐标轴上，如图 3-48 所示。

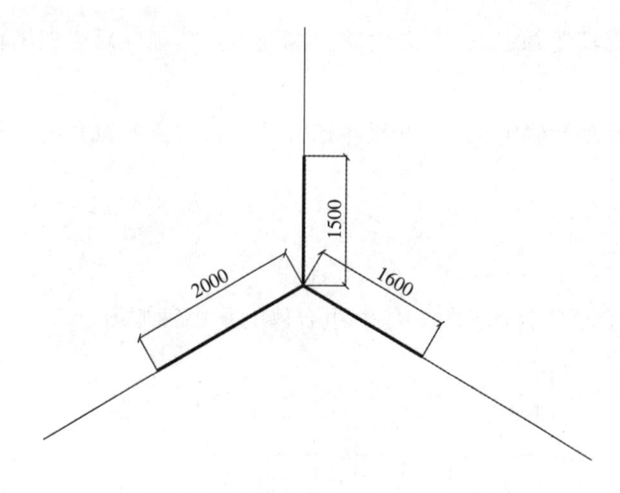

图 3-48　组合体“长、宽、高”

3. 利用“直线”“复制”“修剪”命令绘制立体图形其他图形，绘制时需将对象捕捉中“最近点”打开，如图 3-49 所示。

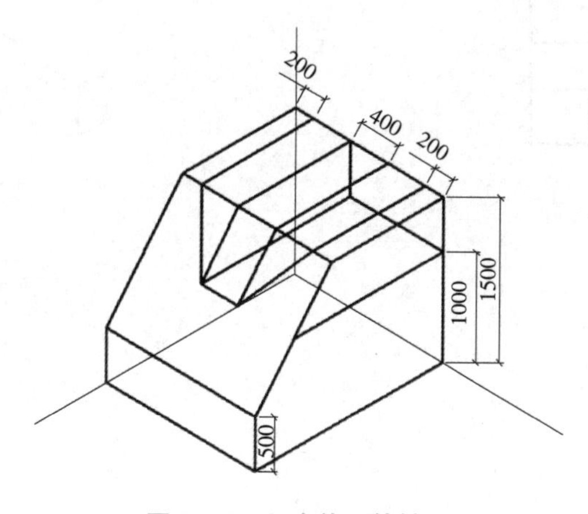

图 3-49　组合体正等轴测图

4. 使用“修剪”命令，修剪线段，并添加尺寸标注。

【任务总结】

1. 掌握正等轴侧图的绘制要点。

2. 熟练运用 CAD 绘制正等轴侧图。

3. 灵活运用“对象捕捉”命令：

（1）在绘图区域任意位置，按住“Shift”或“Ctrl”并击右键打开“对象捕捉设置”；也可键入热键“OS”；或状态栏处“对象捕捉”图标点击鼠标右键。

（2）捕捉设置开关：键盘 F3 键为对象捕捉开关，F10 键为极轴追踪开关，F11 键为对象追踪开关，或在状态栏点击图标。

（3）用对象追踪功能确定点：打开对象追踪开关，从捕捉点中引出辅助线，根据屏幕辅助线提示确定点。

（4）用极轴追踪功能确定点：打开极轴追踪开关，设置极轴角的增量角和附加角，根据提示确定点。

【任务拓展】

根据图 3-50 组合体三视图尺寸，绘制组合体的正等轴测图。

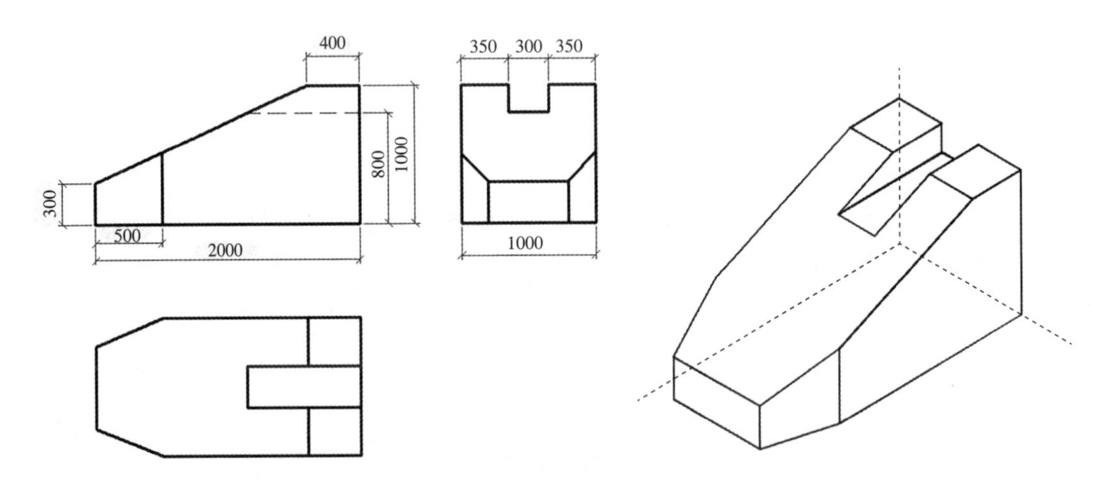

图 3-50　组合体三视图

任务 3.6　建筑门窗图绘制

【任务内容】

通过绘制门窗图，掌握平面建筑门窗的基本画法，结合门窗实体结构特征，理解图线与轮廓投影关系。掌握国家制图规范对门窗绘图的要求、理解门窗的表示方法。如图 3-51 所示。

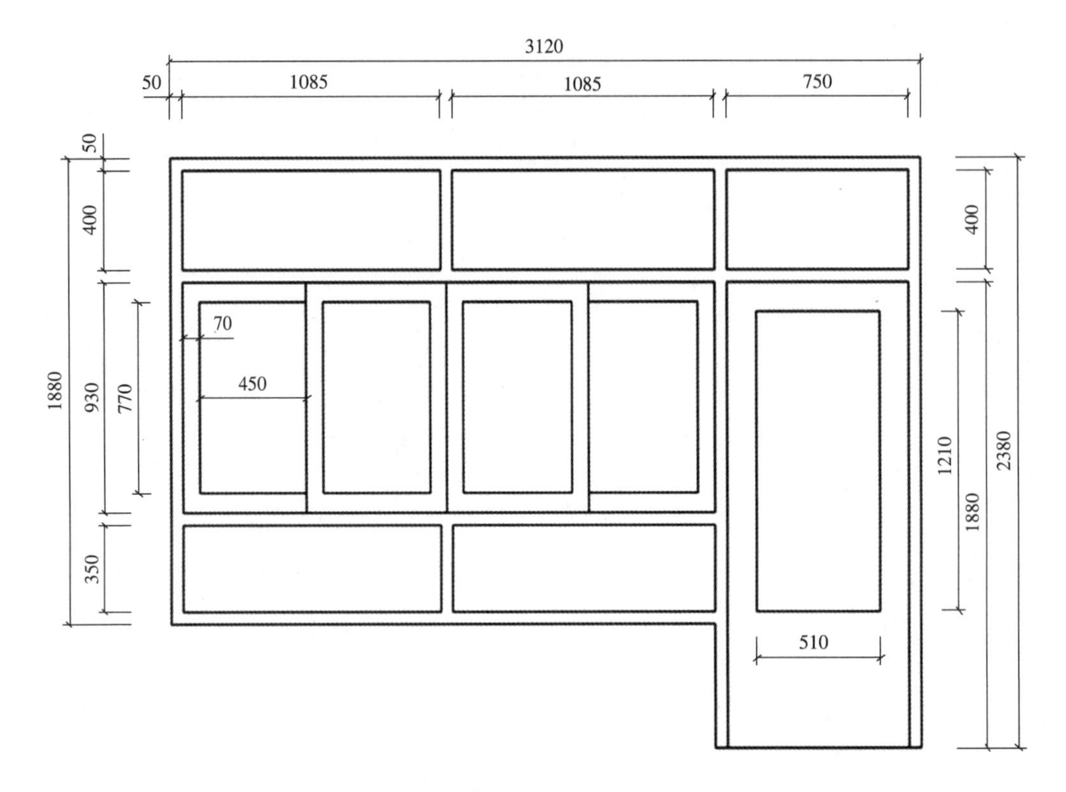

图 3-51　门窗大样

【任务分析】

1. 注意审图，理解门窗实体形状、看清标注尺寸，分清门窗框、门窗扇及玻璃的轮廓线投影关系。所有门窗投影线、箭头及开启线全部画在“门窗”图层。

2. 门窗先从外框开始绘图，先定位大尺寸，再处理小尺寸。

3. 绘制门窗时，需要使用“直线”“偏移”“修剪”“复制”“矩形”等命令。

【任务实施过程】

一、创建文件与保存，设置绘图环境。

1. 文件创建，保存在指定文件夹，文件名为“任务 3-6.DWG”。

2. 绘图环境设置参照项目二。新增图层，图层名：“门窗”（青色；线型：实线 Continuous；线宽：0.35mm），设置线型全局比例因子为 100。

二、门窗大样图绘制

1. 将“门窗”图层设置为当前图层，根据门窗尺寸先利用“直线”命令绘制门窗外轮廓线，如图 3-52 所示。

2. 根据门窗内部尺寸先利用“偏移”“修剪”“拉伸”“倒圆角”等命令绘制门窗内部结构，如图 3-53 所示。

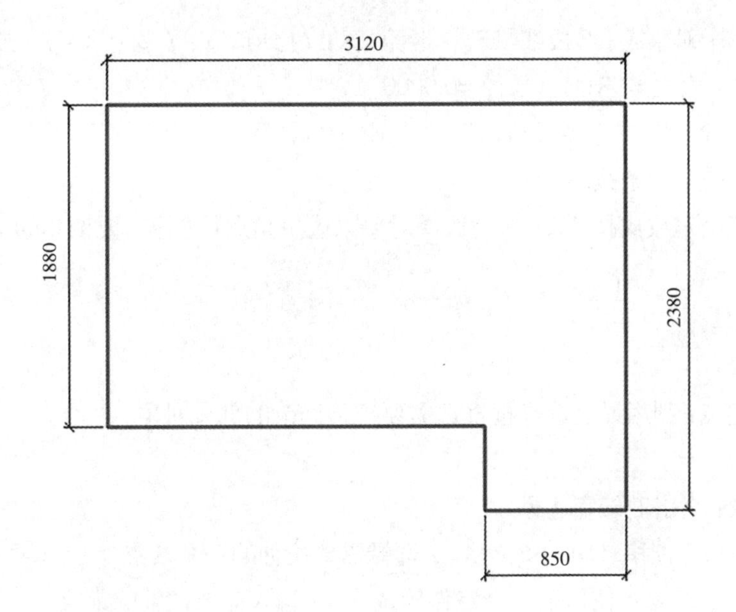

图 3-52　门窗外轮廓

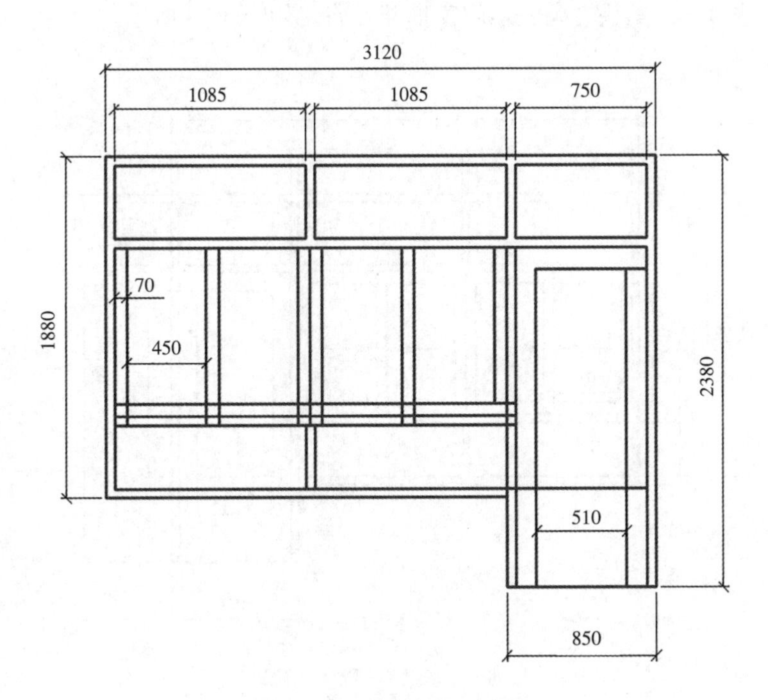

图 3-53　绘制门框、窗框

命令：F

FILLET

当前设置：模式 =TRIM，半径 = 0.0000

选取第一个对象或 [多段线（P）/ 半径（R）/ 修剪（T）/ 多个（M）/ 放弃（U）]：M

当前设置：模式 =TRIM，半径 =0.0000

选取第一个对象或 [多段线（P）/ 半径（R）/ 修剪（T）/ 多个（M）/ 放弃（U）]：选择需要倒角的第一条线

选择第二个对象或按住 Shift 键选择对象以应用角点：选择需要倒角的第二条线

命令：S

STRETCH

选择对象：

指定对角点：利用绿色选择框框选需要拉伸修改的部分对象

找到 7 个

选择对象：空格键确定选择

指定基点或 [位移（D）]< 位移 >：选择需要拉伸的一个基点

指定第二个点或 < 使用第一个点作为位移 >：输入需要拉伸的距离

3. 利用“修剪”命令，根据门窗内部结构进行修剪整理，完成门窗大样图的绘制，完成标注，推拉窗扇箭头画在“装饰 - 门窗”图层，颜色改为“绿色”，箭尾长 200，箭头宽 30，箭头长 120，箭头方向表示门窗推开方向。如图 3-54 所示。

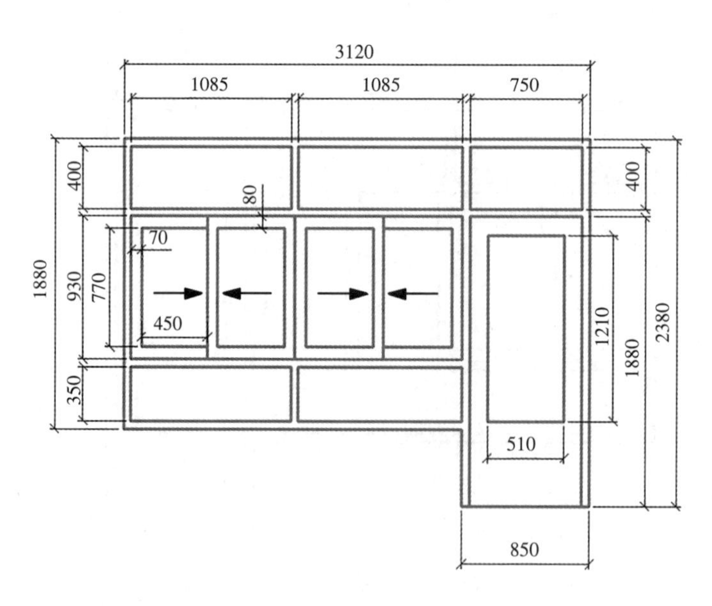

图 3-54　绘制门扇、窗扇

【任务总结】

能对门窗进行分析，了解门窗类型、开启方向等，并能够熟练快速反应和使用 CAD 命令绘制门窗，在识读门窗时需要了解其尺寸、类型等方面内容。

【任务拓展】

绘制图 3-55 所示的门窗大样图。

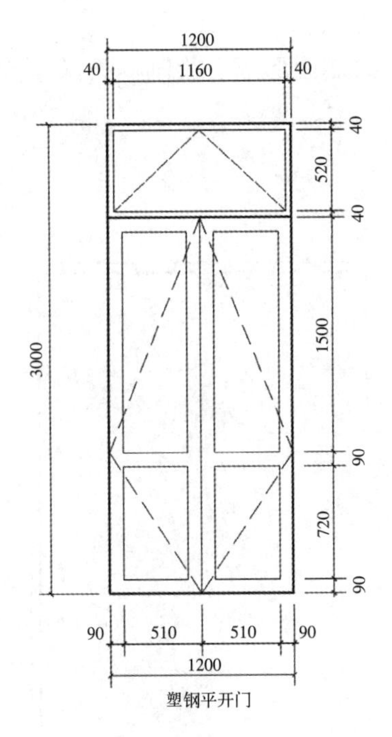

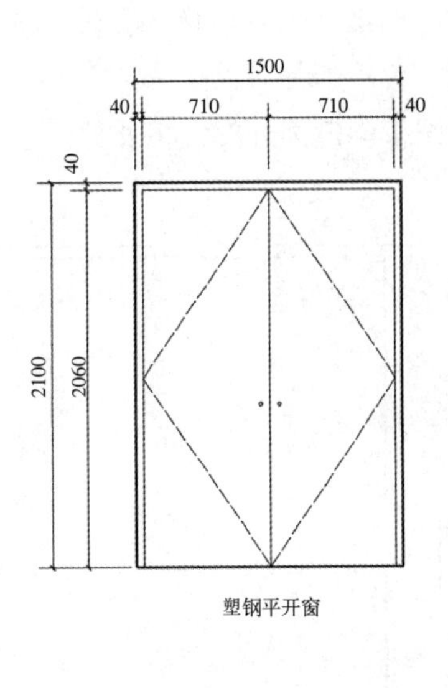

图 3-55　门窗大样图

任务 3.7　样板文件创建

【任务内容】

1. 绘制 A3 图框，一般包括：绘制幅面线、绘制图形框、绘制标签栏等，绘制结果如图 3-56 所示。

2. 将 A3 图框创建为外部样板文件。

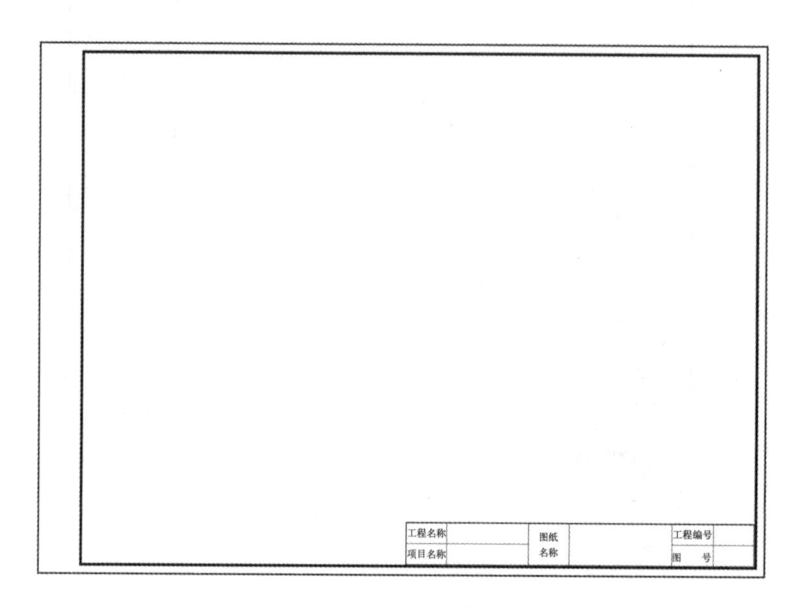

图 3-56　A3 图框

【任务分析】

绘制 A3 图框时，首先使用矩形（REC）命令绘制 A3 图框的幅面线，再使用偏移（O）、拉伸（S）、直线（L）等命令绘制图框线、标题栏和对中标志，最后使用文字样式定义样式、单行文字输入标题栏中的文字。

【任务实施】

一、创建文件与保存，设置绘图环境。

1. 文件创建，保存在指定文件夹，文件名为“任务 3-7.DWG”。

2. 绘图环境设置参照项目二。新增图层：图框（白色、线宽：0.35mm、连续），将“图框”作为当前图层。

二、图框绘制

1. 绘制幅面线：使用“矩形”命令绘制幅面线，尺寸为 420×297。

操作过程说明：

命令：rec（启动矩形命令，空格或回车均可确定，后文都以空格确定）

RECTANG

指定第一个角点或[倒角（C）/标高（E）/圆角（F）/厚度（T）/宽度（W）]：（捕捉任一点为矩形第一角点）

指定另一个角点或[面积（A）/尺寸（D）/旋转（R）]：D（选择参数D，空格确定）

指定矩形的长度 <10>：420　（输入矩形长度，空格确定）

指定矩形的宽度 <10>：297　（输入矩形宽度，空格确定）

指定另一个角点或[面积（A）/尺寸（D）/旋转（R）]：（指定另一个角点完成矩形绘制）

绘制结果如图 3-57 所示。

图 3-57　绘制幅面线

2. 绘制图框线

操作过程说明：

命令：O

指定偏移距离或[通过（T）/删除（E）/图层（L）]<通过>：5（指定距离，空格键确认）

选择要偏移的对象，或[退出（E）/放弃（U）]<退出>：（选择外图框）

指定要偏移的那一侧上的点，或[退出（E）/多个（M）/放弃（U）]<退出>：（在图纸幅面线内侧单击左键）

选择要偏移的对象，或[退出（E）/放弃（U）]<退出>：（空格结束偏移命令）

绘制结果如图 3-58 所示。

图 3-58　绘制图框线

3. 修改图纸装订边

命令：s

STRETCH

以交叉窗口或交叉多边形选择要拉伸的对象。

选择对象：指定对角点：找到 1 个（以交叉窗口选择要内图框左边框，不要将内图框全部框选起来，全部框选起来，对象将被移动，而不是进行拉伸）

选择对象：(空格确定)

指定基点或 [位移（D）]< 位移 >：(捕捉内图框左边框上或下角点作为拉伸的基点，选定基点后将鼠标指向水平向右的方向)

指定第二个点或 < 使用第一个点作为位移 >：20（输入拉伸的尺寸，空格键确认）

图框线为粗实线，绘制结果如图 3-59 所示。

图 3-59　修改图纸装订边

4. 绘制标题栏

利用“直线（L）”“偏移（O）”“修剪（TR）”命令绘制，按照项目二中“文字样式”的设置，利用“文字（T）”命令标注文字，标题栏文字（属图框层）采用“文字”样式，字高 5mm，按图 3-60 绘制（尺寸无须标注）：

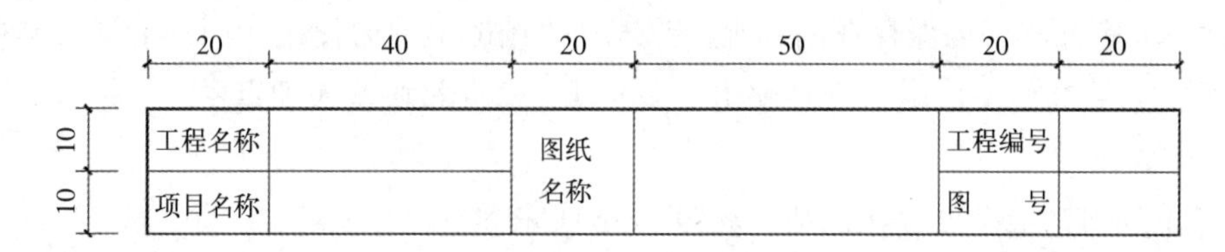

图 3-60　标题栏内容及尺寸要求

将标题栏外框、标题栏分隔线分别用粗实线和细实线绘制，绘制结果如图 3-61 所示。

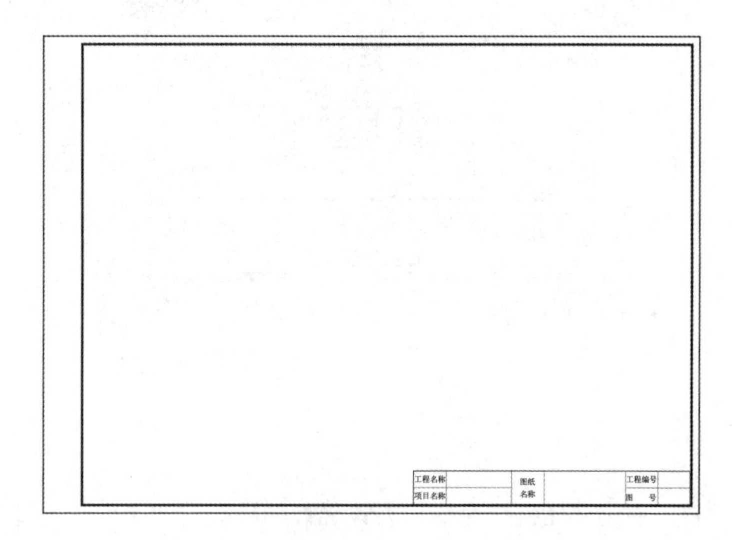

图 3-61　A3 图框绘制结果

三、创建样板文件

1. 图块的概念

图块是由多个实体组成并赋予图块名的一个整体，根据需要可将其插入到指定的位置，并且在插入时可以指定不同的比例系数和旋转角度。

2. 图块的作用

（1）减少工作量，便于修改

建筑图中有大量的图例、专业图形符号表示特定的意义，如门窗图例、标高符号、指北针等，在各种建筑图中，为避免重复绘制，可将其作成图形块保存。

（2）节省存储空间

3. 图形块的绘制

以基本绘图命令绘制图形块。如绘制门、窗、标高、指北针、定位轴线等。

注意两点：①在“0”层上绘制图形符号；

②标准符号以实际尺寸绘制，非标准符号以单位尺寸绘制。

4. 图块存盘（wblock）

用 block 定义的图块保存在内存上，只能在当前的文件中使用，而不能插入其他图形中，若要插入到其他图形中，就必须用（wblock）命令将块写入硬盘中。

命令：W

在弹出的对话框中设置各选项，如图 3-62 所示创建样板文件。

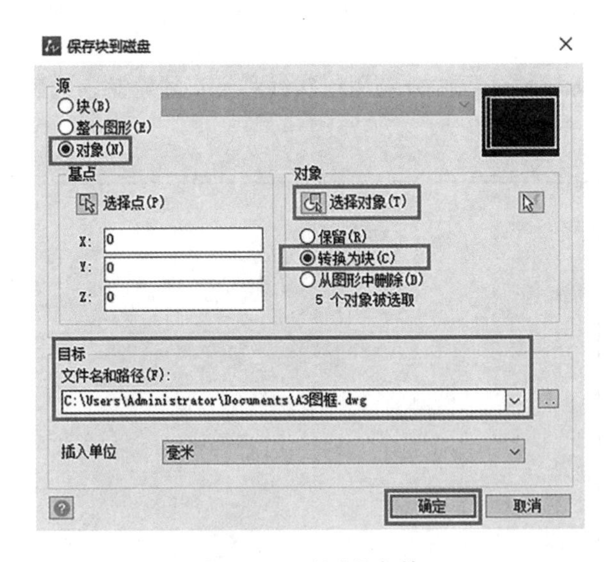

图 3-62　创建外部块

根据绘图需要，通过“插入”命令，将设置好的样板文件选中，设置插入比例，如图 3-63 所示。

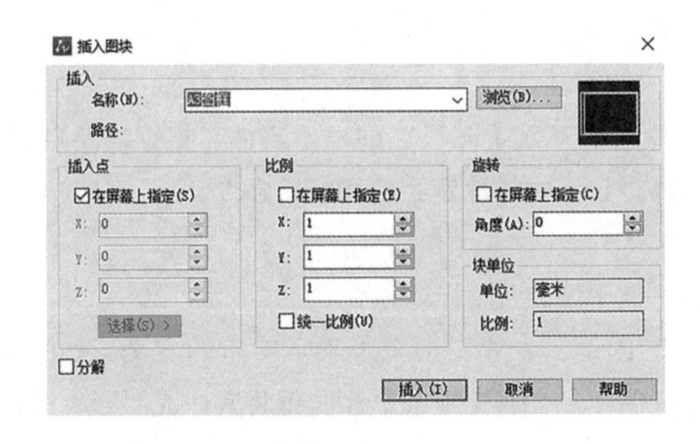

图 3-63　插入图块

【任务总结】

1. 在绘制 A3 图框时，首先使用矩形命令绘制图纸幅面线，使用偏移和拉伸命令绘制出图框线，使用直线、偏移、修剪等命令绘制标题栏，最后再定义文字样式，使用多行文字命令输入标题栏中的文字。

2. 按制图规范在绘制 A3 图框时要注意每个对象线宽的设置。

【任务拓展】

绘制 A2 图框，创建样样板文件，将文件命名为“A2 图框 .dwg”。

项目四
建筑施工图绘制

【项目描述】

1. 熟练使用已学的绘图和编辑命令，掌握多线样式、多线编辑命令的操作，学会建筑施工图的尺寸标注与文字注写。

2. 掌握建筑平面图、建筑立面图、建筑剖面图、建筑节点构造详图的绘制，通过实操培养学生坚强的意志品质和强烈的社会责任感。

任务 4.1　建筑平面图的绘制

2. 建筑平面图的绘制

【任务内容】

通过学习和实训任务，完成建筑平面的绘制，效果如图 4-1 所示。

【任务分析】

1. 建筑施工图中的平面图，一般由底层平面图、标准层平面图、顶层平面图及屋顶平面图组成。建筑平面图属于建筑施工图中的基本图样，它可以反映房屋的平面形状、大小和布置；墙和柱的位置、尺寸和材料；门窗的类型和位置等，在施工过程中是放线、砌墙、安装门窗和编制概预算的依据。凡是被剖切到的墙、柱断面轮廓线均用粗实线，其余可见的轮廓线用中实线或细实线，尺寸和尺寸界线用细实线绘制。高窗、洞口、通气孔、槽、地沟等不可见部分，以中虚线或细虚线绘制。

2. 平面图的断面中，如果比例大于 1∶50，应画出材料图例；比例为 1∶00 ~ 1∶200 时，可简化材料图例，如钢筋混凝土柱断面涂黑等。

3. 绘图时应先正确绘制定位轴线，检查无误后，可使用“多线（ML）”命令绘制墙体。

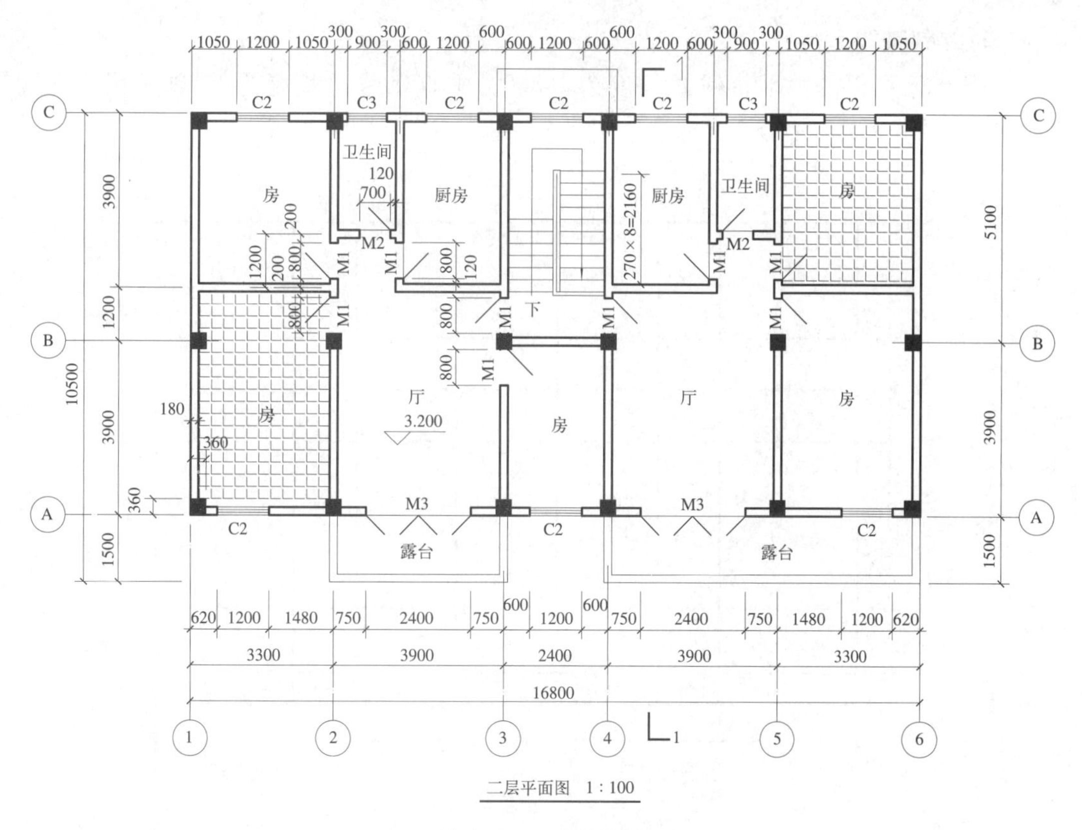

图 4-1　二层平面图

【任务实施】

一、创建文件与保存，设置绘图环境。

1. 文件创建，保存在指定文件夹，文件名为“二层平面图 .DWG”。

2. 绘图环境设置参照项目二。图层设置如图 4-2 所示。

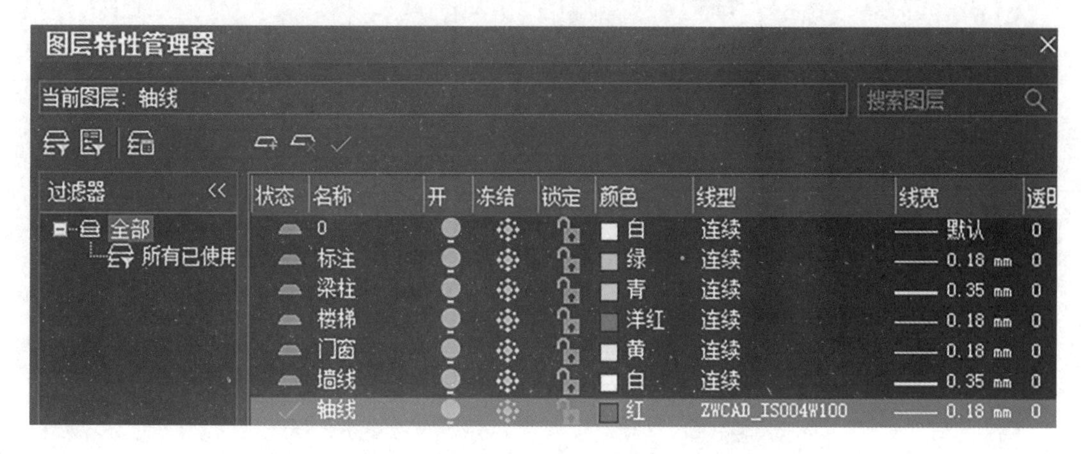

图 4-2　图层设置

二、绘制轴线

根据计算可得，水平轴线总长度为 16800，垂直轴线总长度为 10500，用“直线(L)”和“偏移（O)”命令在“轴线”图层上绘制轴线，如图 4-3 所示。

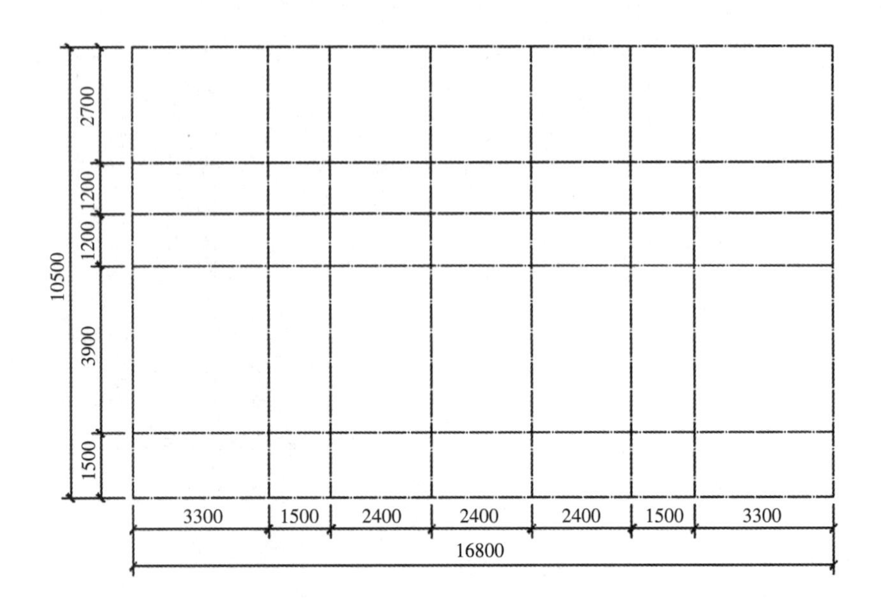

图 4-3　绘制轴线

三、修剪轴网

用“修剪（TR)”命令，剪掉多余的轴线段，结果如图 4-4 所示。

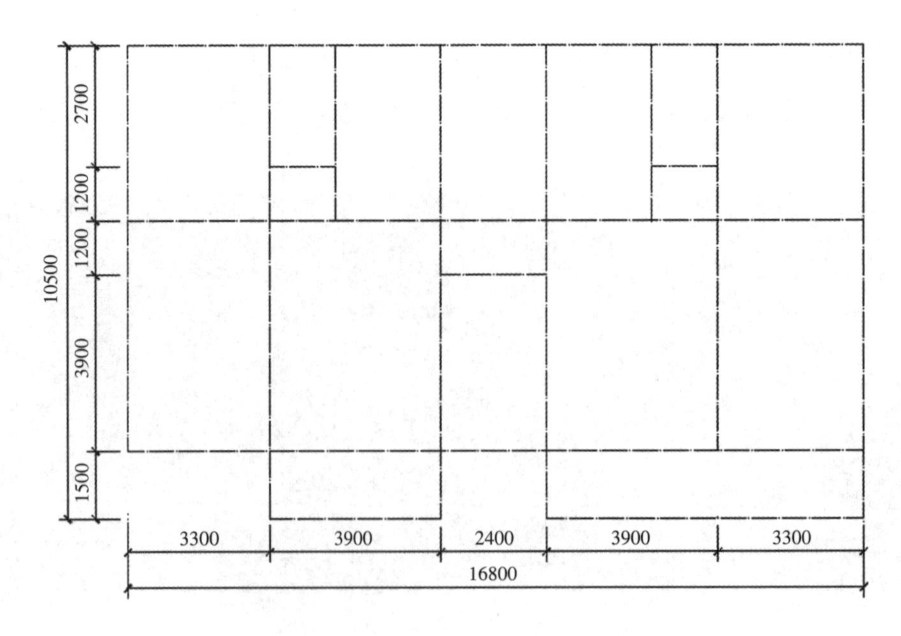

图 4-4　修剪轴线

四、绘制墙体

1. 选择“格式 | 多样样式”，创建新样式名为“180”，如图 4-5 所示；设置“新建多线样式”中“封口”的起点和端点为直线，其余保持默认不变，如图 4-6 所示。

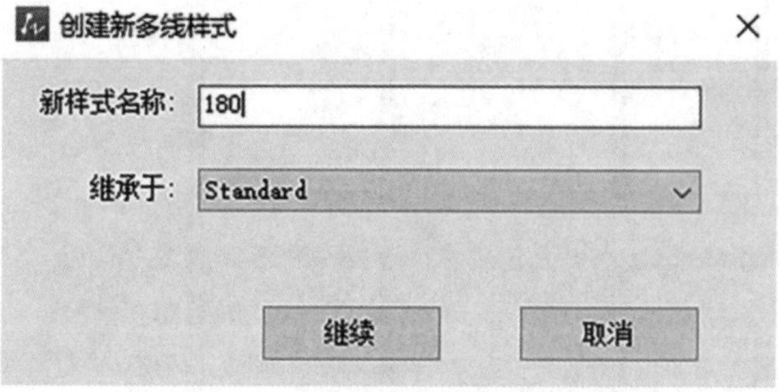

创建新多线样式
新样式名称：180
继承于：Standard
继续 取消

图 4-5　创建新样式名

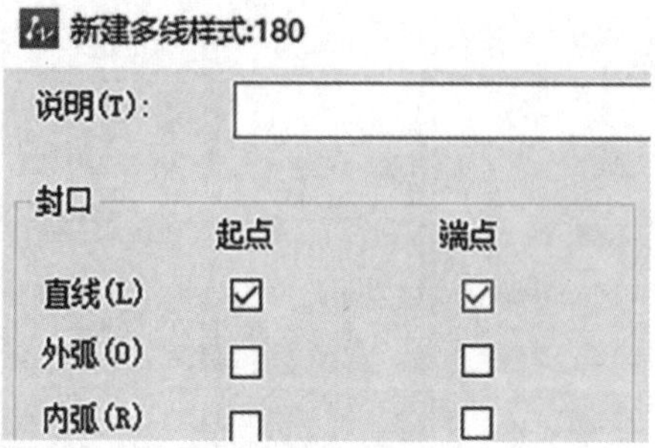

新建多线样式:180
说明(T)：
封口
起点 端点
直线(L) ☑ ☑
外弧(O) ☐ ☐
内弧(R) ☐ ☐

图 4-6　设置封口

2. 切换到图层“墙线”，选择菜单中的“多线（ML）”选项，输入“J”并按回车键，再输入“T”，指定“对正”为“上”或“无”；输入“S”设置“比例”为 180；最后捕捉轴线的点，按图尺寸完成墙体绘制，如图 4-7 所示。

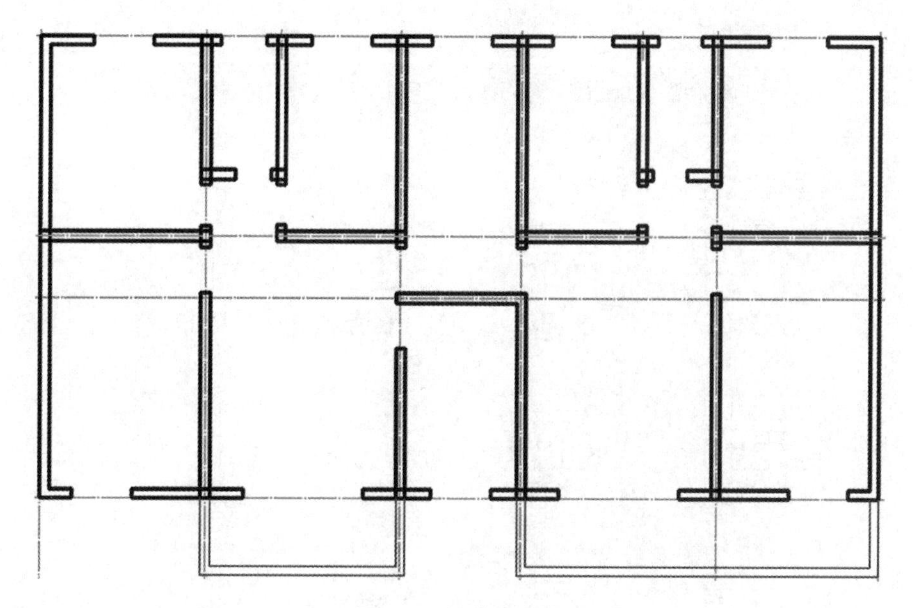

图 4-7　墙线分布图

五、开门窗洞口，并绘制门窗

1. 根据如图 4-1 所示的尺寸，用“修剪（TR）”命令或“打断（BR）”命令开门窗洞口，如图 4-8 所示。

2. 选择“修改”菜单中的“对象”选项，单击“多线”选项卡。在打开的“多线编辑工具”窗口中，选择常用的“T 形合并”“十字合并”“角点结合”，将交接处不连通的部分修改使其连通，如图 4-9 所示。

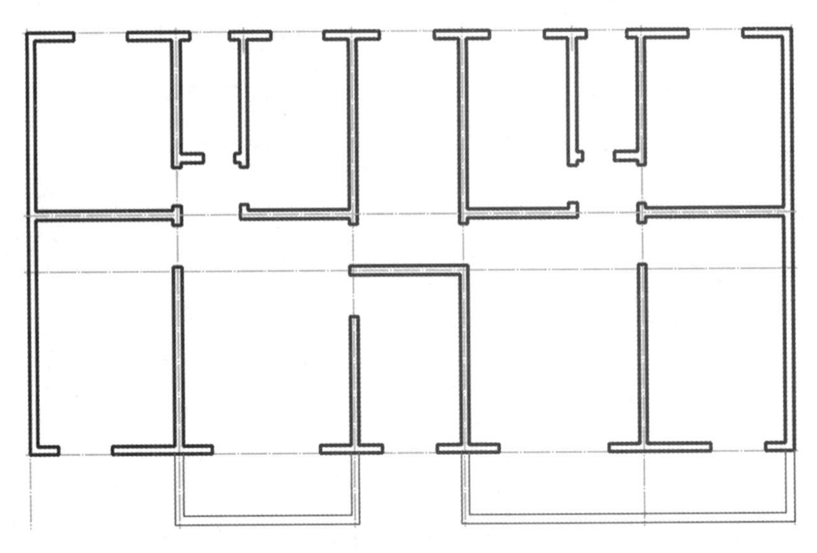

图 4-8　开门窗洞口

图 4-9　编辑多线

3. 整理完成后的墙体，如图 4-10 所示。

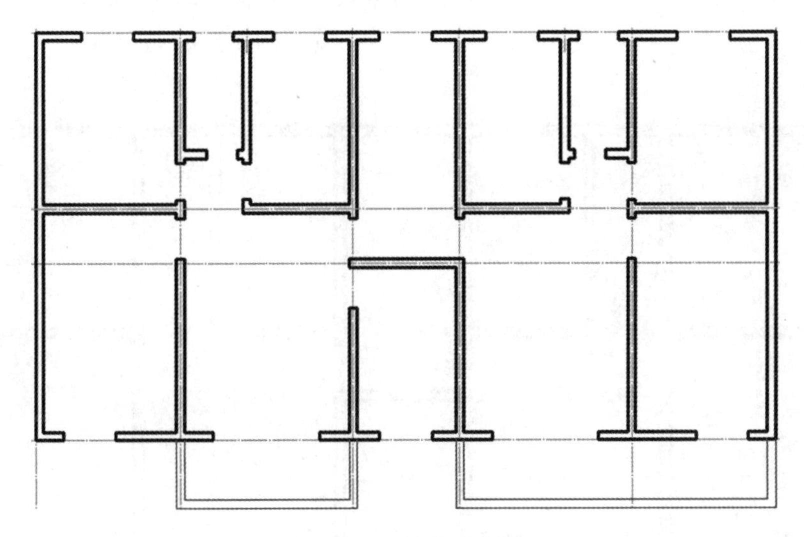

图 4-10　墙体完成图

4. 选择“格式 | 多样样式”，创建新样式名为“C”，设置“多线样式”对话框，添加偏移量分别为 30、−30 的图线，颜色随层，如图 4-11 所示。

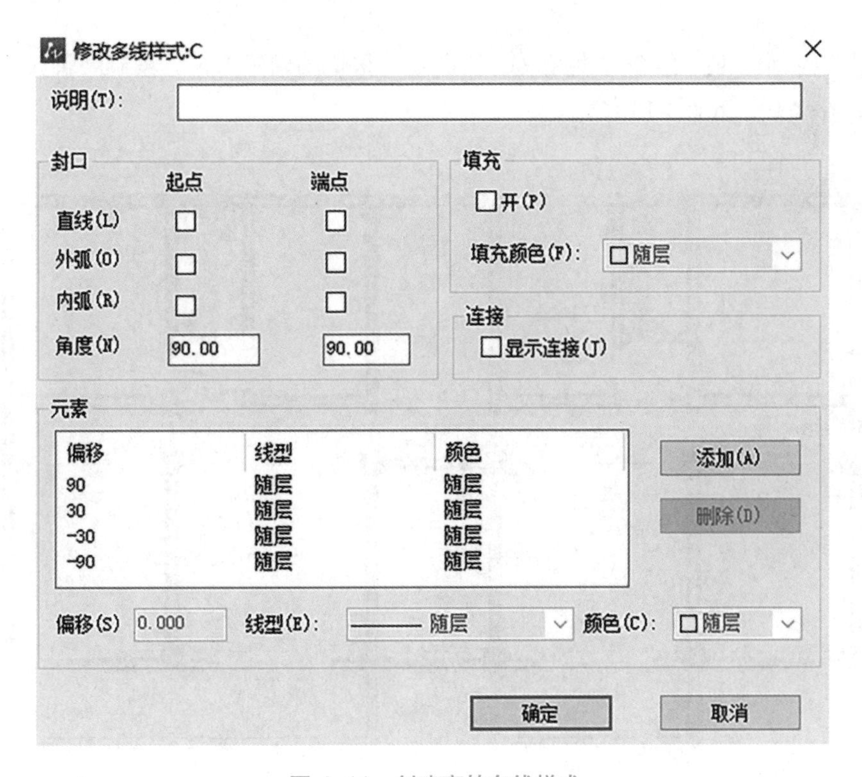

图 4-11　创建窗的多线样式

5. 切换到图层“门窗”，选择菜单中的“多线（ML)”选项，输入“J”并按回车键，再输入“Z”，指定“对正”为“无”；输入“S”设置“比例”为 1；输入“ST ”设置样式为“C”，最后捕捉墙线的中点，完成窗线的绘制，如图 4-12 所示。

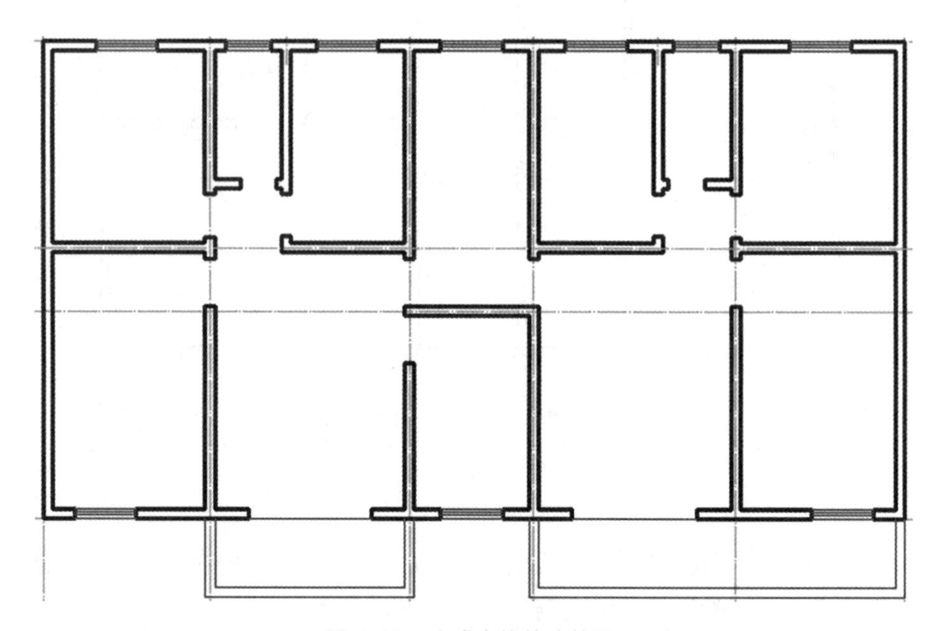

图 4-12　完成窗线的建筑图

6. 设置极轴角 45° 结合“直线（L)”命令，根据图示门宽尺寸绘制门轴线。

7. 绘图柱子。如图 4-13 所示。

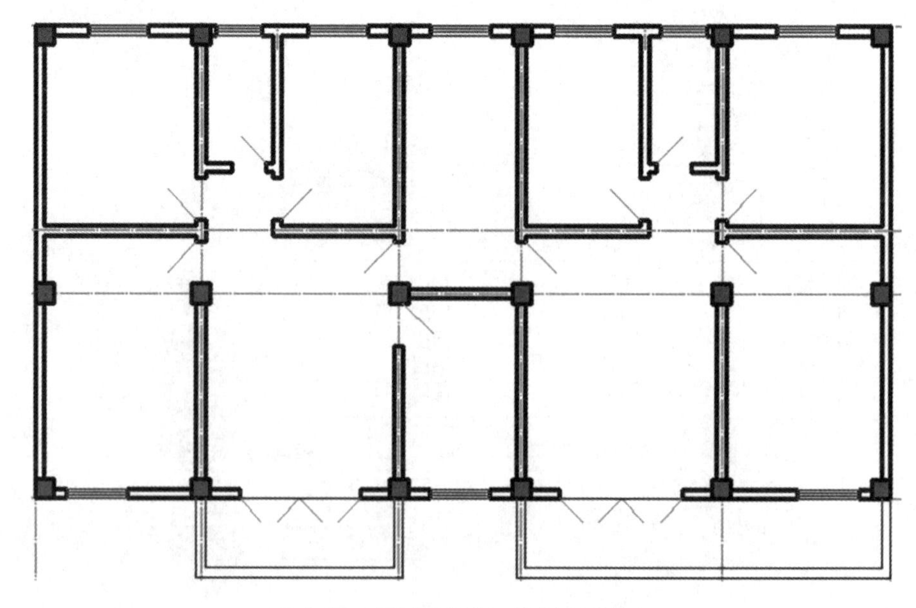

图 4-13　平面图门窗、柱子完成情况

六、绘制楼梯

切换到“楼梯”层，首先利用“直线（L）”命令绘制中间的楼梯扶手和其中一梯段，然后用“偏移（O）”命令偏移各个梯段，最后用“多段线（PL）”命令绘制楼梯上下示意标志，以及中间层的折断符号，如图 4-14 所示。

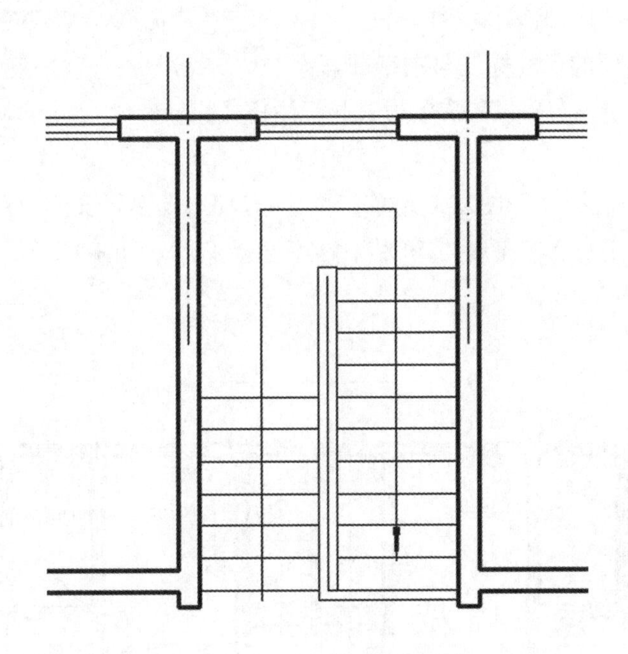

图 4-14　平面图中的楼梯

本任务用到了多线，在使用多线时，需要注意：

多线是指一种由多条平行线组成的组合对象，平行线之间的间距和数目是可以调整的。多线常用于绘制建筑图中的墙体等平行线对象。要绘制满足要求的多线需要分两步：先定义多线样式，然后绘制多线。

1. 使用“多线样式”对话框：执行“格式 | 多线样式”命令，打开“多线样式”对话框，可以根据需要创建多线样式，设置其线条数目和线的拐角方式。

2. 创建多线样式：在“创建新的多线样式”对话框中单击“继续”按钮，打开“新建多线样式”对话框，可以创建多线样式的封口、填充、图元特性等内容，如图 4-15 所示。

3. 修改多线样式：在“多线样式”对话框中单击“修改”按钮，通过“修改多线样式”对话框中的设置可以修改创建多线样式。“修改多线样式”对话框与“创建新多线样式”对话框中的内容完全相同，可参照创建多线样式的方法对多线样式进行修改。

4. 绘制多线（ML）：执行“绘图 | 多线”命令，即可绘制多线。

（1）对正（J），选“上（T）”时，基准轴线与前进方向上左侧最外偏移线重合；选“无（Z）”时，基准轴线与默认基准轴线重合；选“下（B）”时，基准轴线与前进方向上右侧最外偏移线重合。

（2）比例（S）：设置绘制多线时，相对于原定义多线在宽度方向上的缩放比例。

（3）样式（ST）：设置当前使用的多线样式，如输入“？”则列出当前可选的所有多线样式。

5. 编辑多线：执行“修改 | 对象 | 多线”命令，打开“多线编辑工具”对话框，可以使用其中的 12 种编辑工具编辑多线。

七、建筑平面图的尺寸标注与文字注写

根据项目二所讲内容，设置文字样式和标注样式。

1. 文字注写：

将图层切换到“标注”图层，用单行文字（DT）或多行文字（T）命令注写文字，本例中设置各功能用房文字高度为 500，门窗代号为 250，如图 4-1 所示完成文字的注写，注写完成后如图 4-15 所示。

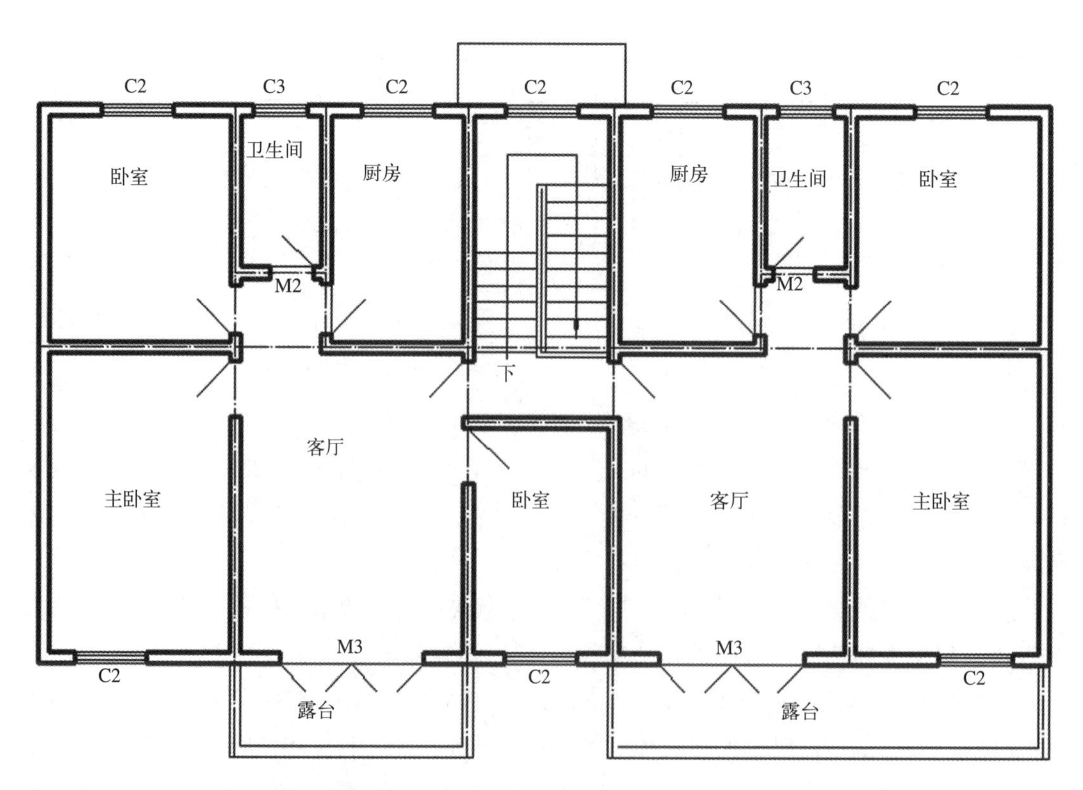

图 4-15　文字的注写

2. 尺寸标注

（1）单击“格式”菜单中的“标注样式（D）”，按项目二创建标注样式，样式名为“100”。

（2）单击“标注”菜单中的“线性”或单击“标注工具栏”中的“线性（L）”，标注水平尺寸 620。

（3）单击“标注”菜单中的“连续（C）”，标注其余水平尺寸（提示：对于平面图上多个连续的标注尺寸，可先用“线性”标注第一个尺寸，然后使用“连续”完成其他尺寸的标注。第二层、第三层标注使用“基线”）。如图 4-16 所示。

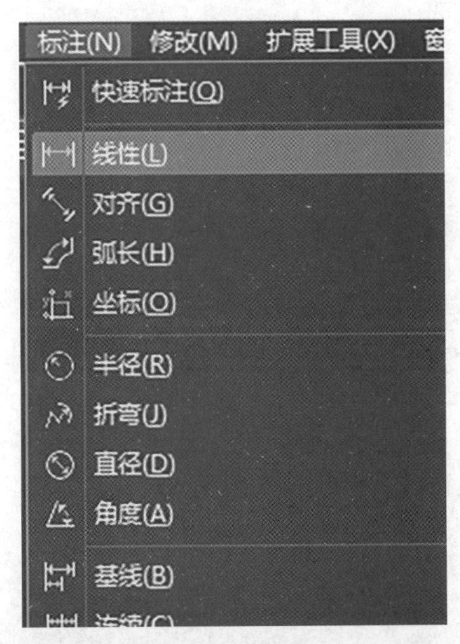

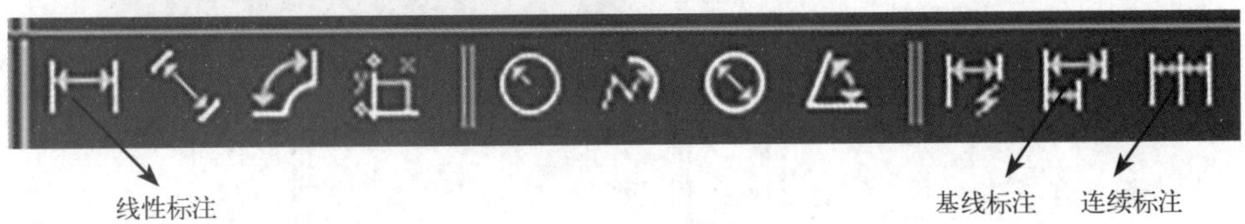

图 4-16　线性标注、基线标注、连续标注

（4）按上述相同方法，完成其余水平尺寸和垂直尺寸的标注。

【任务总结】

1. 通过教师课堂演示讲解，让学生了解多线命令的功能及使用方法。

2. 通过练习，掌握建筑平面图的绘图方法。

3. 定位轴线位置正确是绘制平面图的关键。

【任务拓展】

1. 参照项目二绘图环境设置，A3 图幅，比例 1∶100，绘制如图 4-17 所示的建筑平面图并标注尺寸，文件命名为：标准层平面图。

2. 参照项目二绘图环境设置，A3 图幅，绘图比例 1∶100，抄绘图 4-18 所示的建筑平面图并标注尺寸，文件命名为：平面图。

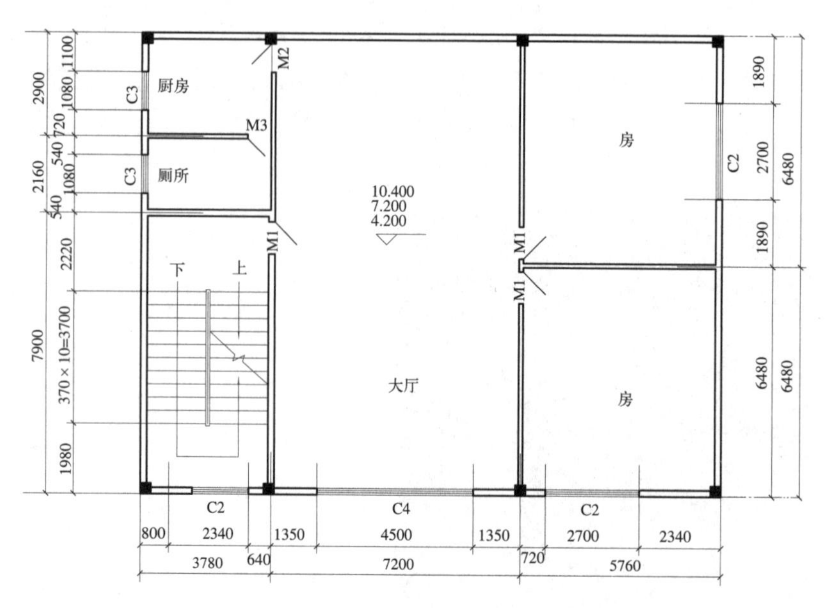

图 4-17　标准层平面图

说明：外墙、梯间墙厚为 180，其余内墙为 120，凡未标明的墙垛均为 120；

柱子截面尺寸为 300×300；M1 门宽为 900；M2 门宽为 800；M3 门宽为 700；楼梯扶手宽度为 60。

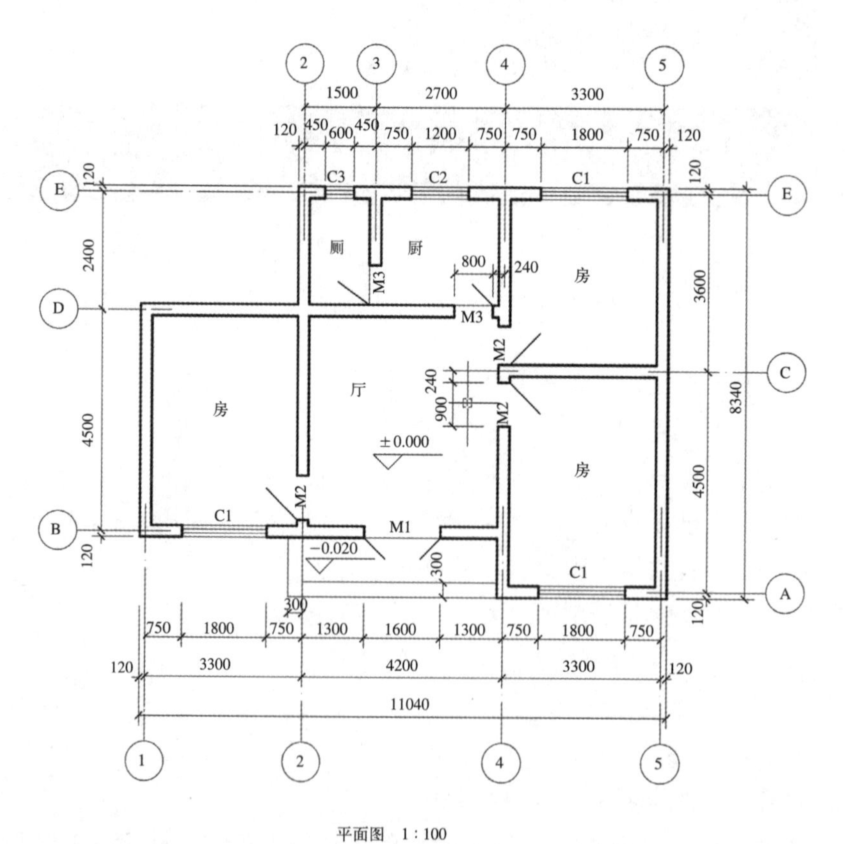

图 4-18　建筑平面图

TASK DEBRIEFING 任务报告

任务 4.2 建筑立面图的绘制

3. 建筑立面图的绘制

【任务内容】

根据任务 4.1 中已绘制的建筑平面图，绘制如图 4-19 所示建筑立面图。

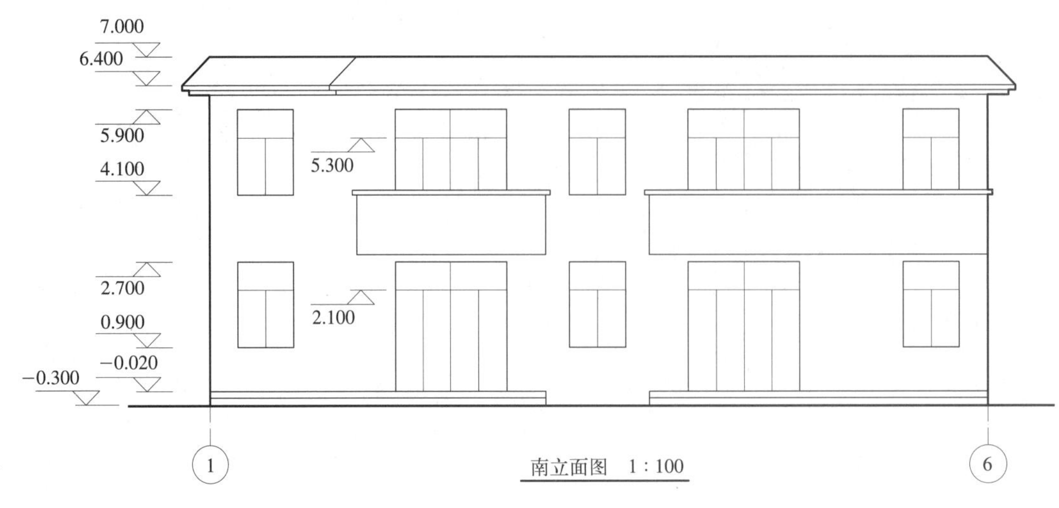

图 4-19 建筑立面图

【任务分析】

1. 建筑立面图是在平行于建筑物立面的投影面上所作建筑物的正投影图。在施工图中，立面图主要反映房屋的外貌、门窗形式和位置、墙面的装饰材料、做法及色彩等。一般情况下，根据建筑物主要入口或比较显著地反映出建筑物外貌特征，需要绘制建筑物的四个立面。

2. 绘制建筑立面图前，应当分析建筑立面图的轮廓，了解建筑物立面的形状，以及立面上可能出现的屋檐、台阶和阳台等细部构造。通过对建筑立面图的主次关系和主要定位线有了初步的分析之后，再开始绘制建筑立面图。

3. 标高等常用图例符号，可使用“图块”命令绘制。

【任务实施】

一、创建文件与保存，设置绘图环境。

1. 文件创建，保存在指定文件夹，文件名为“南立面图 .DWG”。

2. 绘图环境设置参照任务 4.1。新增“地坪”图层，线宽为粗实线的 1.4 倍，即特粗实线，将新建的“地坪”图层设为当前图层。

二、绘制地坪线、定位轴线与层高线

在房屋建筑图中，建筑平面图与建筑立面图的关系，与三面投影图中俯视图和主视图之间的“长对正”关系相同。因此，在建筑平面图绘制完成后，可以利用建筑平面图与建筑立面图的对应关系，对建筑立面图进行定位。

通过“长对正”的投影关系，我们可以从已经绘制完成的建筑平面图上直接确定建筑立面图的定位轴线、门窗位置、阳台位置等。不仅方便了绘图步骤，更保证了绘图的精确性。如图 4-20 所示。

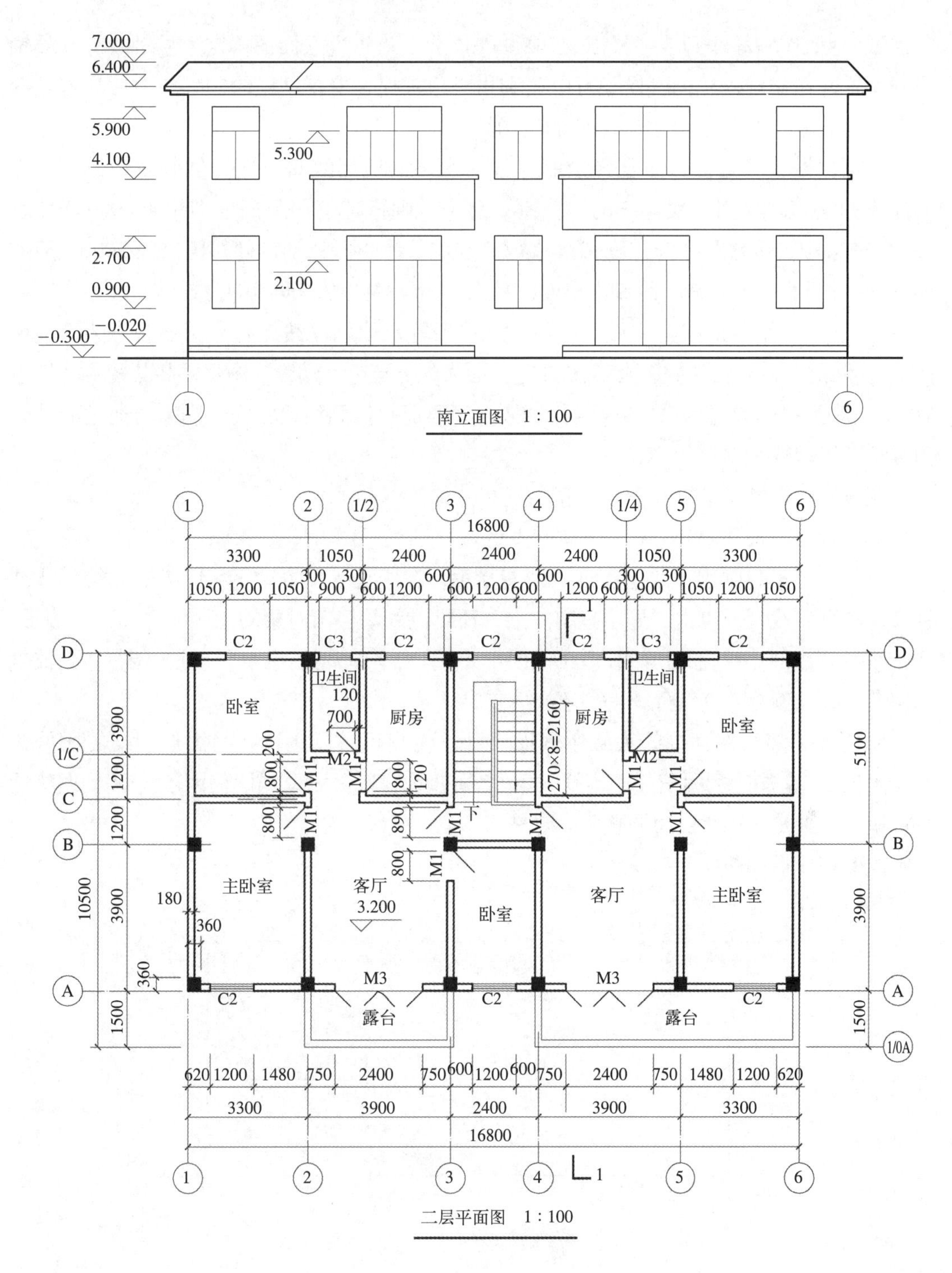

图 4-20 根据平面图定位

1. 在已绘制完成的建筑平面图的上方取适当位置，执行“直线”命令，绘制一道水平的建筑立面图地坪线。地坪线可超出建筑物的水平范围。

2. 选择“轴线”图层为当前图层，从建筑平面图的 1 号轴线和 6 号轴线，直接用

“直线”命令作辅助线到地坪线以上 7000 的位置，为建筑立面图确定 1 号轴线与 6 号轴线的位置。在作辅助线的时候，可以先利用对象捕捉，将辅助线绘制到与地坪线垂直的状态，再从垂点继续向上绘制 7000 的辅助线。

3. 根据图中的标高，将已经绘制完成的水平的地坪线向上进行复制或者偏移。需要注意的是，若采用一次连续的“复制”命令，则指定位移距离分别为 3000、6700 和 7300；若采用“偏移”命令，则每次执行“偏移”命令后分别设偏移距离为 3000、3700 和 600。通过指定的距离，绘制出楼面、屋檐、屋顶等定位辅助线的位置。

4．已经复制或偏移出的楼面、屋檐、屋顶等定位辅助线此时的图层状态为“地坪图层”。将这些定位线选定，在“图层”下拉菜单中选择“轴线”图层，将其图层特性由“地坪”改为“轴线”。如果各个定位轴线之间不能够做到线段相交，则需要通过线型管理器来进行调整。

菜单栏中选择：“格式”→“线型”；

命令行中输入 linetype 或命令缩写 [LT]。

执行命令后，弹出“线型管理器”对话框，在线型管理器中，可以查看和管理线型列表中的所有线型。点击“显示细节”后，还可以查看当前对象的比例和全局比例因子。对于线型的比例，系统的初始线型比例因子为 1。对“全局比例因子”进行调整，则该线型调整后的比例会一直保持，直到下次调整。

比例因子随绘图环境的设置不同而不同，用户可自己调试。当图形的绘图比例为 1∶100 时，“全局比例因子”取 100 ～ 30 之间较为合适。设全局比例因子为 50，调整后点击确定，则定位轴线变为调整后的效果。

绘制完成后如图 4-21 所示。

图 4-21　绘制地坪线、定位轴线与层高线

三、绘制轮廓线、外墙边线、屋檐与屋顶线

1. 将“墙线”图层设为当前图层，并执行“直线”命令，通过建筑平面图左右两侧外墙边线向上作辅助线，可以直接确定建筑立面图的外墙边线位置。注意外墙边线绘制时所使用的图层为粗实线图层，不要忘记随时根据绘制的内容而调整当前图层。

2. 利用上一步绘制完成的楼面、屋檐、屋顶等定位辅助线，确定屋檐屋顶线的位置。

3. 使用“修剪”命令和“夹点编辑”命令，整理外墙边线与屋檐、屋顶线的连接处，作出完整的轮廓线，注意该部分轮廓线可全部采用“墙线”图层来绘制。

整理完毕后，如图 4-22 所示。

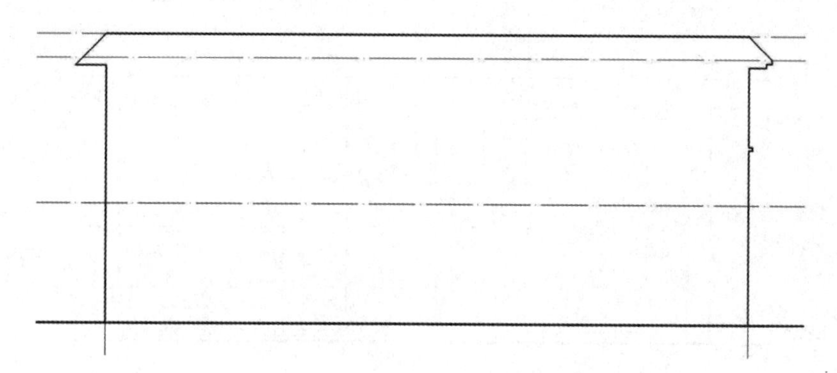

图 4-22　绘制轮廓线、外墙边线、屋檐与屋顶线

四、绘制门窗、台阶、阳台等建筑物构件可见轮廓

1. 选择“门窗”图层作为当前图层，继续利用建筑平面图下方的门窗边线向上作各个门窗的定位辅助线，可以直接确定建筑立面图的门窗洞口以及阳台的左右边线位置。

2. 根据标高标注的数值，确定门窗洞口的上下边线位置以及阳台栏杆扶手的高度等。在这些位置同样绘制出定位的辅助线。

3. 按照建筑平面图中台阶的宽度和位置，以及立面图中给出的台阶标高，即 –0.020，以及室外地坪线标高 –0.300，绘制立面图中一层与室外地坪相接处的台阶的可见轮廓线。需要注意的是，建筑立面图当中的台阶可见轮廓线应当使用中实线绘制。

4. 通过“修剪”命令整理各种门、窗、阳台栏杆扶手、室外台阶等可见构件的上下边线和左右边线，绘制出完整的门窗、台阶、阳台等可见轮廓。

整理完毕后，如图 4-23 所示。

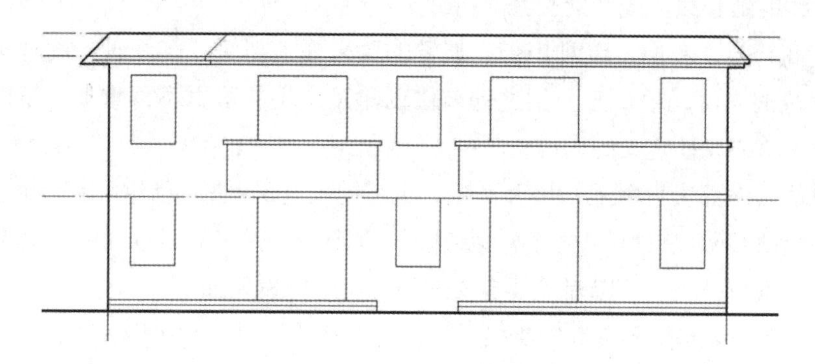

图 4-23　绘制门窗、台阶、阳台等建筑物构件可见轮廓

五、绘制门窗内分隔线等建筑物细部可见细实线

门窗内部的分隔线，一般在建筑立面图中没有尺寸标注，可依照给定的图样绘制。一般门窗分隔线从中轴线开始分隔。门窗内的分隔线，可使用“门窗”图层的细实线来进行绘制。

绘制完毕后，如图 4-24 所示。

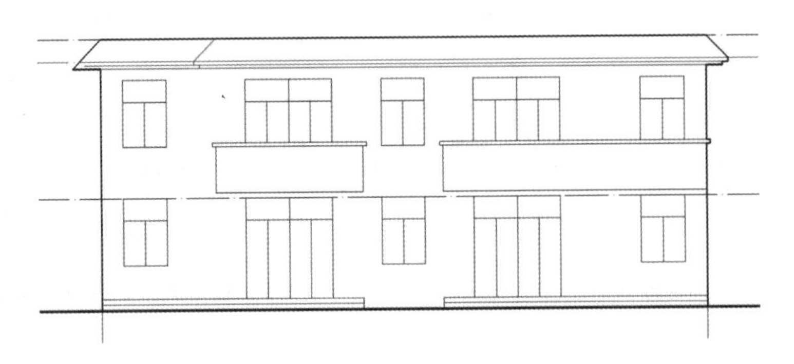

图 4-24　绘制门窗内分隔线等建筑物细部可见细实线

六、绘制标高标注、轴线轴号、图名等

建筑立面图中的轴线轴号、图名、标高符号等，均可从已经绘制完成的建筑平面图中进行复制和编辑，从而节约绘图的时间，减少绘图工作量。

标高符号用来表示房屋建筑图内某一点的高度情况，在建筑平面图、建筑立面图、建筑剖面图中均有使用。其中在建筑平面图中，主要为表示地坪的相对高度。

在建筑工程图中，我们常以房屋的底层室内地面作为零点标高，注写形式为：±0.000；零点标高以上为“正”，标高数字前不必注写“+”号，如 3.200；零点标高以下为“负”，标高数字前必须加注“-”号，如 -0.600。

标高符号应当使用细实线进行绘制。标高符号的引线应取适当的长度，标高数字注写在标高符号左侧或右侧的引线上，单位为米，并且需要注写到小数点后三位。

轴线轴号是在线的端部画一细实线圆，直径为 8 ~ 10mm。圆内注写编号，圆心应当处在定位轴线的延长线上或者延长线的折线上。

对于标高符号，我们可以利用带有属性的块来插入新块。轴线轴号同样也可以使用带有属性的块的方法，项目三介绍过外部块创建及运用，这里不再重复，下面主要介绍内部块创建、块的属性定义等内容。

1. 创建块（内部块）：执行 Block 命令，也可键入“B”进入创建块对话框，创建一个图块保存在当前 CAD 文件中。执行‘块定义’命令后，弹出对话框如图 4-25 所示。

在该对话框中，我们可以对需要定义的图形块进行设置如下：

名称：为新定义的图形块进行命名。当已有保存的块时，则可以在下拉菜单中选择已有的名称。

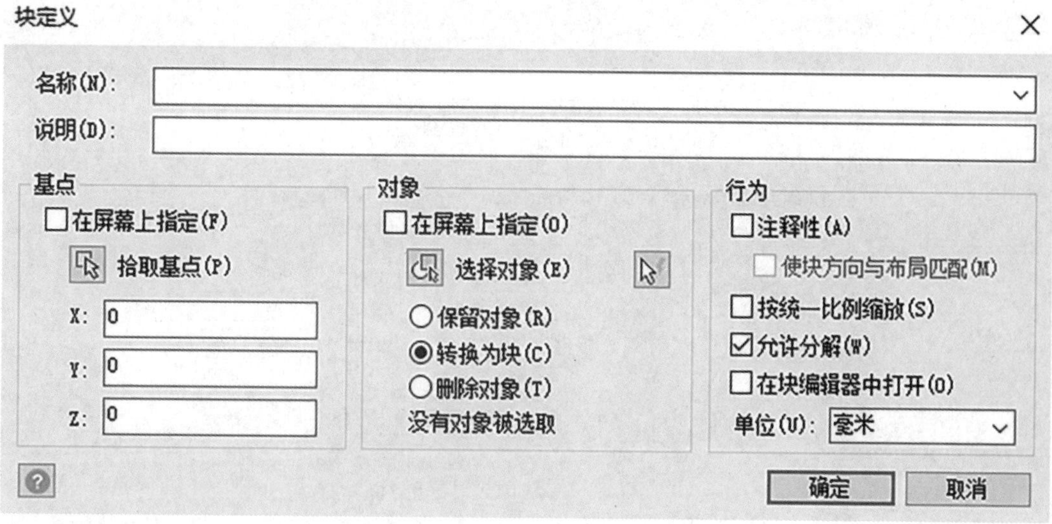

图 4-25　块定义对话框

基点：为新创建的图形块设置的插入点。可以通过 XYZ 三维空间的坐标进行定位。在实际 AutoCAD 的使用中，我们一般都使用‘拾取点’的方式，直接在 AutoCAD 的模型空间中选择我们想要的基点。选择后，该对话框即显示出该点的三维坐标。

在块定义时选取的基点，不仅作为该图形块的定位点，也将作为之后再次插入该图形块时的插入点。因此在实际绘图过程中，基点的选择应当优先选取图形的特殊位置点，如中心点、端点、边界中点等。

对象：即需要被定义为块的图形。如图 4-10 所示，其下方显示“未选定对象”表示当前尚未选择需要定义的图形。通过“选择对象”按钮，可以在 AutoCAD 的模型空间中选择我们想要定义的图形。一般可以在选择了需要定义的图形对象之后，再执行“块定义”命令，则对象就不需要再次进行选择。

对于被选图形对象的操作，有如下三种：

“保留”：在完成“块定义”的命令之后，被定义的图形仍然保留为之前的图形，不作任何操作。所定义的块被保存在计算机中，供之后调用和插入。

“转换为块”：选定的图形对象通过“块定义”的命令被转换为一个图形块，同时该图形块也可以在之后再次调用和插入。

“删除”：选定的图形在执行完“块定义”命令之后即被删除。

需要注意的是，通过“块定义”命令定义的图形块，只能保留在该图形文件中，也只能在该文件中继续调用。如果要简单转移到其他图形文件中使用，可以通过“写块”命令来进行。

2. 插入块：执行 insert 命令，也可键入“I”将已有的块及块文件插入图形中。弹出对话框如图 4-26 所示。

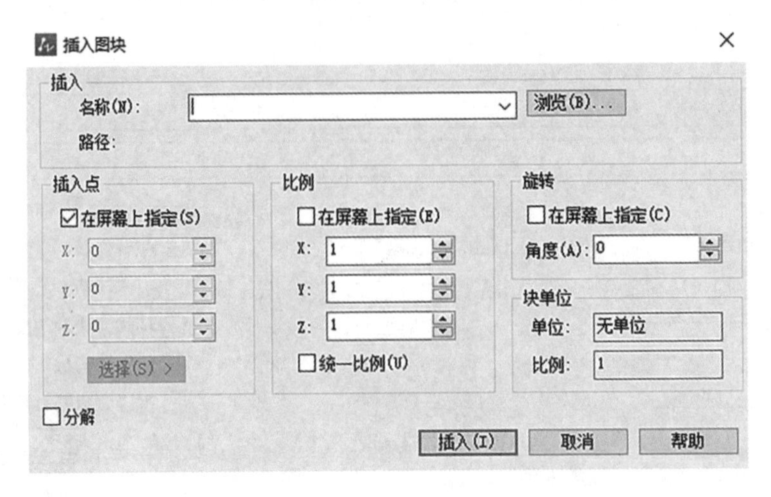

图 4-26　块插入对话框

在该对话框中，我们可以对需要插入的图形块进行设置如下：

名称：需要进行插入的图形块的名称。通过下拉菜单和“浏览”功能，我们可以在计算机的硬盘中选取已被写入存储过的图形块进行插入。

插入点：选定块插入时在该图形文件中的插入位置。

比例：图形块在插入时进行缩放的比例。可以在屏幕上指定，也可通过输入 XYZ 三个维度的比例，分别控制插入的图形块在三个维度上的不同缩放比例。若选择了“统一比例”则该图形块在插入时三个维度方向的缩放比例一致。

旋转：图形块在插入时进行旋转的角度。可以在屏幕上指定，也可以通过输入角度的方式进行控制。角度的计算方式同样按照以 X 轴正方向为 0°，逆时针旋转为正，顺时针旋转为负的原则。

3. 块的属性定义：执行 [块] 中 [定义属性] 命令，创建一个具有属性的块，如：图形符号、文字注解等。双击属性块或在命令行中输入 ddedit，执行“编辑属性定义”命令后，系统提示选择注释的对象。对标记进行修改，可以把该属性的显示值改为所需要的值。

（1）定义“窗”图块：

绘制一个窗平面示意图例（尺寸为长 1000、宽 1000），如图 4-27 所示，键入 B 命令→录入块名“窗”→选择基点（左下角）→选择块对象→回车确定创建内部块。插入图块时键入 I 命令→选择名称为“窗”块→确定插入点→ X 轴比例“1.5”→ Y 轴比例“2.4”→方向角为水平方向。

（2）定义“标高”图块：

①绘制一个标高符号（三角形高 3，全长 15）。

②点击“块”→ [定义属性] 命令→对话框中，模式（验证）、名称（标高）、提示（标高）、对正（左）、字高（3）、文本样式（非汉字）→插入坐标（在屏幕上指定）→点击“定义”。

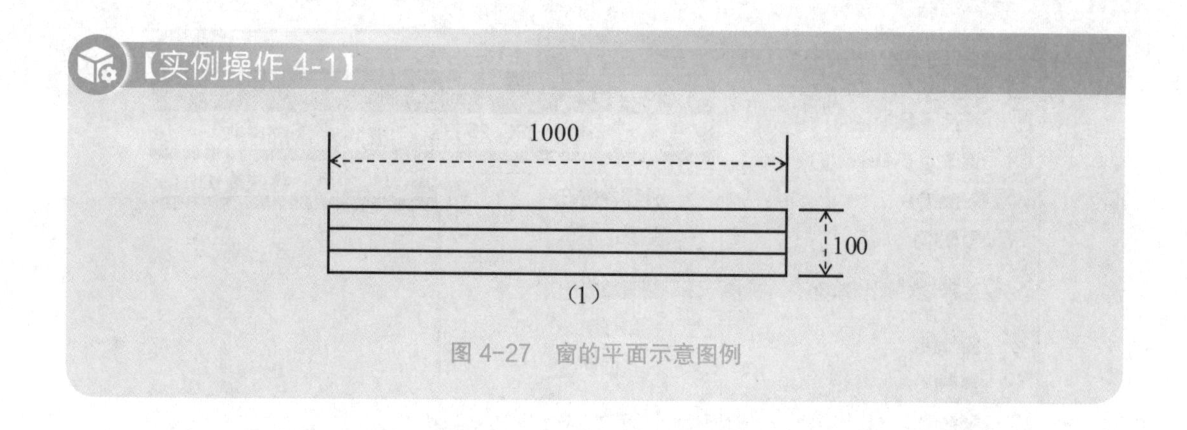

图 4-27　窗的平面示意图例

③键入 B 命令→录入块名“BG”→选择基点（三角形下角）→选择块对象及文字→回车确定。

④键入 I 命令→选择对话框中块名（或文件名）“BG”确定→插入点→ X 轴比例 100 → Y 轴比例 100 →方向（水平）→标高 3.000。如图 4-28 所示。

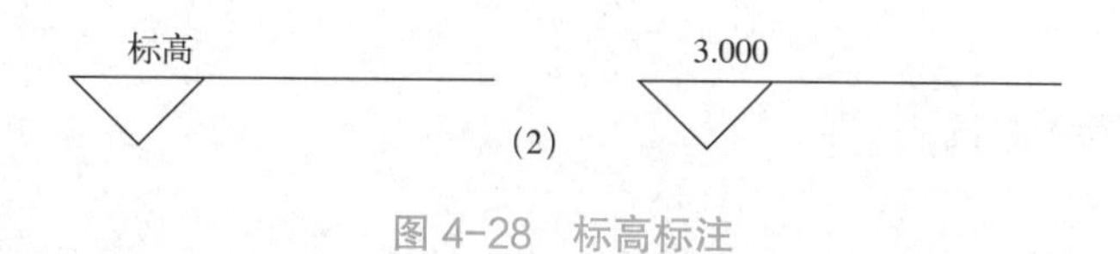

图 4-28　标高标注

此外，块的“增强属性编辑”命令（EATTEDIT）操作方法如下：

菜单栏中选择：“修改”→“对象”→“属性”→“单个”，如图 4-29 所示。

执行“增强属性编辑”命令后，系统提示选择编辑的对象。选择之前所定义的带有属性的块，如图 4-30 所示。

在增强属性编辑器中，我们可以对带有属性的块做更多的属性编辑。例如在‘属性’选项卡中，我们可以直接修改当前所需要的值。

在“文字选项”选项卡中，我们可以对该图形块中的属性的文字样式、对正方式、文字高度、文字宽度、旋转和倾斜角度等进行设置。

在“特性”选项卡中，我们可以对该带有属性的块的特性进行编辑，包括图形块所在的图层、线型、颜色、线宽和打印样式等内容。

需要注意的是，在插入带有属性的块时，通过调整比例的正负号来确定图形块的正反向以及是否颠倒。在插入块的对话框中，将 X 方向的比例调整为 –1，还需双击该标高标注图形块，在“文字选项”中勾选“反向”复选框，则标高符号反向的同时，标高数字不会反向。同理，当需要进行上下倒置时，则在插入带有属性的块时将 Y 方向比例设置为 –1，同时在属性块的“文字选项”编辑中勾选“倒置”复选框，就可以做到标高符号倒置而标高值数字不变。如图 4-31 所示。

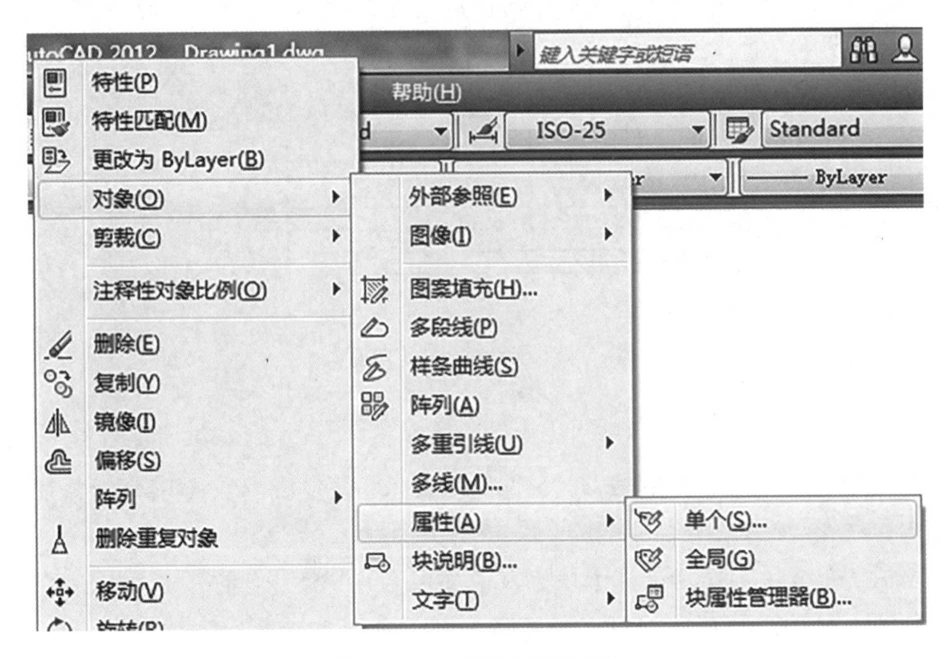

图 4-29　对象属性修改菜单

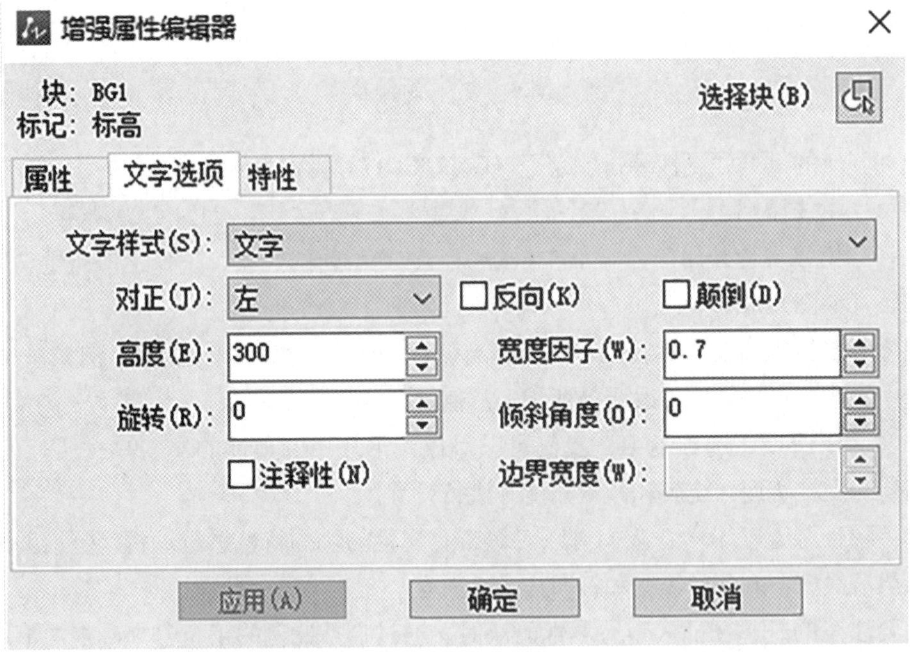

增强属性编辑器

块：BG1
标记：标高
选择块(B)

属性　文字选项　特性

文字样式(S)：文字
对正(J)：左　□反向(K)　□颠倒(D)
高度(E)：300　宽度因子(W)：0.7
旋转(R)：0　倾斜角度(O)：0
□注释性(N)　边界宽度(W)：

应用(A)　确定　取消

图 4-30　增强属性编辑器

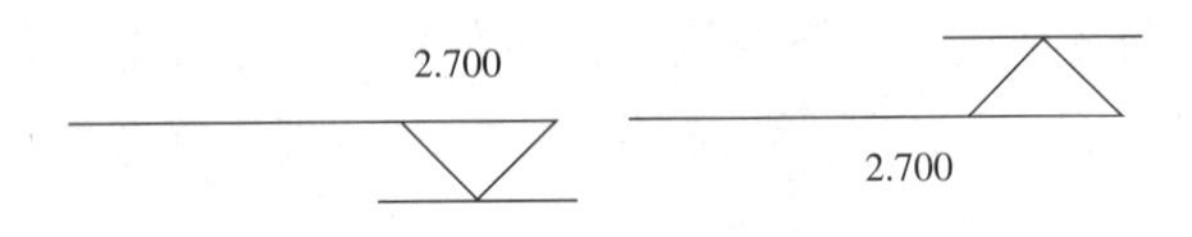

图 4-31　反向调整和倒置调整后的标高标注

在建筑立面图当中的轴线轴号，同样可以采用带有属性的块来进行绘制。将轴号设为属性定义，然后与轴号圆圈和轴线定义为一个图形块。这样在每次插入该图块的时候，只要直接输入新的轴号和指定块的插入点即可。

4. 图名文字注写

由于该建筑立面图中只有图名需要进行文字的注写，因此我们可以直接执行“单行文字”或“多行文字”命令，对图名进行注写。一般我们更多地采用多行文字。

在实际的绘图工作中，在已经绘制完建筑平面图的基础上，我们可以直接将建筑平面图中的图名复制到建筑立面图下方，对文字内容进行编辑，改为建筑立面图的名称即可。充分利用已有的图形进行复制操作，是加快绘图速度，节约工作量和工作时间的有效方法。

至此，建筑立面图绘制完成。如图 4-32 所示。

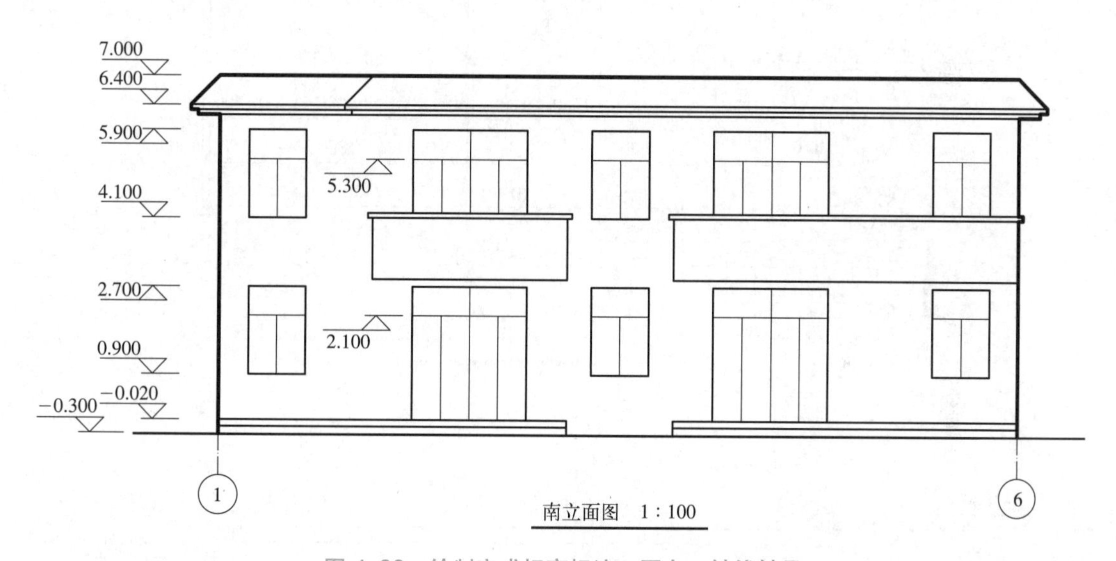

图 4-32　绘制完成标高标注、图名、轴线轴号

【任务总结】

1. 对建筑立面图的绘图步骤及图示内容进行总结。
2. 对建筑立面图中出现的标高标注等相关规范知识进行复习和巩固。
3. 对使用带有属性定义的块绘制标高标注的方法进行总结。

【任务拓展】

根据图 4-33 中的建筑平面图，绘制如图 4-34 中的建筑立面图。

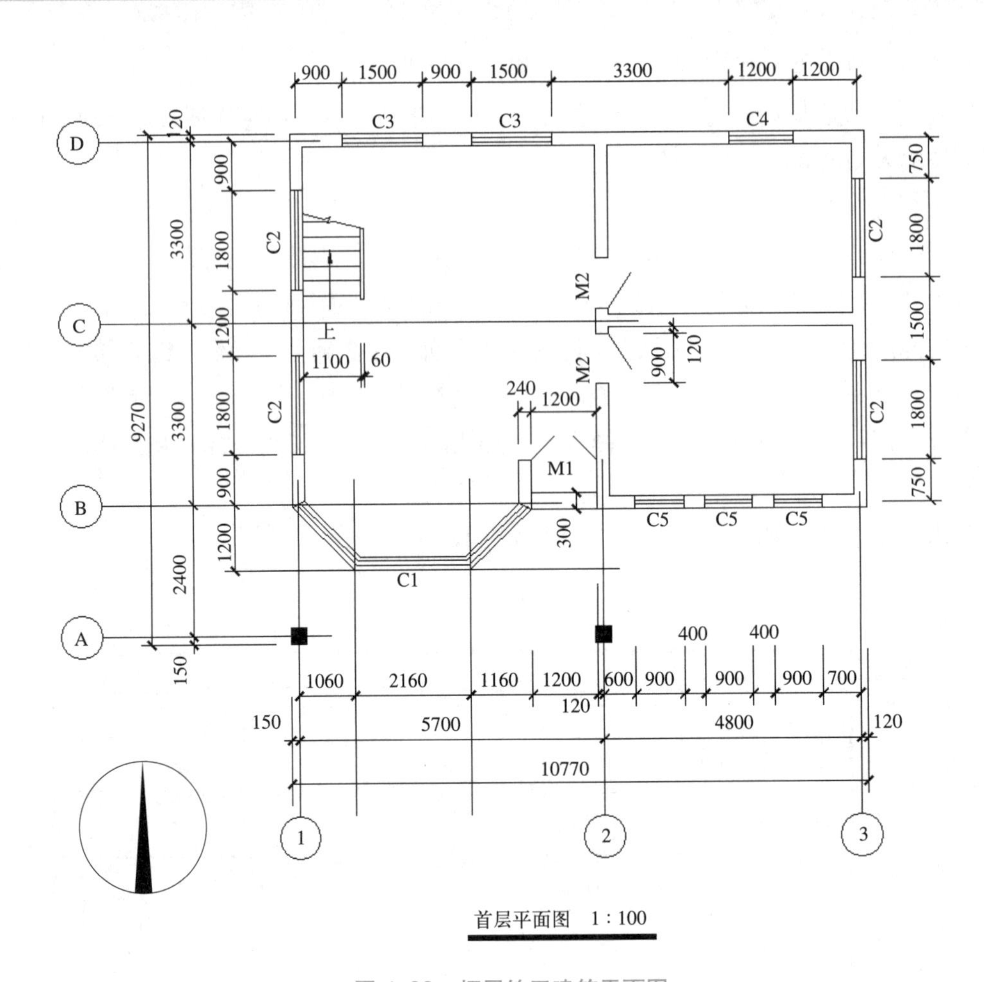

图 4-33 拓展练习建筑平面图

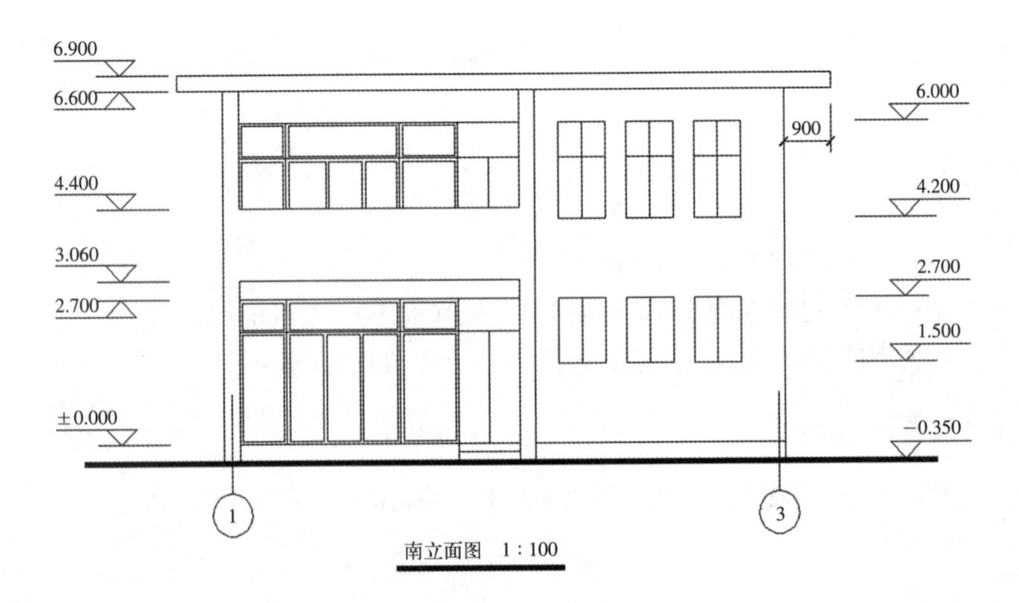

图 4-34 拓展练习建筑立面图

任务 4.3　建筑剖面图的绘制

【任务内容】

根据图 4-1 建筑平面图，确定 1-1 剖切符号所在位置和投射方向，绘制 1-1 剖面图，如图 4-35 所示。

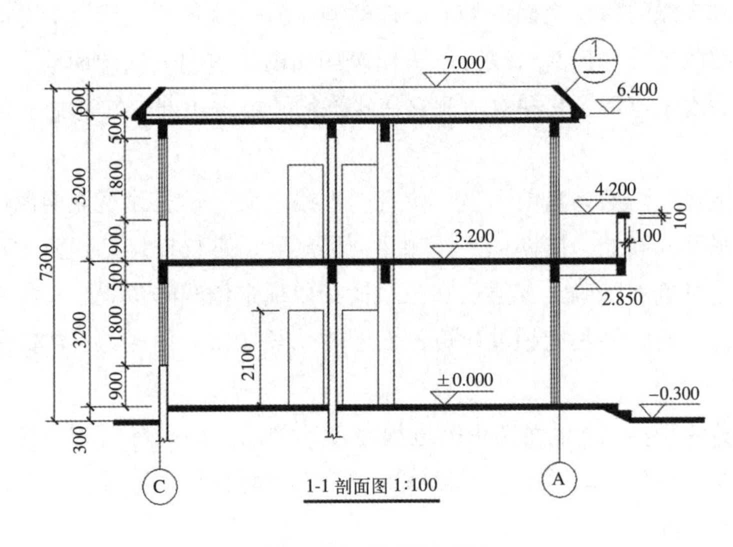

图 4-35　建筑剖面图

【任务分析】

1. 建筑剖面图是假想用一个或多个垂直于外墙轴线的铅垂剖切面，将建筑物剖开，所得的投影图。剖面图用以表示建筑物内部的主要结构形式、分层情况、构造做法、材料及其高度等，是与平、立面图相互配合的不可缺少的重要图样之一。剖面图的投影方向及视图名称应与平面图上的标注保持一致。

2. 在剖面图中，被剖切到的轮廓线用粗实线绘制；地坪线用加粗实线绘制；其余可见轮廓线用中实线绘制；尺寸线和图例线等均用细实线绘制。

3. 剖面图中的断面，比例大于 1∶50 时，应标出材料图例；比例为 1∶10～1∶200 时，可简化材料图例，如钢筋混凝土板与梁断面涂黑，可使用“图案填充”命令完成。

【任务实施】

一、创建文件与保存，设置绘图环境。

1. 文件创建，保存在指定文件夹，文件名为“1-1 剖面图 .DWG”。

2. 绘图环境设置参照任务 4.2。根据实际需要增减图层，将新建的“地坪”图层设为当前图层。

二、绘制地坪线、定位轴线与层高线

建筑平面图、建筑立面图与建筑剖面图三者之间的关系，与三面投影图中的“长对正、宽平齐、高相等”的原理是一致的。在建筑平面图和建筑立面图已经绘制完成的基础上，我们可以利用建筑立面图与建筑剖面图“高相等”的对应关系，直接为建筑剖面图进行高度上的定位，包括地坪线、层高线、屋檐和屋面的定位线等。与绘制建筑立面图时用建筑平面图来进行对应的原理一样，这样作图不仅方便了绘图步骤，更保证了绘图的精确性。且图面效果较好。

1. 在已绘制完成的建筑立面图的右方取适当位置，执行“直线”命令，绘制一道水平的建筑剖面图的室外地坪线，以及一道建筑剖面图的室内一楼地面线。室外地坪线应当超出建筑物的水平范围，其左右两侧宜在建筑物需要表达部分的基础上各超出 500mm 以上。

2. 选择“轴线”图层为当前图层，执行“直线”命令，从建筑立面图中的一层地面标高处、二层楼面标高处、屋檐标高处和屋顶标高处，直接作辅助线到右侧建筑剖面图的范围内，为建筑剖面图确定每层层高、屋檐和屋顶定位线的位置。在绘制定位辅助线的时候，宜将辅助线绘制长度超过建筑剖面图的总长度，以便于之后的绘图步骤中对其进行应用。

3. 根据任务 4.1 中建筑平面图中的进深宽度，利用三面投影图的对应关系，得出建筑剖面图的宽度，即 © 号轴线与 Ⓐ 号轴线的位置。同时执行“直线”命令，将 © 号轴线与 Ⓐ 号轴线绘制出来。

4. 根据建筑剖面图的形状布置，对来自水平、垂直两个方向的定位辅助线进行整理。整理完成后如图 4-36 所示。

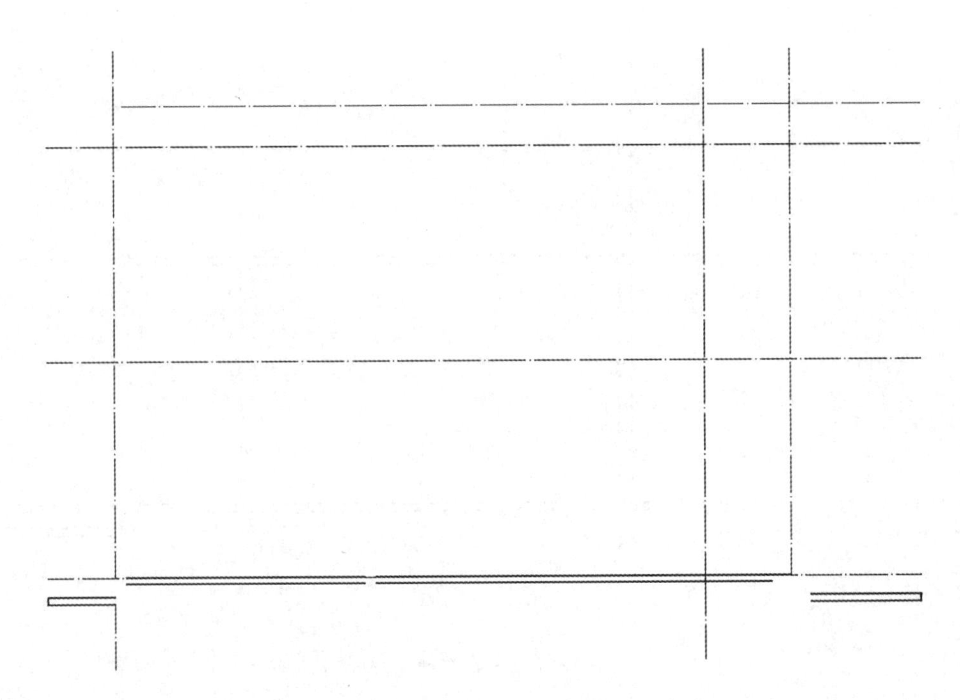

图 4-36　绘制地坪线、定位轴线与层高线

三、绘制墙体、室内地面、楼面和屋面线

1. 将“墙线”图层设为当前图层，并执行“多线”命令。在已绘制完成的垂直方向的辅助定位线和定位轴线的基础上，确定墙体的位置和尺寸，绘制出竖直方向的墙体。

2. 在已绘制完成的水平方向的地坪线、层高线、屋檐屋面定位线的基础上，根据楼板的位置和尺寸，绘制出楼板、屋面。

利用“多线”命令绘制时，通过比例来调整墙体和楼板的厚度。例如绘制墙体时设置多线比例为 240，绘制楼板时设置多线比例为 100。由此可以直接绘制出墙体和楼板的双线。

需要注意的是，在使用多线命令时不同情况下对正方式的选择。当绘制竖向墙体时，由于定位轴线处在墙体的中间，可以选择对正方式为“无”；当绘制水平的楼板时，由于定位辅助线处在楼层和屋面的面层位置，因此选择对正方式为“上”。

3. 通过与任务 4.2 中建筑立面图的对应关系，作门、窗洞口的定位辅助线到右侧的建筑剖面图上，确定墙体上门窗洞口的位置。

选择“门窗”图层，执行“直线”命令，利用门窗的定位辅助线，在墙体上绘制出门窗洞口，并使用“修剪”命令进行图形的整理。

整理完毕后，如图 4-37 所示。

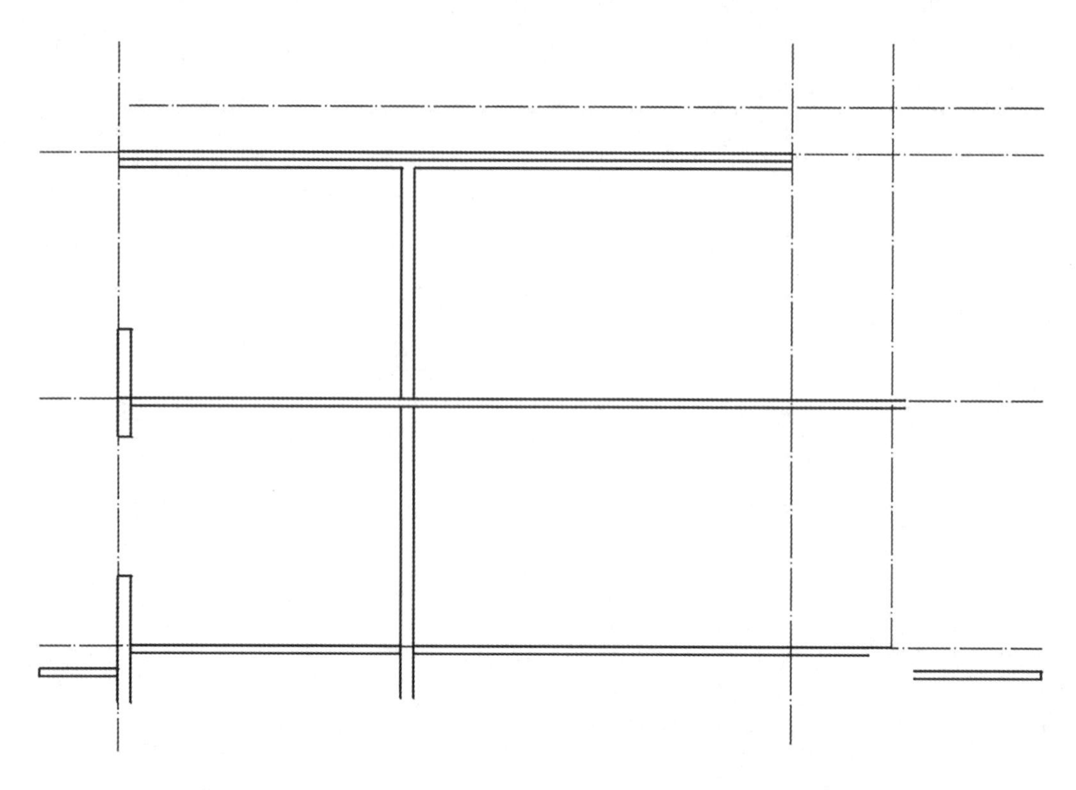

图 4-37　绘制墙体、室内地面、楼面和屋面线

四、绘制楼板梁、屋檐与屋面、台阶、阳台等建筑物构件剖切轮廓

1. 选择“地坪”图层为当前图层，根据已绘制完成的建筑立面图中的室外台阶尺寸，可以直接作定位辅助线确定建筑剖面图中室外台阶的高度，然后绘制出台阶剖切轮廓。

2. 根据已绘制完成的建筑立面图中的阳台尺寸，可以直接作辅助线确定建筑剖面图中阳台的高度。

执行“多线”命令，设多线比例为 240，通过阳台边界绘制出阳台围墙墙体轮廓线。根据标高我们可以得知，阳台围墙墙体高度为 1000，其中压顶厚度为 100。因此可以使用“多线”命令绘制 900 高的墙体，再执行“矩形”命令，绘制 340 × 100 的矩形压顶。压顶的左下角应当与阳台围墙墙体的左上角重合在一起。

3. 绘制出屋檐的细部构造。对于屋檐收进的尺寸，可以采用绘制楼梯踏步的方式进行。该图中我们可以将屋檐的檐口收进水平距离为 200，垂直高度降低 100。

通过定位轴线，我们可以确定屋檐顶部的点的位置。然后再使用“直线”命令连接出屋面的斜坡。使用“偏移”命令，设偏移距离为 100，直接偏移出屋檐斜坡的屋面板。

使用“延伸”命令，使得偏移出的斜线延长至屋顶最高处的定位辅助线。使用“圆角”命令，设半径为 0，将屋檐斜面线与竖直方向的线相交于一点。再利用“修剪”命令对图形进行整理。

4. 通过任务 4.1 中建筑平面图的柱网的分布，确定建筑剖面图中楼板梁的分布位置，绘制出楼板梁的剖切轮廓。由图中标高我们可以得知，梁高为500。在有梁的位置绘制梁的底面，并且用直线将底面与楼板连接。绘制梁的时候要使用‘墙身’图层绘制。

绘制完成后，如图4-38所示。

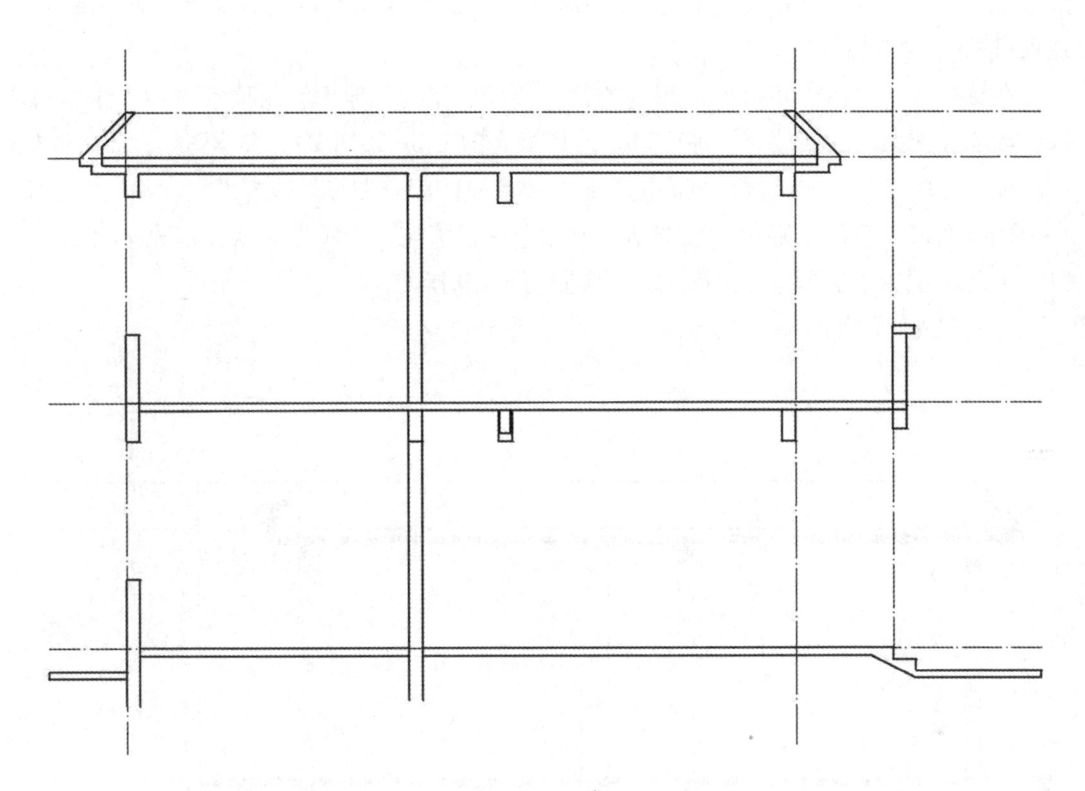

图4-38 绘制楼板梁、屋檐与屋面、台阶、阳台等建筑物构件剖切轮廓

五、绘制门窗与墙柱的可见轮廓和折断线

1. 选择“门窗”图层为当前图层，执行“多线”命令，使用4条线的多线样式，根据已绘制完成的墙身位置进行定位，绘制窗的剖切可见线。

再用“直线”命令，根据门的高度，以及任务4.1中建筑平面图上的门洞位置和尺寸，绘制出房间内剖切后可见的门框线。

选择“梁柱”图层为当前图层，使用“直线”命令，绘制出房间中部可见的柱子凸出的轮廓。注意柱子的可见轮廓线此时应当从楼地面直接伸到顶部楼板，而柱子的宽度一般比柱顶的楼板梁宽度更大。柱子的尺寸应当从任务4.1中建筑平面图上得出。

由于该建筑中，一层和二层的层高和门的可见轮廓线、窗的剖切线、柱子的可见轮廓线等位置相同，因此在绘制完一楼的门、窗、柱子之后，可以直接使用“复制”命令，将其复制到二层的相对应的位置。例如我们可以在复制时打开正交模式，在指定复制的位移时选择方向向上，位移通过标高标注的数字计算可得为3200。

2. 绘制墙体根部的折断线。要注意折断线需要使用细实线来绘制，同时折断符号应当以折断线为对称轴，两侧对称。

六、图案填充

在建筑剖面图中，我们就需要对楼板、梁、屋面和屋檐、台阶、阳台栏杆面等钢筋混凝土构造部分以及室外地坪进行实体图案的填充。图案填充命令的操作方法和技巧已在项目三中介绍过。

在该任务中，由于建筑剖面图内的梁、楼板、屋檐、地坪、压顶等均为实体填充，因此我们在使用“图案填充”命令时，选择填充图案为“SOLID”实体图案。此时我们不需要设置填充角度和比例，只需要选定需要填充的闭合图形的边界即可。建议对于每一个闭合图形，我们分别用一次图案填充命令进行填充，而不要一次性填充多个图案，以便于之后可以对各个填充图案部分分别进行修改和操作。

绘制完成后，如图 4-39 所示。

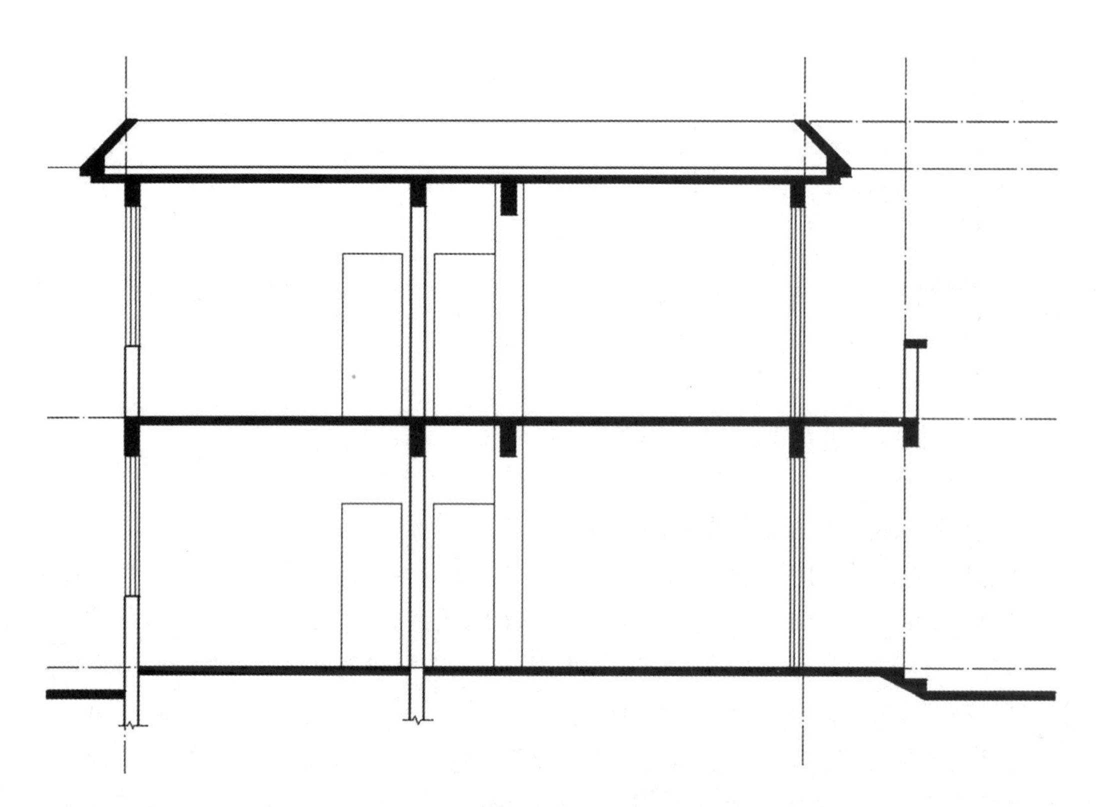

图 4-39　绘制门窗与墙柱的可见轮廓、折断线和图案填充

七、绘制索引符号、标高标注、轴线轴号、图名和尺寸标准等

1. 索引符号

（1）概述

当建筑物内有局部构造或构件无法在建筑平面图、建筑立面图和建筑剖面图中表达清楚，需要利用建筑详图进行表达时，则需要用到索引符号。通过索引符号，可以把建

筑详图与其所在的其他主要图纸上的位置对应起来，表示该处具体做法和构造需要另见其他建筑详图。

（2）索引符号的绘制

用一细实线为引出线指出要画详图的地方，在线的另一端画一直径为 10mm 的细实线圆，引出线应指向圆心，圆内过圆心画一水平线。

如索引出的详图与被索引的图样同在一张图纸内，应在索引符号的上半圆内用阿拉伯数字注明该详图的编号，并在下半圆内画一段水平细实线。如图 4-40（a）所示，表示 5 号详图在本张图纸上。

如索引出的详图与被索引的图样不在同一张图纸内，应在索引符号的下半圆中用阿拉伯数字注明该详图所在图纸的图号，如图 4-40（b）所示，表示索引的 5 号详图在图号为 2 的图纸上。

如索引出的详图采用标准图，应在索引符号水平直径的延长线上加注该标准图册的编号，如图 4-40（c）所示，表示索引的 5 号详图在名为 J103 的标准图册，图号为 2 的图纸上。

索引符号如用于索引剖面详图，应在被剖切的部位绘制剖切的位置线，并以引出线引出索引符号，引出线所在的一侧应为投射方向。如图 4-40（d）所示，表示剖切后向左投射。图 4-40（e）则表示剖切后向下投射。

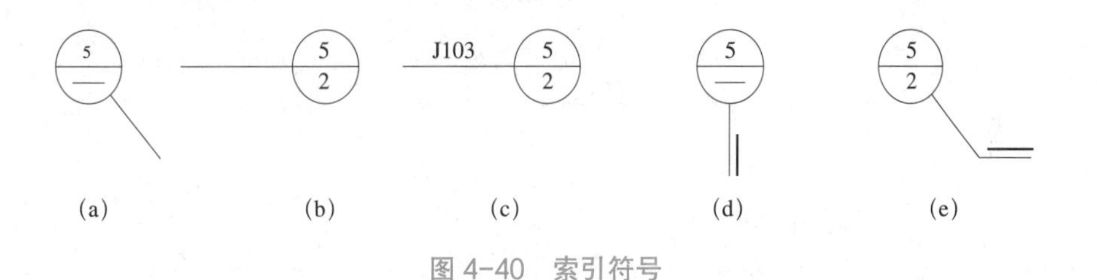

图 4-40　索引符号

2. 标高标注、轴线轴号、图名等的绘制

对于标高标注，轴线轴号的绘制，可以采用任务 4.3 中所学的带有属性的块定义和块插入的方法来进行绘制。对于图名的注写，可以使用之前已经设置完成的文字样式，执行“多行文字”命令，在建筑剖面图的下方写上“1-1 剖面图 1∶100”。

建筑剖面图中的轴线轴号、图名、标高符号等，均可从任务 4.1 和任务 4.2 中已经绘制完成的建筑平面图和建筑立面图中进行复制和编辑，从而节约绘图的时间，减少绘图工作量。

3. 尺寸标注

尺寸标注的样式设置以及标注方法，可以使用任务 4.1 中所学的方法和技巧进行标注。由于该建筑剖面图中两层的层高和尺寸分布一致，我们可以在标注完一层尺寸之后，将一层的尺寸标注线复制到二层即可。这样可以节约时间，减少绘图工作量。通过复制将第一道细部尺寸和第二道层高尺寸绘制完毕后，再使用“基线”标注命令，标注第三道总尺寸。

至此，建筑剖面图绘制完成，如图 4-41 所示。

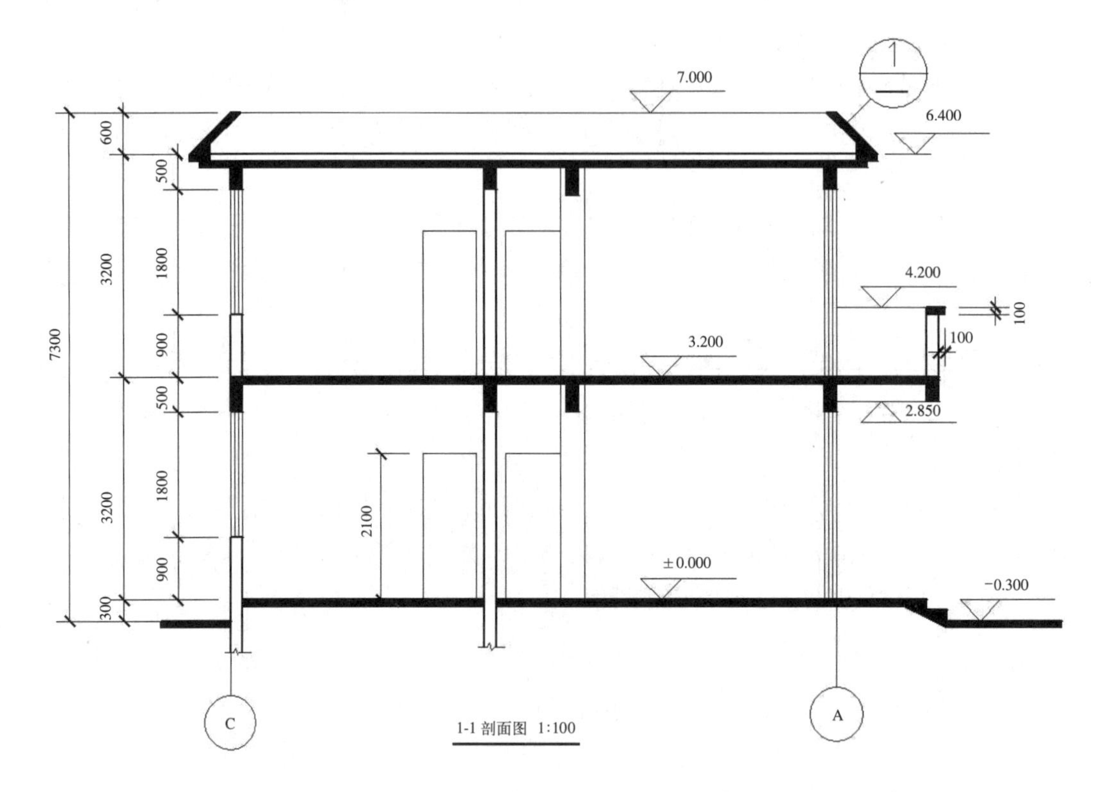

图 4-41　绘制尺寸标注和标高标注、轴线轴号、索引符号、图名等

【任务总结】

1. 对建筑剖面图的绘图步骤进行总结。

2. 对建筑剖面图中出现的索引符号、轴线轴号、标高标注和文字样式等规范进行复习和巩固。

3. 注意剖切位置线和投射方向，以及被剖到的截图图线、可见部分的轮廓线线宽符合《房屋建筑制图标准》GB/T 50001—2017 中的要求。

【任务拓展】

绘制如图 4-42 中的建筑剖面图，文件命名为：A-F 剖面图。

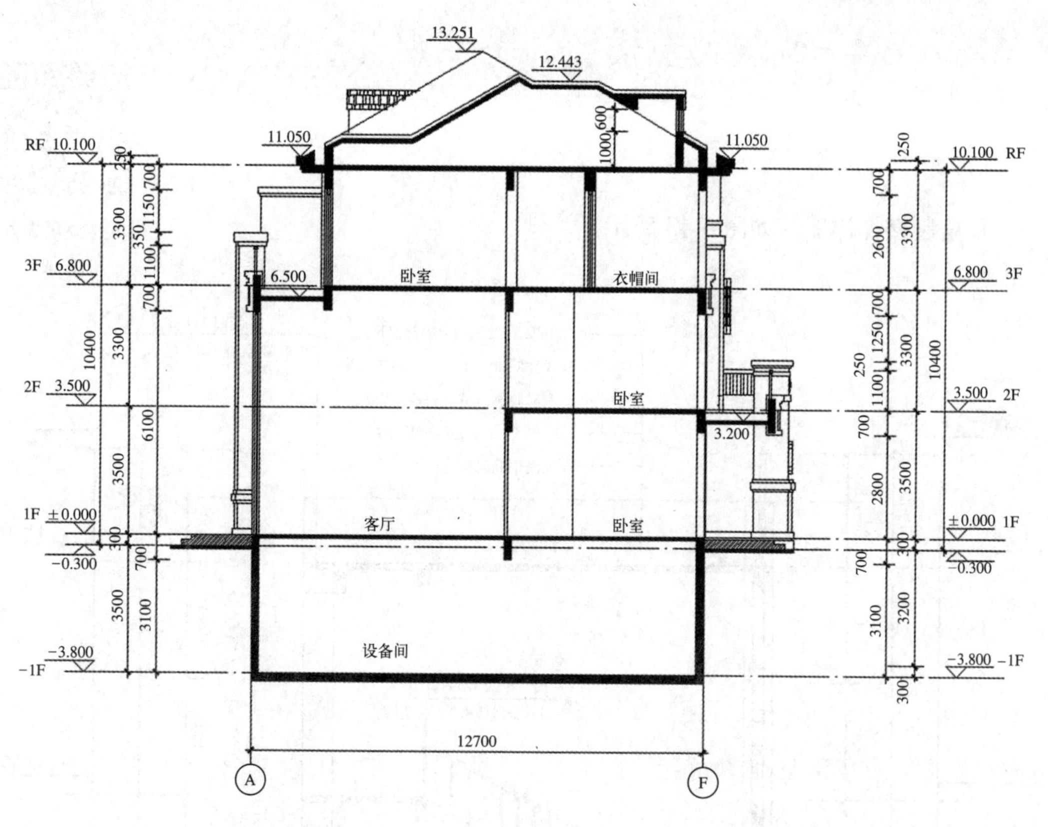

图 4-42 建筑剖面图

TASK DEBRIEFING 任务报告

任务 4.4 建筑节点构造详图绘制

4. 楼梯详图绘制

【任务内容】

1. 绘制楼梯详图，如图 4-43 所示。

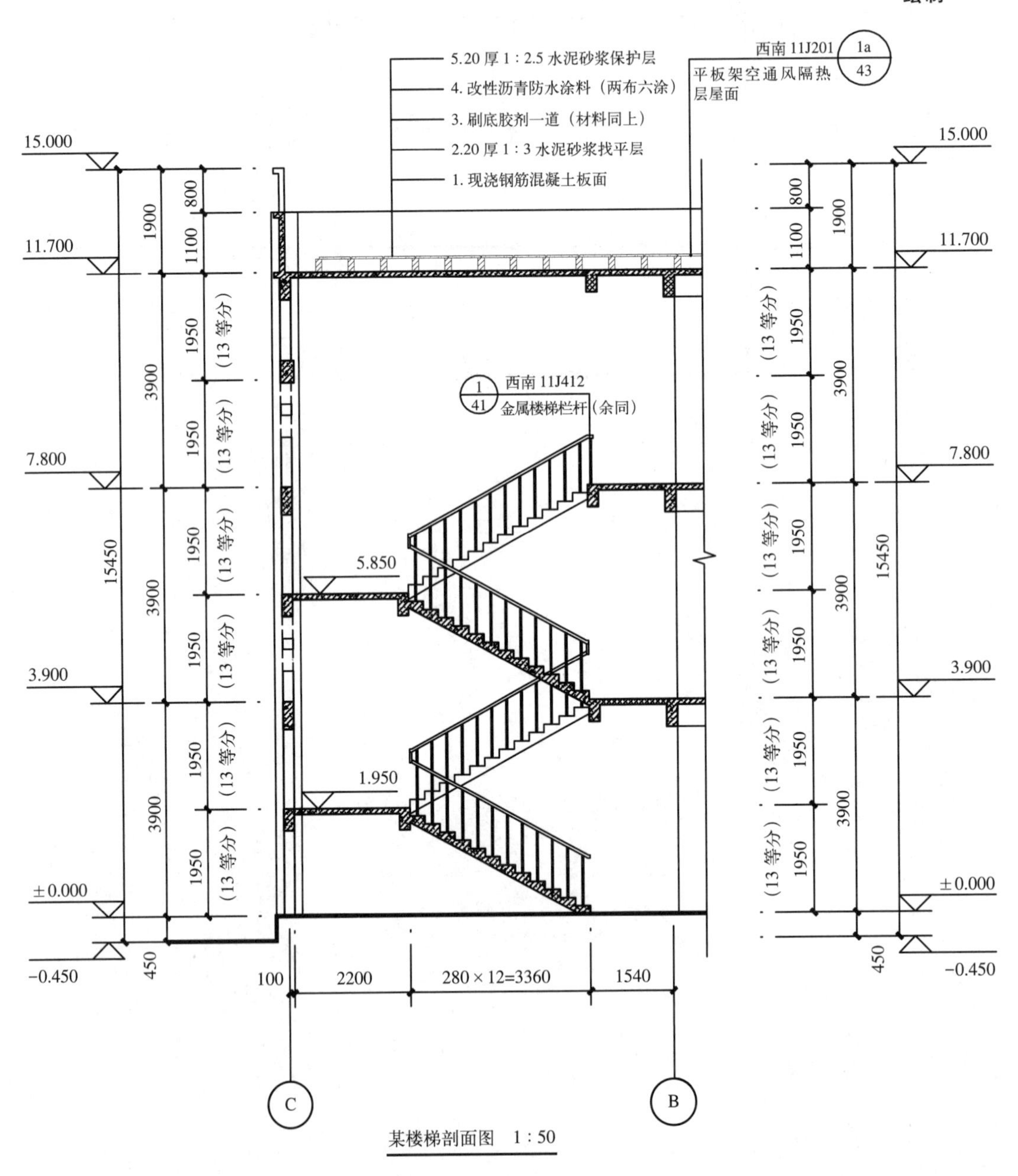

图 4-43 某楼梯剖面图

2. 绘制女儿墙节点大样，如图 4-44 所示。

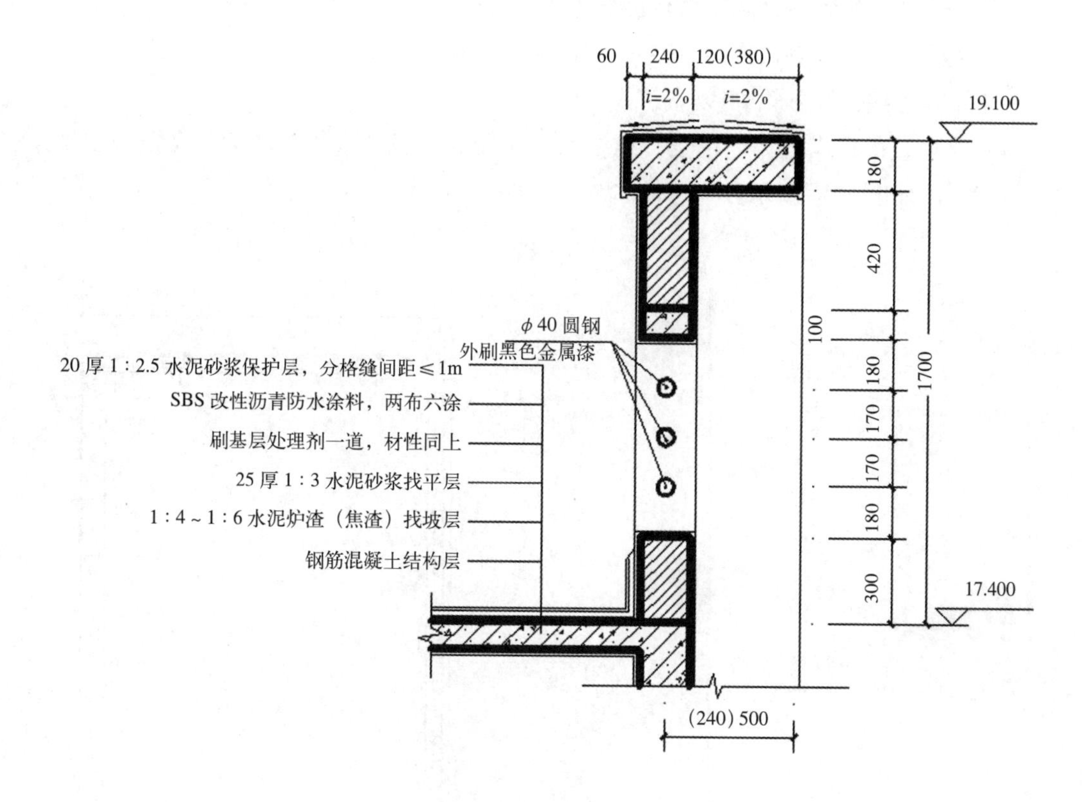

图 4-44 女儿墙节点大样

【任务分析】

1. 建筑详图是对建筑物的主要部位或房间用较大的比例（一般为 1 : 20 至 1 : 50）绘制的图样，是整套施工图中不可缺少的部分，主要有节点构造详图、配件和设施详图、装饰详图三类，其中，节点构造详图主要表达屋面、墙身、墙身内外装饰面、吊顶、地面、地沟、地下工程防水、楼梯等建筑部位的用料和构造做法。

2. 绘制详图时，应根据任务 4.1 中的平面图确定节点的位置，绘制所在位置的定位轴线。再综合使用“直线”“多段线”“图案填充”“文字”等绘图命令完成。

【任务实施】

一、创建文件与保存，设置绘图环境。

1. 文件创建，保存在指定文件夹，文件名为“建筑详图 .DWG”。

2. 绘图环境设置参照任务 4.2。根据实际需要增减图层，将“轴线”图层设为当前图层。

二、绘制楼梯详图

1. 绘制楼梯间的轴线，确定楼梯位置

用“直线”命令绘制楼梯间的轴线，如图 4-45 所示。

2. 绘制地坪线、墙体轮廓线

将“轮廓线”层设置为当前层，综合用“多段线”或“直线”和编辑命令画出地平线和轮廓线，如图 4-46 所示。

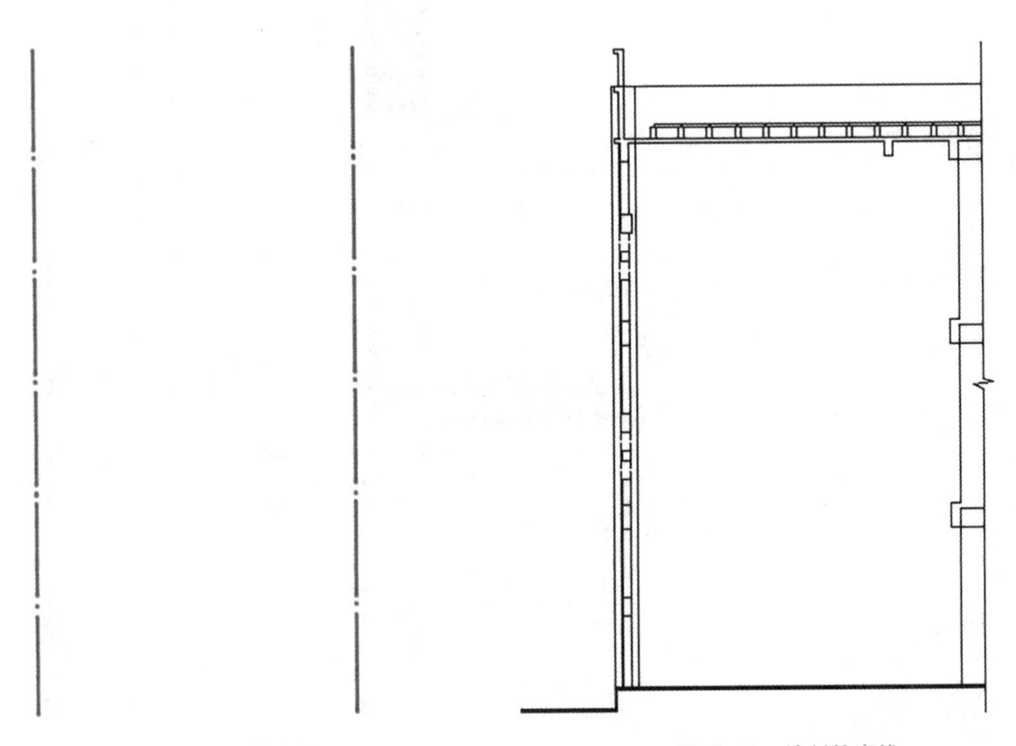

图 4-45　确定楼梯位置　　图 4-46　绘制轮廓线

3. 绘制楼梯的踏步和休息平台

将“楼梯”层设置为当前层，用“多段线”或“直线”命令画出楼梯的踏步和休息平台，如图 4-47 所示。

4. 绘制楼梯栏杆和扶手

新建“其他”图层，并设置为当前层，用“多段线”或“直线”命令画出楼梯栏杆和扶手，如图 4-48 所示。

5. 图案填充

使用图案填充命令将剖切到的楼梯、梁和板进行填充。

新建“填充”图层，并设置为当前层，利用“图案填充”命令，选择合适的图案，填充选中所有需填充的区域，如图 4-49 所示。

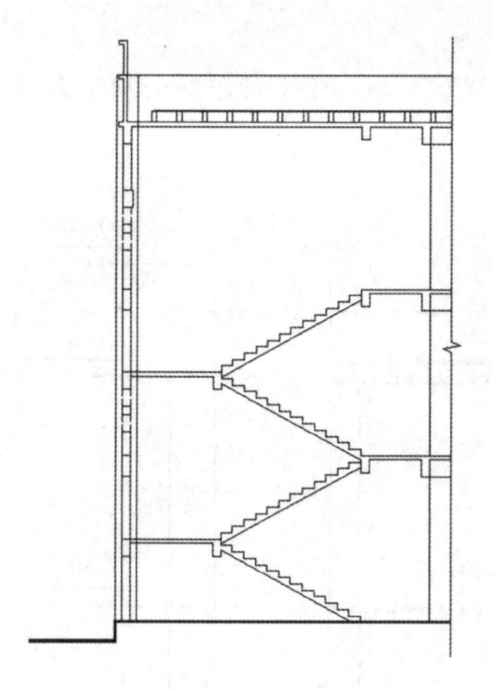

图 4-47　踏步和休息平台

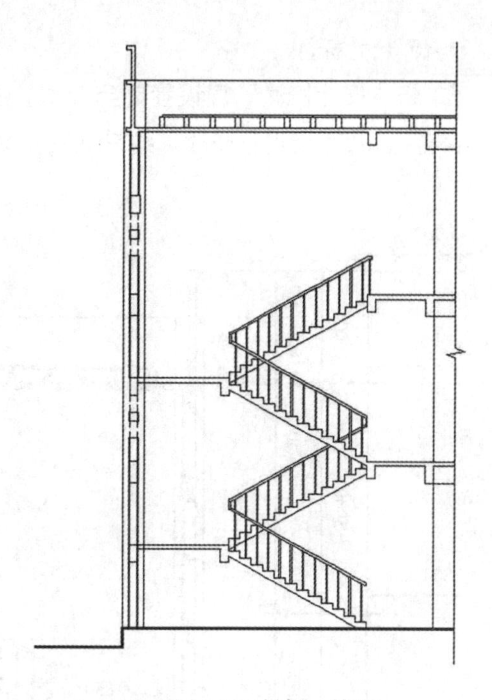

图 4-48　栏杆、扶手

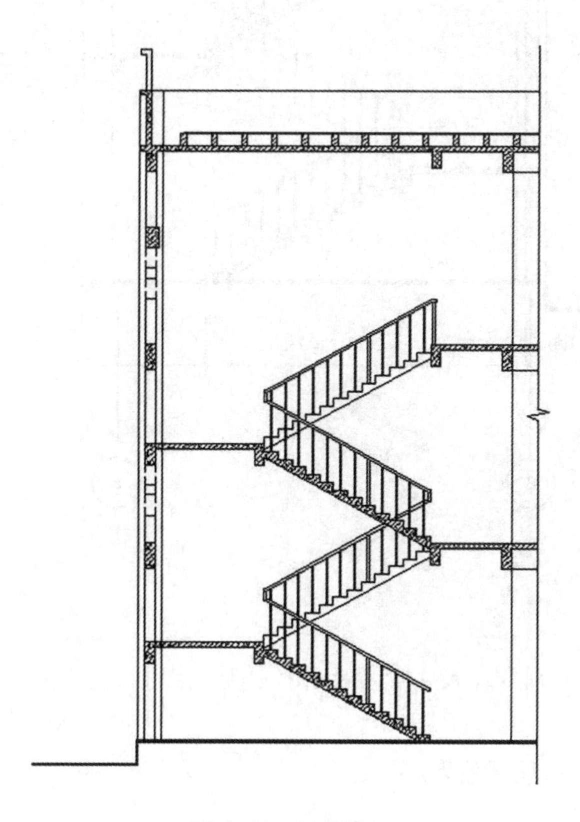

图 4-49　图案填充

6. 尺寸标注

将“尺寸标注”层设置为当前层，利用【标注】工具栏中的标注命令为图形进行尺寸标注，并适当进行修改，结果如图 4-50 所示。

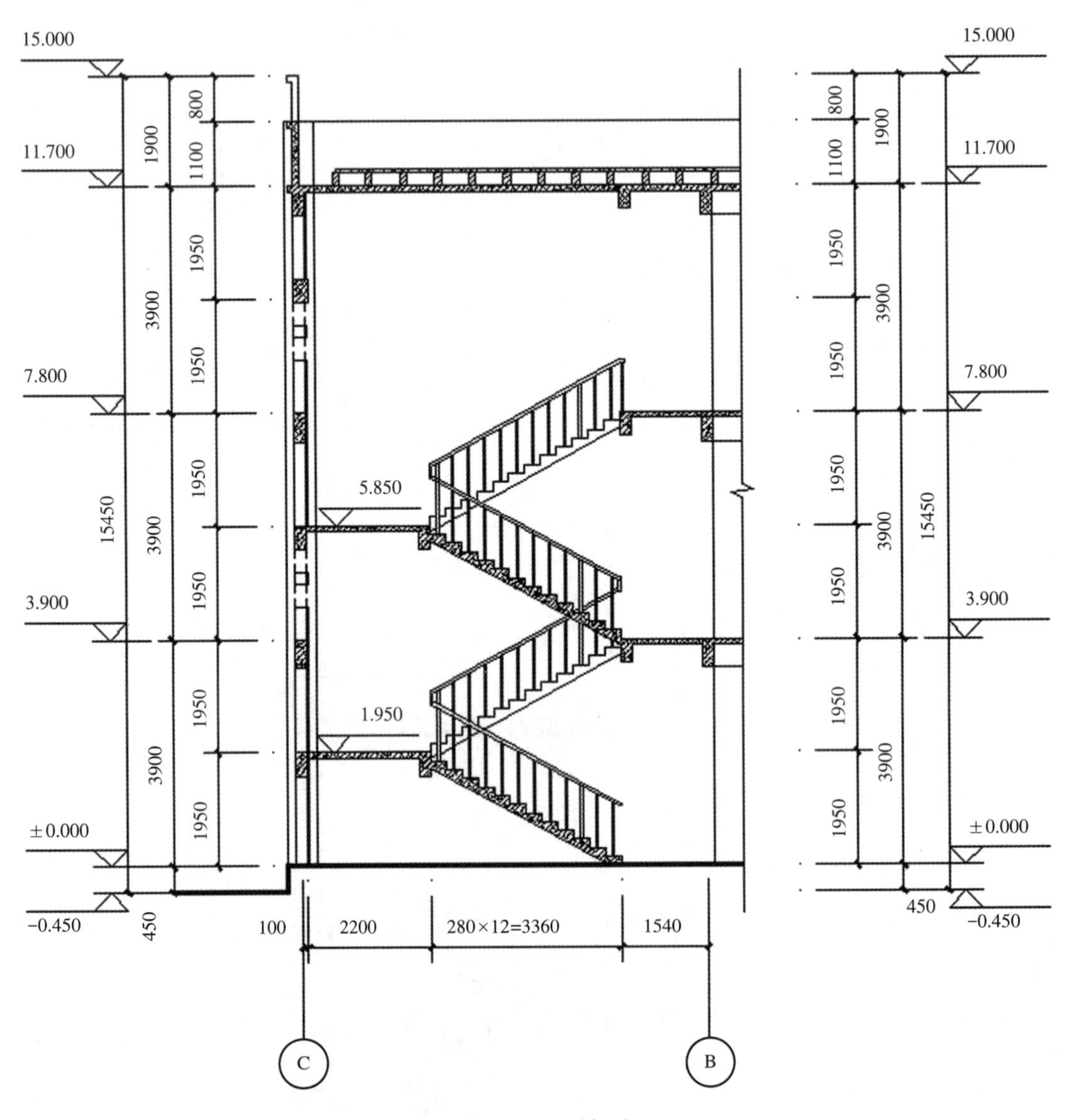

图 4-50　尺寸标注

7. 文字标注

利用“单行文字”命令输入文字，对图中构造节点进行文字注释，如图 4-51 所示。

8. 显示“线宽”

结果得到如图 4-51 所示效果。

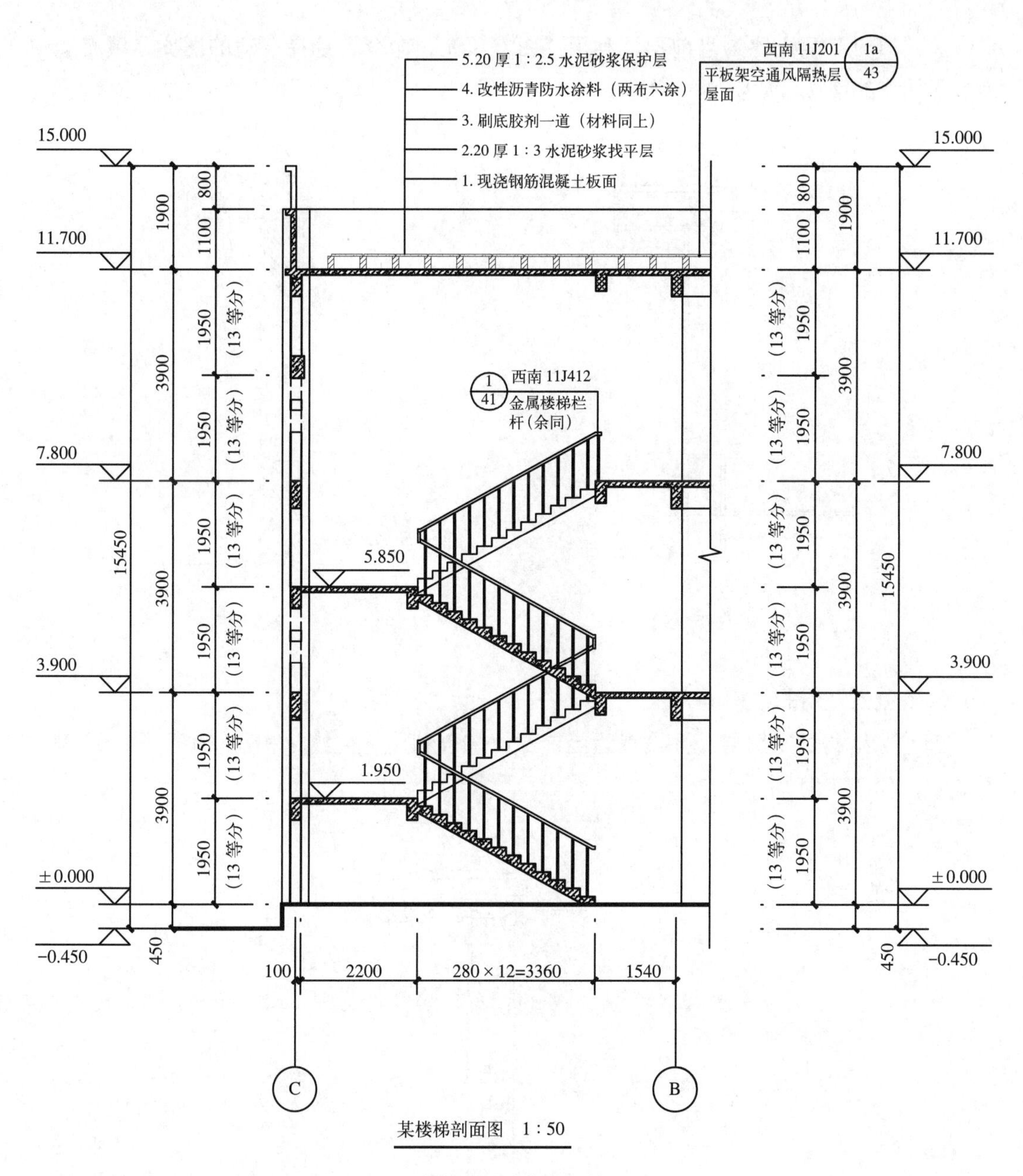

图 4-51 文字标注

三、绘制女儿墙节点大样

1. 绘制墙体轮廓线

将“墙体”层设置为当前层，利用“多段线”绘制水平线和竖直线各一条，根据墙身尺寸，使用偏移命令，绘出墙身轮廓线，如图 4-52 所示。

2. 墙体填充

使用图案填充命令对墙体进行填充。

将“填充”层设置为当前层，利用“图案填充”命令，选择合适的图案，填充选中所有需填充的区域，如图 4-53 所示。

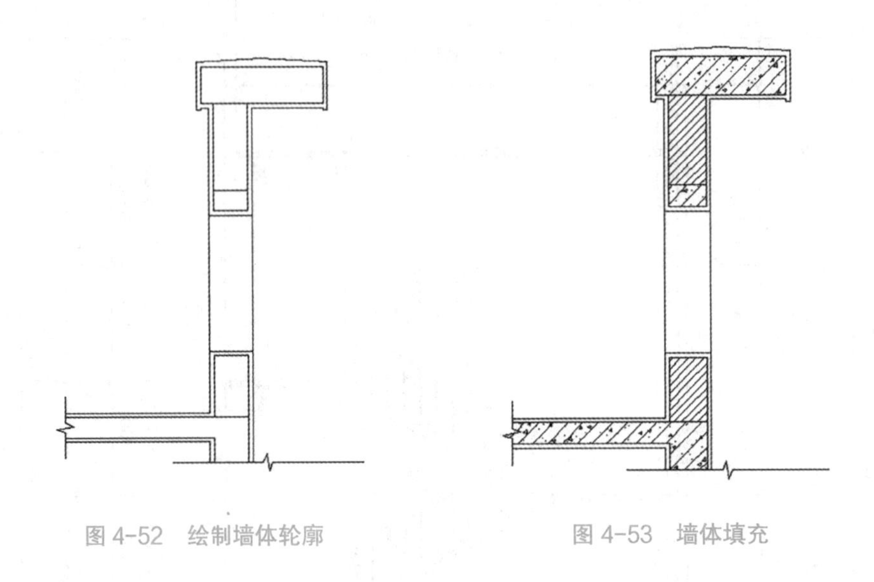

图 4-52　绘制墙体轮廓　　　　图 4-53　墙体填充

3. 绘制女儿墙的结构层

新建“结构层”图层，并设置为当前层，综合利用“直线”和“修剪”命令绘制出结构层，如图 4-54 所示。

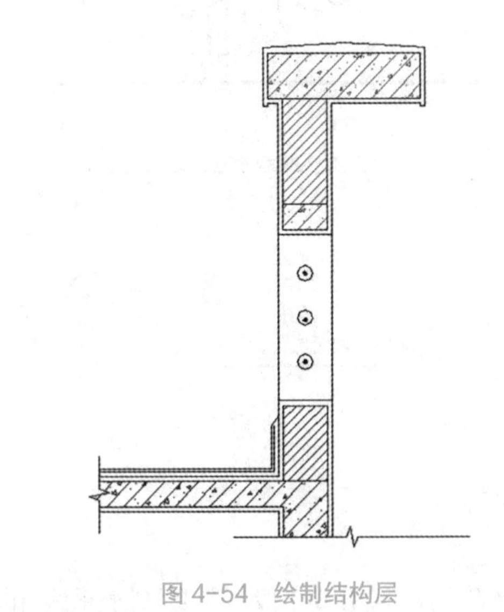

图 4-54　绘制结构层

4. 尺寸标注

将“尺寸标注”层设置为当前层，利用【标注】工具栏中的标注命令为图形进行尺寸标注，并适当进行修改，结果如图 4-55 所示。

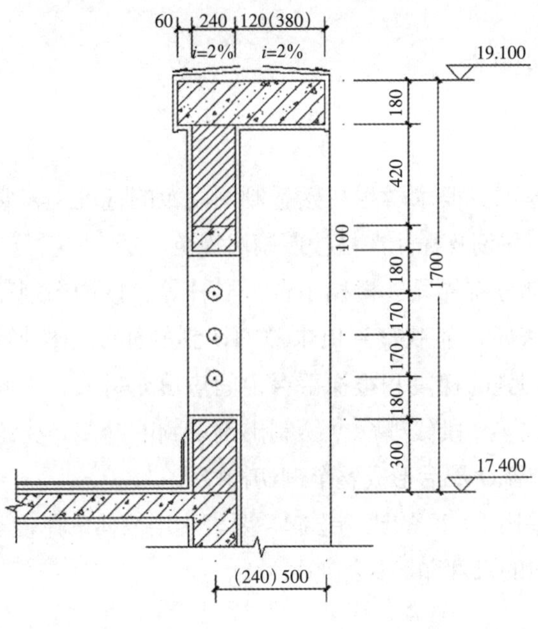

图 4-55　尺寸标注

5. 标注文字

利用“单行文字”命令输入文字，对图中构造节点进行文字注释，如图 4-56 所示的位置。

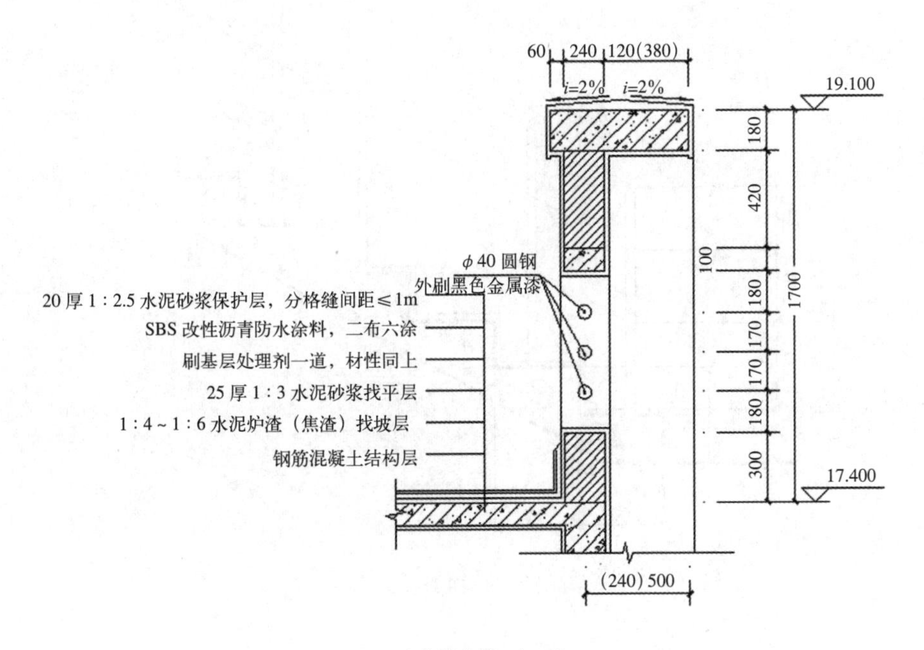

图 4-56　文字注释

6. 显示“线宽”

得到如图 4-56 所示效果。

【任务总结】

1. 通过本任务的学习，要求学生在熟悉制图规范的标准上，掌握绘制建筑详图的方法，要求线型、线宽、图例及标注严格按照制图规范表示。

2. 楼梯剖切到的部分有梯段、楼梯平台、栏杆等。按制图规范规定，剖切到的梯段和楼梯平台以粗实线表示，能观察到但未被剖切到的梯段和楼梯栏杆等用细实线绘制。如果绘图比例大，剖切到的梯段和楼梯平台中间应填充材质，因此可以根据出图比例指定宽度，用“直线”或“多段线”命令绘制出剖切到的踏步，先绘制一个踏步，然后用多重复制的方法依次复制，最后形成整个剖切梯段。

3. 墙身详图一般采用 1 : 20 的比例绘制，要表示出墙体的厚度及构造层次和做法，各部位的标高、高度方向的尺寸和墙身细部尺寸。

【任务拓展】

1. 完成图 4-57 所示的楼梯节点详图的绘制。

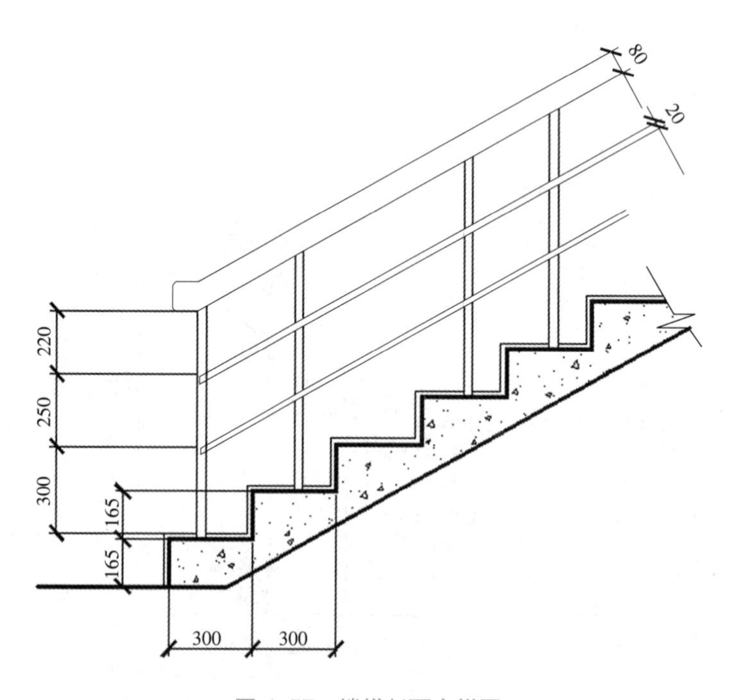

图 4-57 楼梯剖面大样图

2. 完成图 4-58 所示的某女儿墙大样图的绘制。

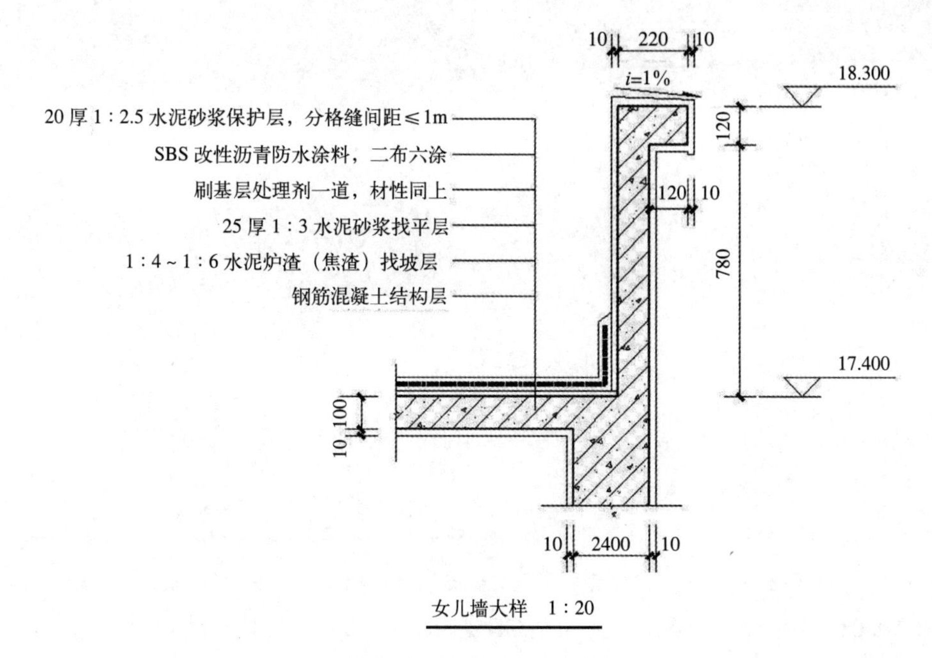

图 4-58 某女儿墙大样图

项目五

结构施工图绘制

【项目说明】

1. 结构构件配筋的标准构造详图应按现行国家标准《房屋建筑制图统一标准》GB/T 50001—2017、《建筑制图标准》GB/T 50104—2010、《建筑结构制图标准》GB/T 50105—2010 等要求绘制，掌握结构详图施工图绘制方法。

2. 精确的尺寸标注是工程技术人员按照图纸进行施工的关键，因此按照建筑行业对标注内容、样式的规定对图形进行简单的标注是非常有必要的。

1. 比例

结构标准构造详图的绘制比例常用 1 : 50、1 : 20、1 : 25 等，如梁、柱纵剖配筋详图的绘制比例常用 1 : 50，梁、柱截面配筋详图的绘制比例常用 1 : 20、1 : 25。

2. 图线

绘制结构配筋构造详图时，线宽通常采用粗（基本线宽 b）、中（线宽 $0.5b$）、细（线宽 $0.25b$）三种，对于简单的图样，也可只采用粗、细两种，对于复杂的图样，可采用粗、中粗（线宽 $0.76b$）、中、细四种。

3. CAD 绘图规则

应用 CAD 软件绘制结构构件配筋的标准构造详图时，有多种绘图习惯，按照常用方式我们统一规定如下：

（1）实物的绘制比例

不管结构构造详图绘图比例要求是 1 : 50、1 : 20 或其他，应用 CAD 软件绘制结构构件轮廓时，截面尺寸统一按照实物尺寸 1 : 1 绘制。

例：梁截面尺寸为 300mm × 650mm，CAD 中绘制矩形宽 300mm、高 650mm。

（2）出图后线宽、字高等要求须按比例换算

钢筋粗实线采用 PL 绘制，出图后线宽 0.5mm，钢筋横断面直径 1mm。我们应用

CAD 软件绘制时，必须按照出图比例进行换算。

例：梁配筋截面图出图比例 1∶25，箍筋采用 Pline 绘制时，线宽为 0.5mm × 25=12.5mm，纵筋横断面采用 Donut 绘制时，外直径 1mm × 25=25mm。

字高设置同样换算。

（3）箍筋和构件轮廓间距

箍筋和构件轮廓间距不需要按照保护层厚度取值，我们统一规定出图后 1mm 左右。

例：梁配筋截面图出图比例 1∶25，绘制钢筋时，对梁构件轮廓线向内 Offset 偏移复制，间距 1 × 25=25mm。

（4）钢筋符号

钢筋符号注写应采用建筑类的 shx 字体，输入特殊符号“%%132”生成 HRB400 钢筋符号“⌽”。

（5）尺寸标注样式

结构标准构造详图的绘制比例常采用 1∶50、1∶20、1∶25 等，尺寸标注样式设置时需要特别注意：

1）样式名按照比例命名，方便查询选用；

2）全局比例按照绘制比例设置；

3）基线间距、文字高度等数值按照出图后尺寸要求设置，方便多种比例尺寸标注样式设置，设置完成一种比例的尺寸标注样式后，其他比例只需复制之后修改全局比例即可。

任务 5.1　基础构造详图绘制

5. 梁截面绘制

【任务内容】

用 CAD 绘制独立基础构造详图，参考样图如图 5-1 所示。

【任务分析】

1. 绘图比例为 1∶1，出图比例为 1∶25，钢筋采用粗实线，线宽 0.5mm，基础混凝土强度等级为 C30，垫层混凝土强度等级为 C15，基础底面基准标高为 −1.600m。基础构件轮廓线 1mm；字体为 Tissdeng.shx，字高为 3mm。

2. 基础垫层厚为 100mm，柱截面尺寸为 500mm × 500mm。

【任务实施】

一、设置绘图环境

创建文件，保存在指定文件夹，文件名为“基础 .DWG”绘图环境设置参照项目二。

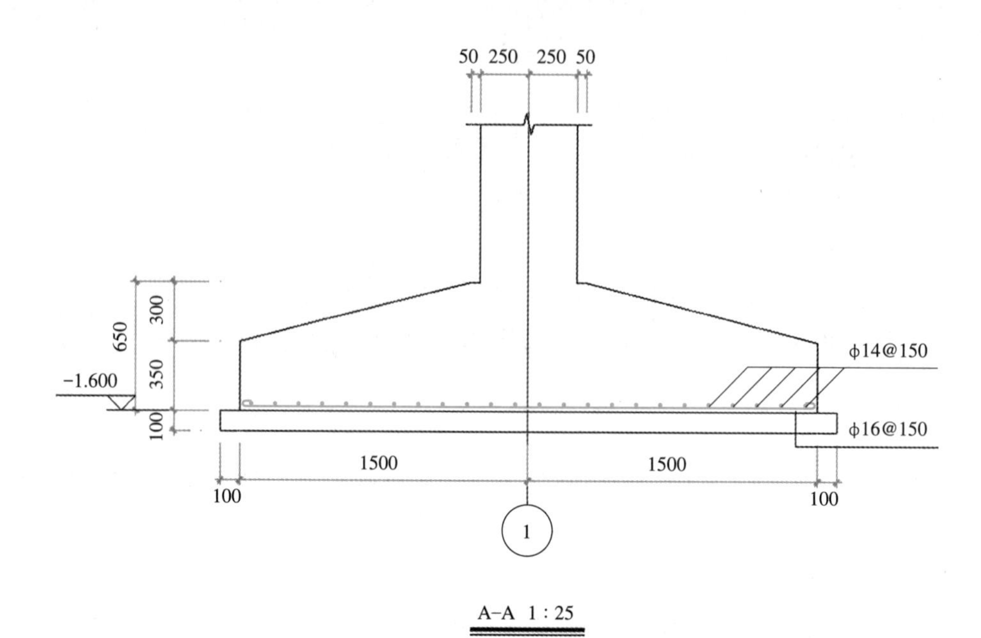

图 5-1　独立基础构造详图

二、绘制独立基础详图

1. 绘制独立基础轮廓，如图 5-2 所示。

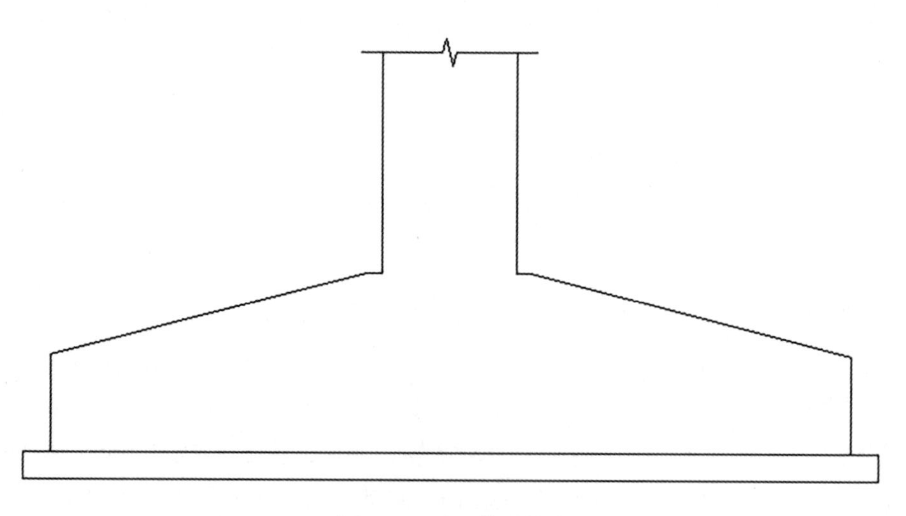

图 5-2　独立基础轮廓

第 1 步：基础截面形式为坡形，基底标高 -1.600m，基础垫层尺寸根据 22G101-3 图集，厚度为 100mm。

第 2 步：轮廓线采用细实线、轴线采用细单点长画线绘制，并标注相应的尺寸及标高，标注尺寸时应将尺寸样式中的全局比例修改为 25。

2. 绘制独立基础底板钢筋，如图 5-3 所示。

第 1 步：X 方向钢筋采用多段线 PL 命令绘制，根据出图比例 1∶25 的要求，多段线线宽设置为 12.5mm；

第 2 步：Y 方向钢筋采用 DO 命令绘制，圆环内径为 0mm，外径为 25mm。

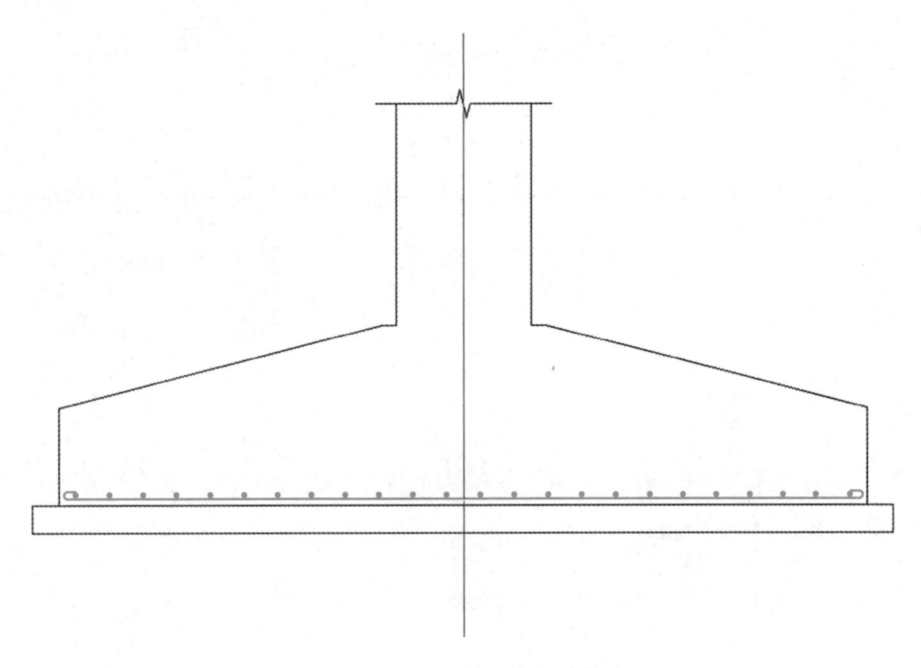

图 5-3　独立基础底板钢筋

三、标注尺寸和文字

1. 尺寸标注

第 1 步：设置标注样式。

第 2 步：将当前层设置为尺寸层，按图纸要求进行尺寸标注。

2. 文字标注

第 1 步：设置文字样式。

第 2 步：输入文字。将当前层设置为文字层。采用 DT 命令完成图中所有文字的输入。然后将其复制到其他位置，然后双击进行内容修改。

第 3 步：改文字高度。图名“A-A”这些文字要大一些，绘图时的实际高度为 250mm。可以先将刚才输入的文字复制到图名的位置，然后选中要修改的文字，输入：MO，空格，在对象特性对话框里将高度一栏的数字改成 250mm，同时对文字内容也一并修改。

第 4 步：绘制标高符号及轴圈号。如图 5-4 所示。

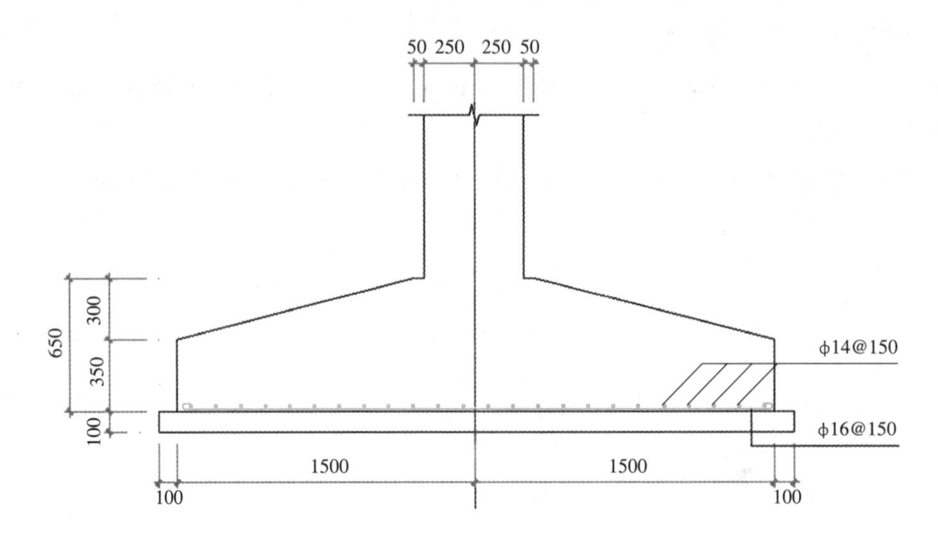

图 5-4　标注尺寸和文字

【任务总结】

本单元结合工程实例，讲解了独立基础构造详图的绘制方法。绘图顺序一般是先整体、后局部，先图样、后标注。

【任务拓展】绘制基础构造详图（图 5-5）。

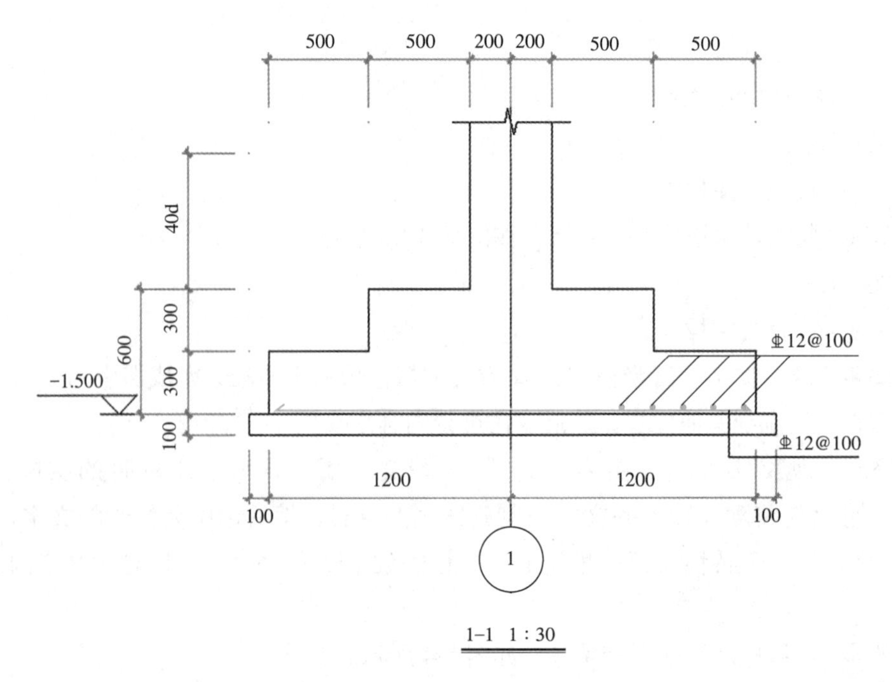

图 5-5　基础构造详图

任务 5.2　柱构造详图绘制

【任务内容】

用 CAD 绘制柱纵筋详图，参考样图如图 5-6 所示。

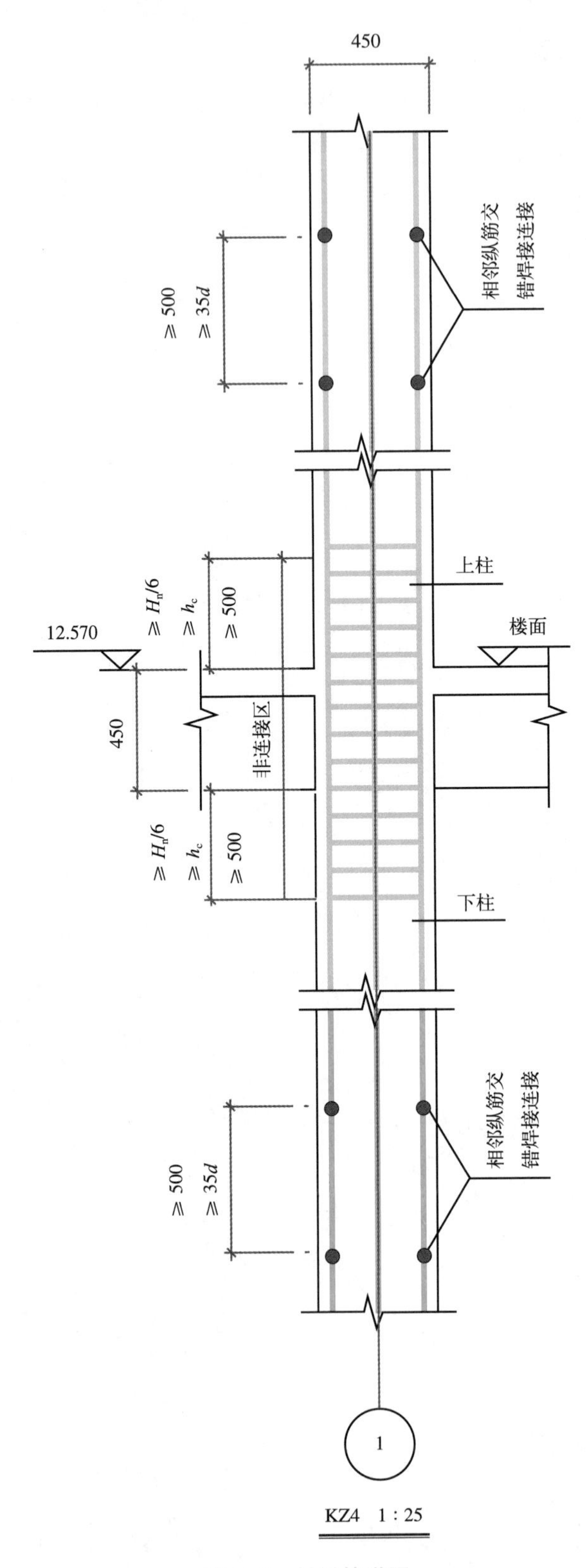
450
相邻纵筋交
错焊接连接
≥500
≥35d
上柱
≥Hn/6
≥hc
≥500
12.570
楼面
450
非连接区
≥Hn/6
≥hc
≥500
下柱
相邻纵筋交
错焊接连接
≥500
≥35d
1
KZ4 1 : 25

图 5-6 柱纵筋详图

【任务分析】

1. 绘图比例为 1 : 1，出图比例为 1 : 50，钢筋采用粗实线，线宽 0.5mm，焊接节点网点外径 1mm，柱纵筋距离构件轮廓线 1mm；字体为 Tissdeng.shx，字高 3mm。

2. 板厚均为 110mm，梁截面尺寸为 250mm × 450mm，第一道箍筋距离楼层面 50mm。

【任务实施】

一、设置绘图环境

创建文件，保存在指定文件夹，文件名为“柱 .DWG”绘图环境设置参照项目二。

二、绘制柱纵筋详图

1. 绘制梁柱轮廓

柱宽和梁高均为 450mm。

操作步骤：

第 1 步：将当前层设置为轴线层，用 XL 构造线命令绘制一条垂直线。

第 2 步：将当前层设置为轮廓线层。

第 3 步：用 O 偏移命令将该垂直线向左偏移 225mm，向右偏移 225mm；选中这两根线，更改图层为轮廓线层；完成柱轮廓线的绘制。

第 4 步：靠柱轮廓线下端，用 XL 构造线命令绘制一条水平线。用 O 偏移命令将该水平线向上偏移 450mm。完成标高 12.570 梁轮廓的绘制。

第 5 步：绘制梁两侧折断线。用 TR 修剪命令修剪多余线段。

第 6 步：用 O 偏移命令将梁上边线向下偏移 110mm，生成板底线。

第 7 步：用 L 直线命令完成另一方向梁的绘制。选中梁轮廓线，将线型修改为 DASH；再用 MO 特性命令将线型比例修改至合适。

第 8 步：将标高 12.570 梁轮廓向上复制，复制距离 2000mm；绘制柱上下折断线，修剪多余线段，如图 5-7 所示。

2. 绘制纵筋，如图 5-8 所示。

纵筋采用粗实线，线宽为 0.5mm × 50=25mm；纵筋与轮廓线距离为 1mm × 50=50mm。

第 1 步：当前层设置为钢筋层。

第 2 步：绘制纵筋。

用 O 偏移命令，将柱两侧轮廓线各向内偏移 50mm，再选择其中一根向内偏移 200mm；用 S 拉伸命令，将三根直线拉伸至柱折断线；用 PE 命令，将三根直线修改为线宽 25mm 的多段线；选中这三根多段线，更改图层为钢筋层。

3. 绘制箍筋

第 1 步：用工直线命令，完成第一道箍筋。第一道箍筋距梁面 50mm。

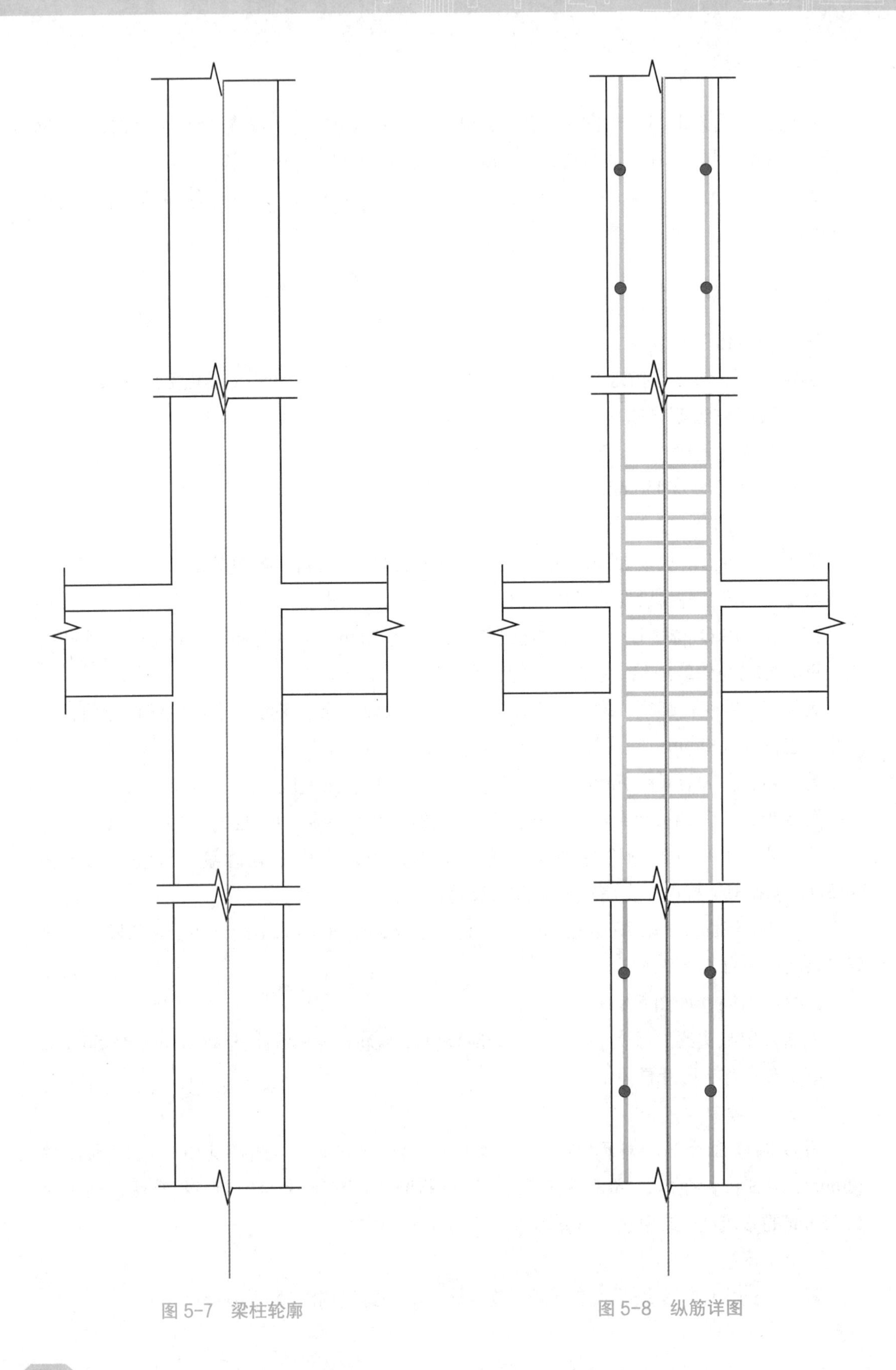

图 5-7　梁柱轮廓　　　　图 5-8　纵筋详图

第 2 步：用 O 偏移命令，向下偏移 100 生成 5 道箍筋，再向上偏移生成 4 道箍筋。

第 3 步：用同样方法完成柱下端 4 道箍筋的绘制。

4. 绘制焊接节点

焊接节点，外径1mm × 50=50mm。操作步骤：

第 1 步：绘制第一排焊接节点，钢筋圆点采用 DO 命令，内径 0，外径 1mm × 50=50mm，如图 4-2-2 所示。

第 2 步：用 CO 复制命令，将两边焊接节点向上复制 630mm。

三、标注尺寸和文字

1. 尺寸标注

第 1 步：设置标注样式。

第 2 步：将当前层设置为尺寸层，按图纸要求进行尺寸标注。

2. 文字标注

第 1 步：设置文字样式。

第 2 步：输入文字。将当前层设置为文字层。采用 DT 命令完成图中所有文字的输入。然后将其复制到其他位置，然后双击进行内容修改。

第 3 步：改文字高度。图名“KZ4”这些文字要大一些，绘图时的实际高度为 250mm。可以先将刚才输入的文字复制到图名的位置，然后选中要修改的文字，输入：MO，空格，在对象特性对话框里将高度一栏的数字改成 250mm，同时对文字内容也一并修改，如图 5-9 所示。

第 4 步：绘制标高符号及轴圈号。

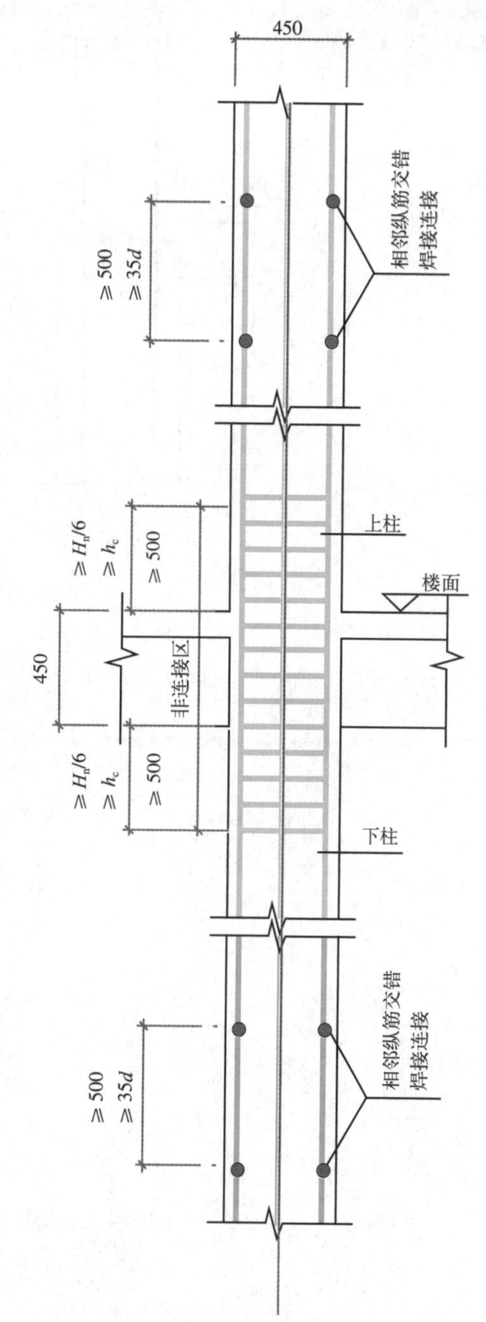

图 5-9　标注尺寸和文字

【任务总结】

本单元结合工程实例，讲解了柱配筋详图的绘制方法。绘图顺序一般是先整体、后局部，先图样、后标注。

【任务拓展】绘制变截面柱图（图 5-10）。

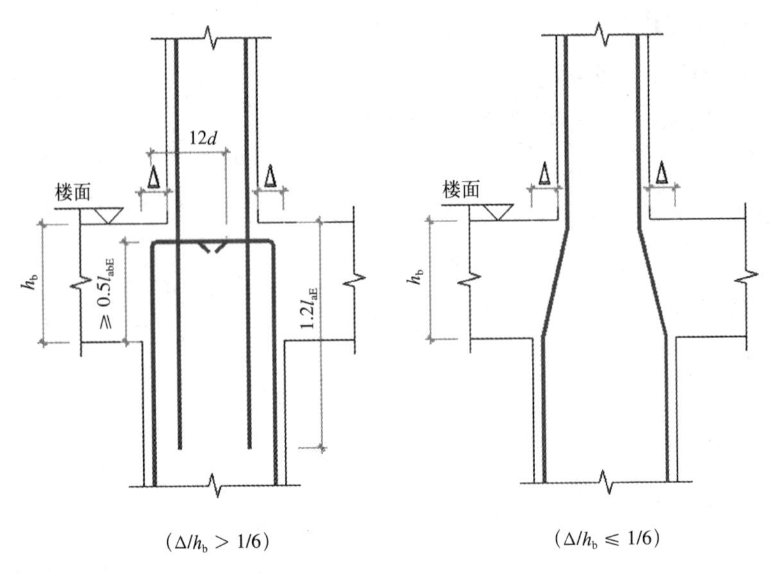

图 5-10　绘制变截面柱图

TASK DEBRIEFING 任务报告

任务 5.3　梁构造详图绘制

【任务内容】

绘制 1-1、2-2、3-3、4-4 梁截面配筋图，参考样图如图 5-11 所示。

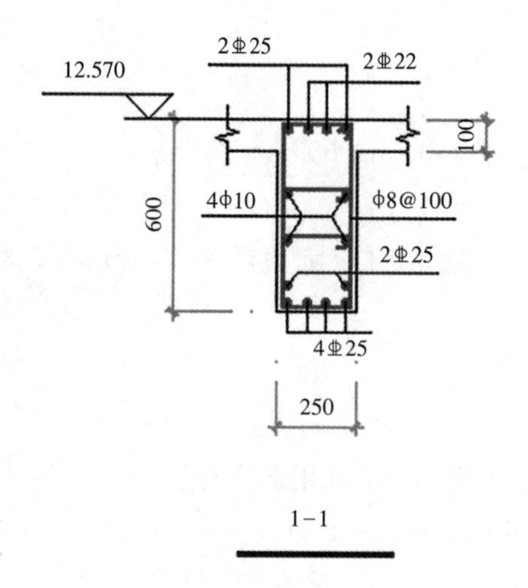

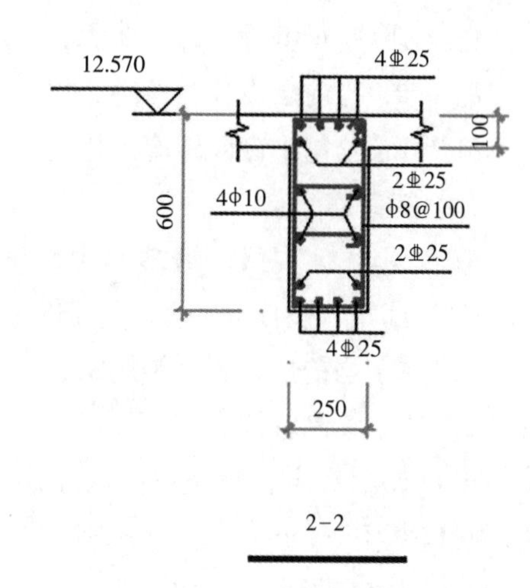

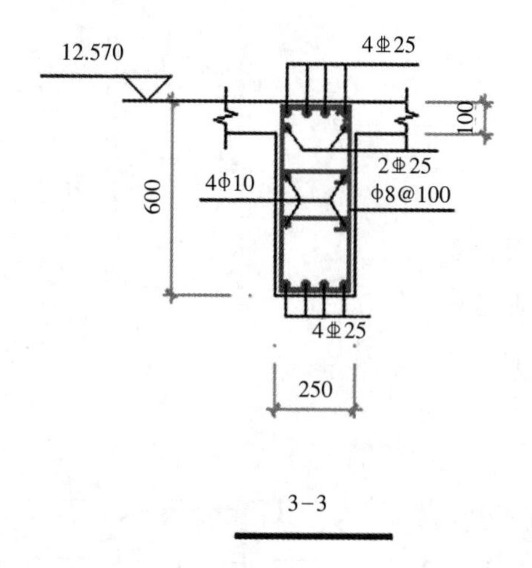

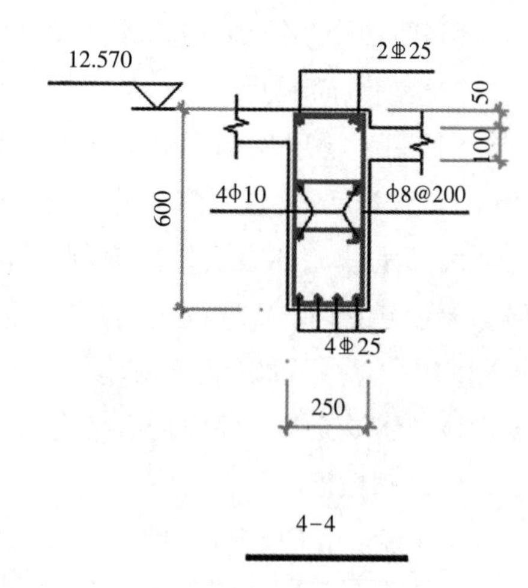

图 5-11　梁截面配筋图

【任务分析】

1. 绘图比例为 1 : 1，出图比例为 1 : 25；钢筋采用粗实线，线宽 0.5mm，钢筋圆点外径 1mm，箍筋和梁轮廓间距 1mm；字体为 Tssdeng.shx，字高 3mm。

2. 板厚均为 100mm，4-4 截面中板面高差为 50mm。

【任务实施过程】

一、设置绘图环境

创建文件，保存在指定文件夹，绘图环境设置参照项目二。

二、绘制 1-1 梁截面配筋图

1. 绘制梁截面轮廓

先绘制 1-1 梁截面，操作步骤：

第 1 步：当前层设置为轮廓线层。

第 2 步：绘制梁截面轮廓。用矩形 Rec 命令，绘制 250mm × 600mm 的矩形。

2. 绘制箍筋

箍筋采用粗实线，线宽为 0.5mm × 25=12.5mm；箍筋与轮廓线距离为 1mm × 25=25mm；箍筋弯钩长度 80mm，呈 135°。

第 1 步：当前层设置为钢筋层。

第 2 步：绘制箍筋。

用 O 偏移命令，将矩形向内偏移 25mm，如图 10-2 所示；再用 F 命令，将矩形倒圆角，圆角半径 20mm；然后用 PE 命令，加粗矩形，W=12.5mm。

注：钢筋弯折也可来用直角。

第 3 步：绘制箍筋接头。

用 PL 命令，绘制箍筋弯钩，弯钩长度 80mm，呈 135°。

3. 绘制纵筋断面

钢筋圆点用圆环（DO）命令绘制，内径 0，外径 1mm × 25=25mm，放置到合适位置，如图 5-12 所示。

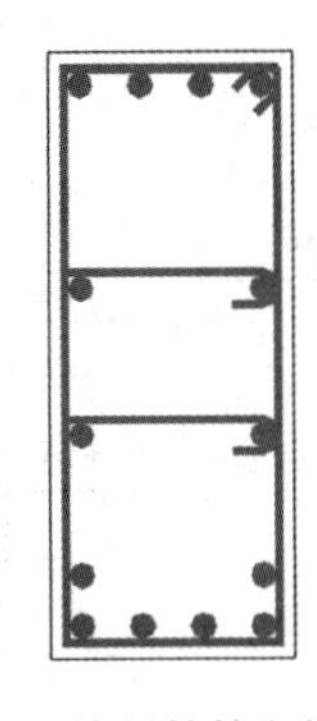

图 5-12　绘制箍筋和纵筋断面

圆环是填充环或实体填充圆，即带有宽度的闭合多段线。要创建圆环，应指定它的内外直径和圆心。通过指定不同的中心点，可以继续创建具有相同直径的多个副本。要创建实体填充圆，将内径值指定为 0 即可。

4. 绘制楼板

第 1 步：用 Breakline 创建折断线命令绘制两侧折断线。

第 2 步：用 X 分解命令，将梁轮廓分解；用 EX 延伸命令，将梁顶线两端延伸至折断线生成板顶线。

第 3 步：再将板顶线向下偏移 120mm，用 F 或 TR 命令修剪多余线段，如图 5-13 所示。

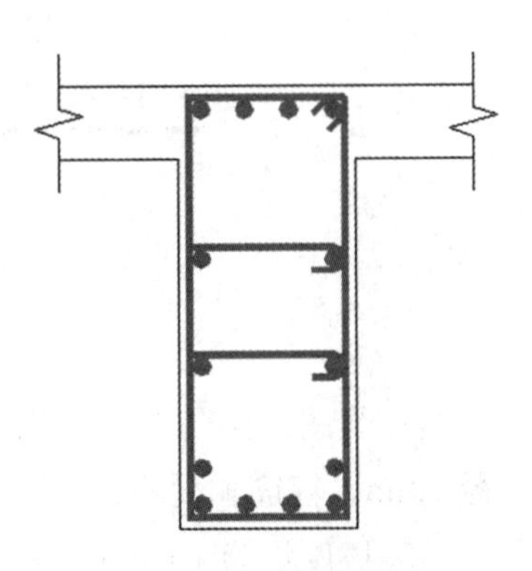

图 5-13　绘制楼板

三、标注尺寸和文字

1. 尺寸标注

第 1 步：设置标注样式。

第 2 步：将当前层设置为尺寸层，按图纸要求进行尺寸标注。

2. 文字标注

第 1 步：设置文字样式。

第 2 步：输入文字。

将当前层设置为文字层。采用 DT 命令可完成图中所有文字的输入。然后将其复制到其他位置，然后双击进行内容修改。

第 3 步：改文字高度。

图名“1-1”这些文字要大一些，绘图时的实际高度为 125。可以先将刚才输入的文字复制到图名的位置，然后选中要修改的文字，输入：MO，空格，在对象特性对话框里将高度一栏的数字改成 125，同时对文字内容也一并做修改，如图 5-14 所示。

第 4 步：绘制标高符号。

四、绘制其他梁截面配筋图

1. 绘制 2-2、3-3 梁截面配筋图

第 1 步：复制 1-1 梁截面配筋图一次。

第 2 步：修改上部纵筋信息，修改图名，完成 2-2 梁截面配筋图。

第 3 步：复制 2-2 梁截面配筋图，将下部纵筋信息，完成了 3-3 梁截面配筋图。

2. 绘制 4-4 梁截面配筋圈

第 1 步：复制了 3-3 梁截面配筋图。

第 2 步：修改上部纵筋信息及箍筋信息。

第 3 步：右侧板顶及板底线向下移动：50，修剪延伸，修改图名，完成 4-4 梁截画配筋图。

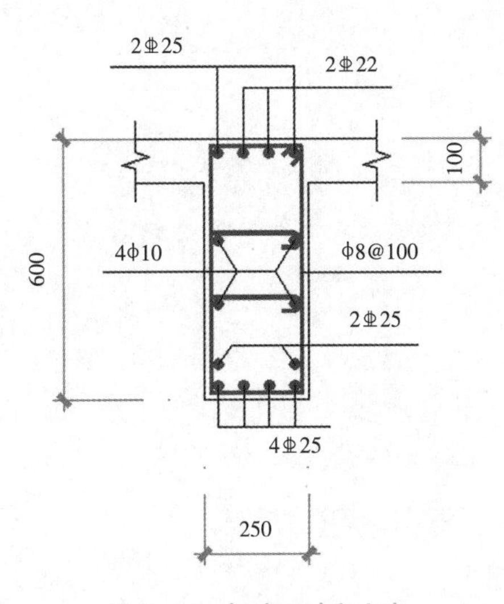

图 5-14　标注尺寸和文字

【任务总结】

本任务结合工程实例，讲解了梁截面配筋图绘制方法。绘图顺序一般是先整体、后局部，先图样、后标注。尺寸标注是绘图设计工作中的一项重要内容，图形绘制反映了对象的形状，但并不能表达出图形设计的具体意图，图形中各个对象的尺寸、大小和位置必须经过尺寸标注后才能确定。因此，准确、清楚、规范的标注是非常重要的。

【任务拓展】绘制梁纵剖面配筋图及梁截面配件图（图 5-15）。

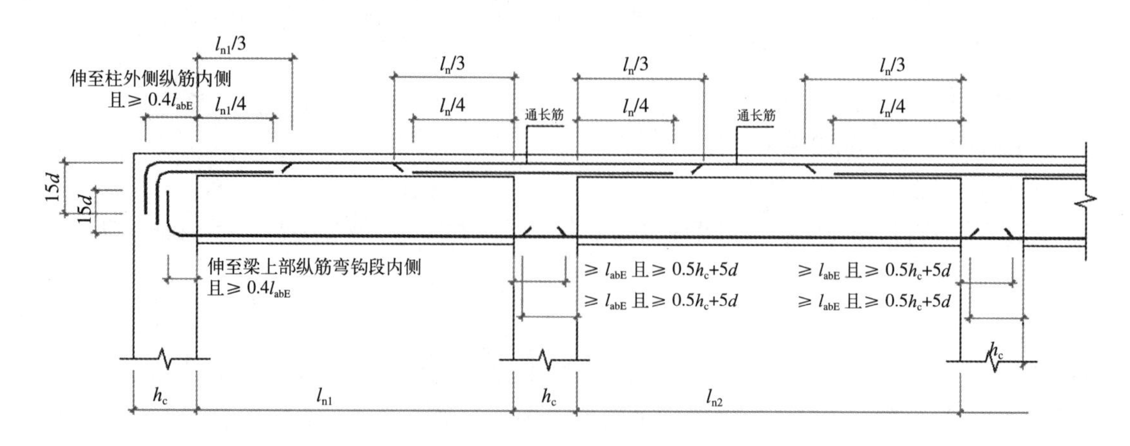

图 5-15　梁纵剖面配筋图及梁截面配件图

任务 5.4　板构造详图绘制

【任务内容】

绘制板端配筋详图，参考样图如图 5-16 所示。

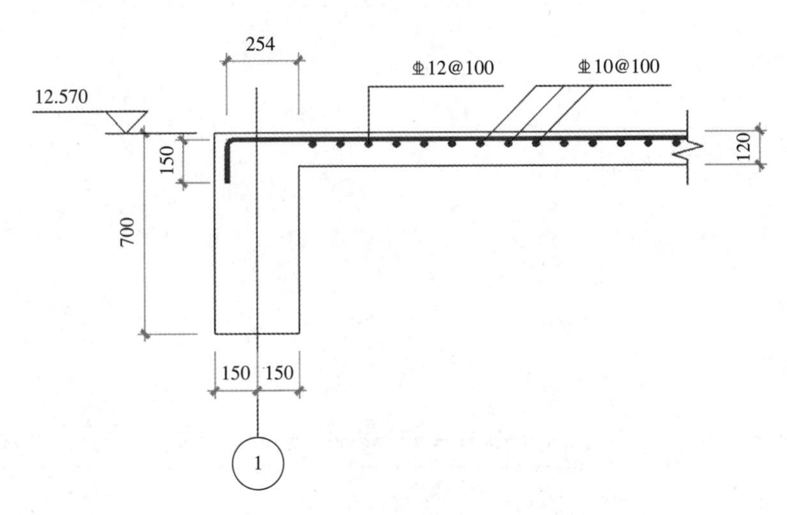

图 5-16　板端配筋详图

【任务分析】

1. 绘图比例为 1∶1，出图比例为 1∶25；钢筋采用粗实线，线宽 0.5mm，钢筋圆点外径 1mm，箍筋和板轮廓间距 1mm；字体为 Tssdeng.shx，字高 3mm。

2. 板厚为 120mm。

【任务实施】

一、设置绘图环境

创建文件，保存在指定文件夹，文件名为“板 .DWG”，绘图环境设置参照项目二。

二、绘制 A-A 板端断面配筋图

1. 绘制 A-A 截面轮廓

板厚为 120mm，⑤轴梁截面尺寸为 300mm × 700mm，板面标高为 12.570m，绘制梁板截面轮廓，轮廓采用细实线绘制、轴线采用细单，点长画线绘制，如图 5-17 所示。

2. 绘制板上部钢筋

纵筋采用粗实线，线宽为 0.5mm × 50=25mm；纵筋与轮廓线距离为 1mm × 50=50mm。

第 1 步：当前层设置为钢筋层。

第 2 步：绘制板上部钢筋。

用 PL 命令，绘制板 X 向钢筋。钢筋圆点采用 DO 绘制，内径 0mm，外径 1mm×12=12mm，放置到合适位置，如图 5-18 所示。

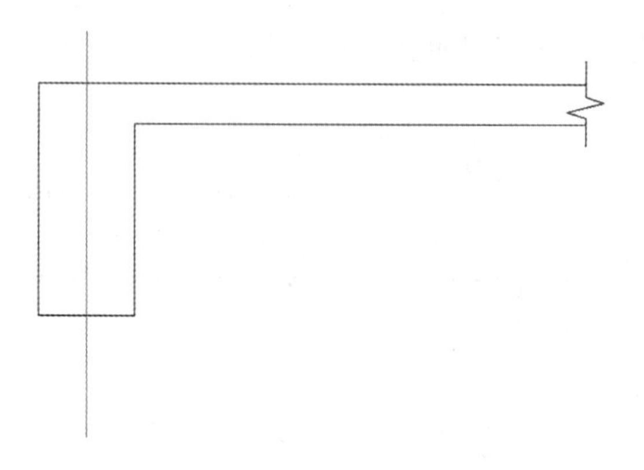

图 5-17　绘制 A-A 截面轮廓

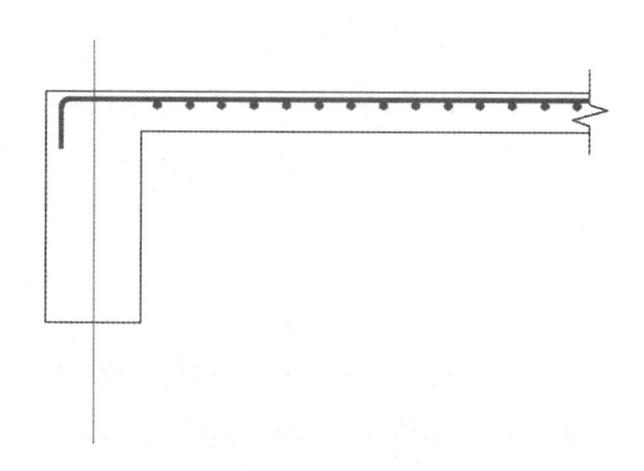

图 5-18　绘制板上部钢筋

三、标注尺寸和文字

1. 尺寸标注

第 1 步：设置标注样式。

第 2 步：将当前层设置为尺寸层，按图纸要求进行尺寸标注。

2. 文字标注

第 1 步：设置文字样式。

第 2 步：输入文字。

将当前层设置为文字层。采用 DT 命令可完成图中所有文字的输入。然后将其复制到其他位置，然后双击进行内容修改。

第 3 步：改文字高度。

图名“A-A”这些文字要大一些，绘图时的实际高度为 125mm。可以先将刚才输入的文字复制到图名的位置，然后选中要修改的文字，输入：MO，空格，在对象特性对话框里将高度一栏的数字改成 125mm，同时对文字内容也一并做修改，如图 5-19 所示。

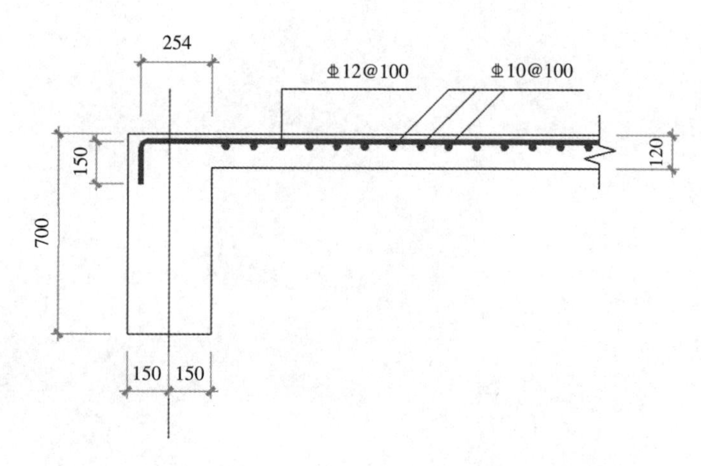

图 5-19　标注尺寸和文字

第 4 步：绘制标高符号。

【任务总结】

本任务结合工程实例，讲解了板端构造详图绘制方法。绘图顺序一般是先整体、后局部，先图样、后标注。

【任务拓展】

绘制悬挑板构造图（图 5-20）。

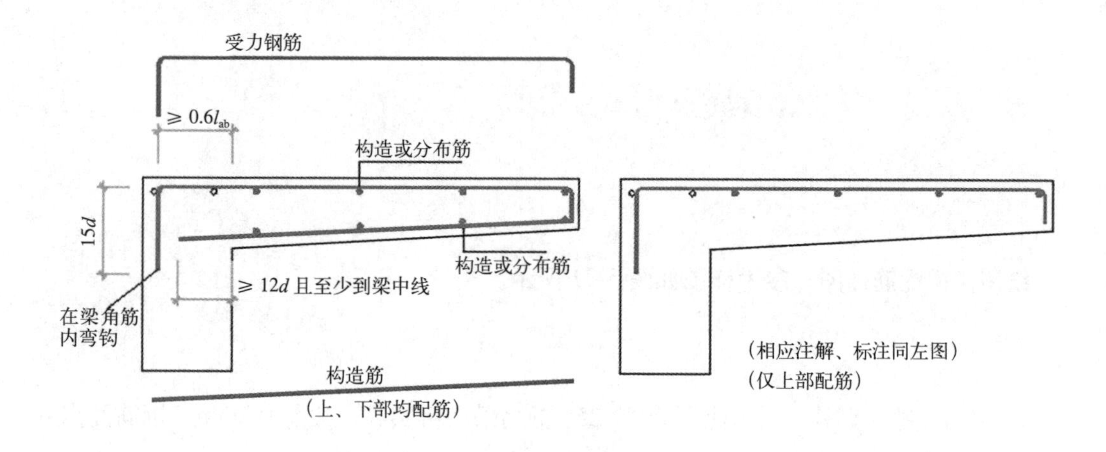

图 5-20　悬挑板构造图

任务 5.5　楼梯构造详图绘制

【任务内容】

绘制楼梯配筋详图，参考样图如图 5-21 所示。

【任务分析】

1. 绘图比例为 1 : 1，出图比例为 1 : 25；钢筋采用粗实线，线宽 0.5mm，钢筋圆点外径 1mm，钢筋和板轮廓间距 1mm；字体为 Tssdeng. shx，字高 3mm。

2. 板厚均为 120mm，梯梁截面尺寸为 300mm × 450mm。

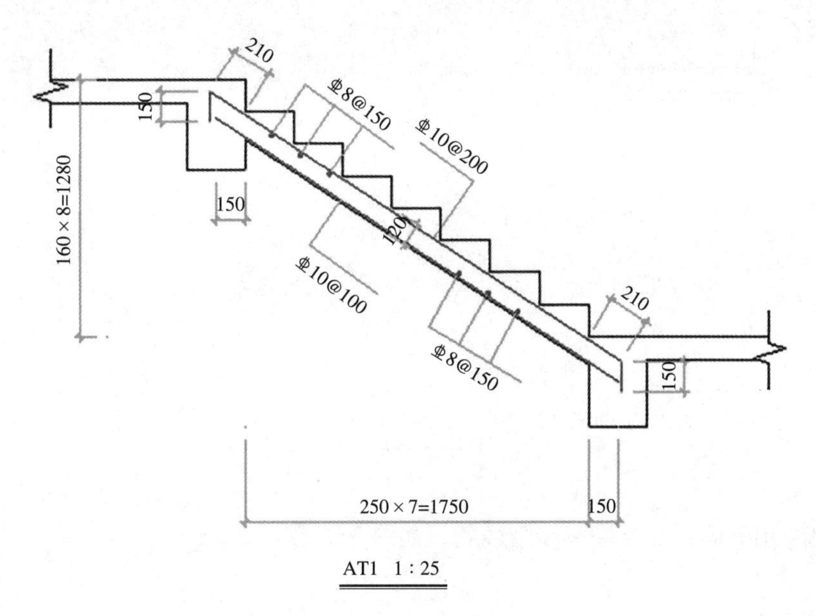

图 5-21 楼梯构造详图

【任务实施】

一、设置绘图环境

创建文件，保存在指定文件夹，文件名为“楼梯构造详图 .DWG”，绘图环境设置参照项目二。

二、绘制楼梯配筋详图

1．绘制平台板及梯梁轮廓线

第 1 步：当前层已经设置为轮廓线层。

第 2 步：用 X 构造线命令绘制一条垂直线及一条相交的水平线。

第 3 步：用 O 偏移命令将该垂直线向右偏移 1750mm，将水平线向上偏移 1280mm。

第 4 步：用 O 偏移命令将左边构造线向左偏移 300mm，将上方构造线分别向下偏移 120mm、450mm。

第 5 步：用 F 圆角命令处理构造线，完成上方梯梁及板的轮廓绘制，用同样方法完成下方梯梁及板的轮廓绘制。

第 6 步：用 Breakline 创建多段线命令绘制两侧折断线。

2. 绘制梯段轮廓线

第 1 步：用 L 直线命令绘制最下面第一个踏步，踏步宽 250mm，高 160mm。

第 2 步：用 O 偏移将最上面平台板面线向下偏移 160mm 作为辅助线，如图 5-22 所示。

第 3 步：用 Copym 多重复制命令，完成梯段的绘制。

第 4 步：用 L 直线命令连接 AB 两点，用 O 偏移命令将该直线向下偏移 110mm。

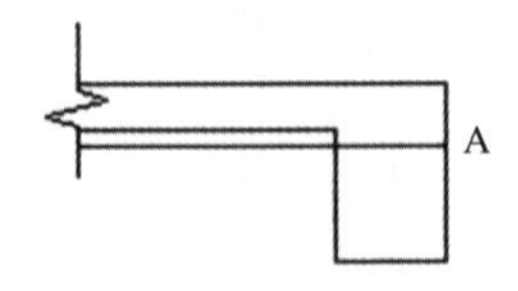

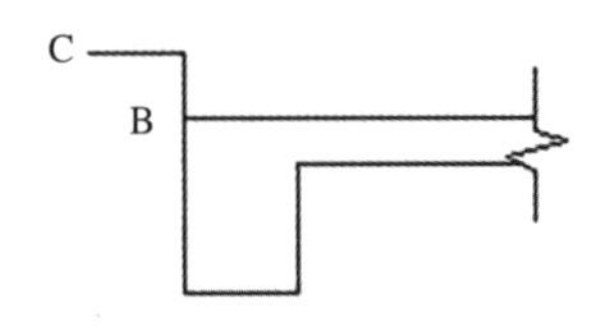

图 5-22　绘制平台板及梯梁轮廓线

第 5 步：用 F 圆角命令修剪多余线条，如图 5-23 所示。

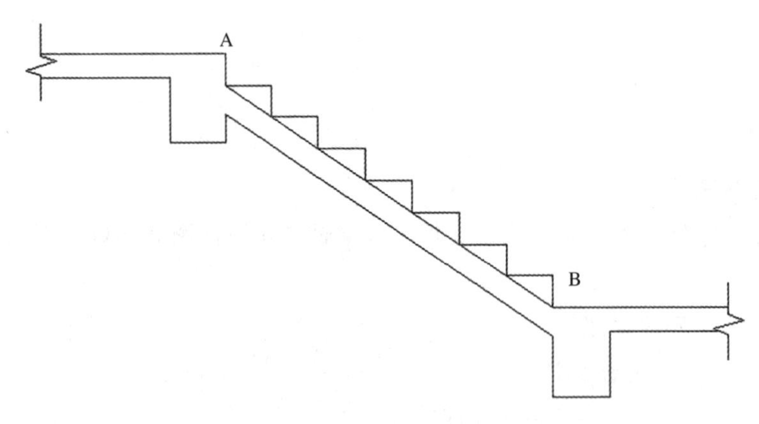

图 5-23　绘制梯段轮廓线

3. 绘制受力筋

纵筋采用粗实线，线宽为 0.5mm × 25=12.5mm；纵筋与轮廓线距离为 1mm × 25= 25mm。

第 1 步：当前层已经设置为钢筋层。

第 2 步：用 0 偏移命令，将梯板板底轮廓线向上偏移 25mm，再将 AB 线向下偏移 25mm 生成 A'B'，生成上下受力筋，如图 5-24 所示。

注：AB 线待尺寸标注结束后再删除。

第 3 步：用 XL 构造线命令绘制梯梁中心线，将板底钢筋线延伸至两端中心线，删除构造线。

第 4 步：用圆命令，以 A' 为圆心绘制半径为 210mm 的圆，以 B' 为圆心绘制半径为 210mm 的圆。

注：AA'、BB' 均垂直 A'B'。

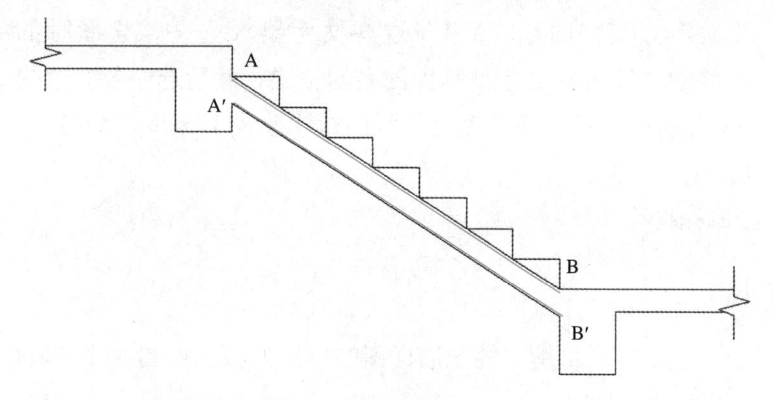

图 5-24 绘制受力筋

第 5 步：用 EX 延伸命令，将 AB' 延伸至圆，并用 L 直线命令自两端分别向下绘制 150mm 的直线。将下部纵筋延伸过梯梁边 125mm。如图 5-25 所示，删除圆。

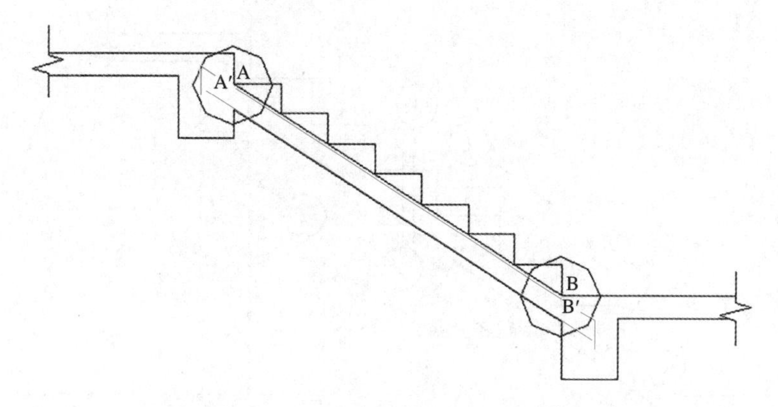

图 5-25 下部纵筋延伸过梯梁

第 6 步：用 PE 多段线偏移命令，将钢筋线修改为线宽 12.5mm 的粗实线。

第 7 步：用 DO 圆环命令绘制分布筋。

三、标注尺寸和文字

1. 尺寸标注

第 1 步：设置标注样式。

第 2 步：将当前层设置为尺寸层，按图纸要求进行尺寸标注。

2．文字标注

第 1 步：设置文字样式。

第 2 步：输入文字。将当前层设置为文字层。用 DT 命令可完成图中所有文字的输入。然后将其复制到其他位置，然后双击进行内容修改。

第 3 步：改文字高度。图名“AT1”这些文字要大一些，绘图时的实际高度为 125mm。可以先将刚才输入的文字复制到图名的位置，然后选中要修改的文字，输入：MO，空格，在对象特性对话框里将高度一栏的数字改成 125mm，同时对文字内容也一并做修改。

第 4 步：绘制标高符号。

【任务总结】

本任务结合工程实例，讲解了柱配筋详图的绘制方法。绘图顺序一般是先整体、后局部，先图样、后标注。

【任务拓展】绘制楼梯构造详图 AT2（图 5-26）。

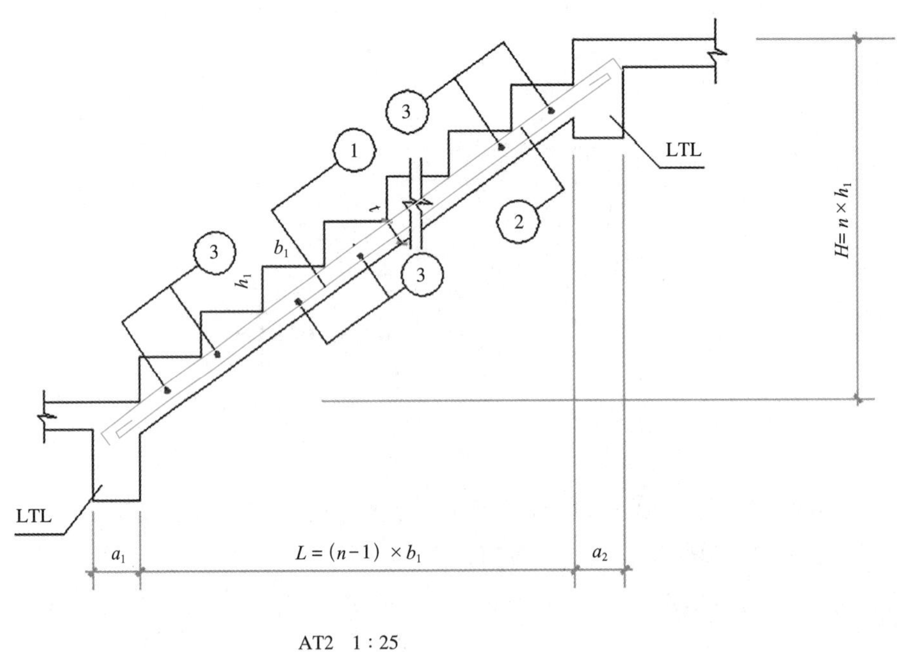

图 5-26　楼梯构造详图 AT2

TASK DEBRIEFING 任务报告

项目六 布局与打印输出

【项目说明】

在完成了图纸的绘制工作后，最后一项工作就是对图纸进行排版布局和输出打印。这个过程是将电脑中的图形文件转变成纸质的图纸，或者转变成其他形式的文件，以便于进一步地使用。要把绘制好的图形完整、规范地打印出来，还需要在打印前做好布局和页面设置、打印设置等准备工作。本项目培养学生严谨的职业精神和学以致用的实践能力。

任务 6.1 布局图纸

【任务内容】

1. 使用布局对图纸进行排版。
2. 在布局中进行页面设置。

【任务分析】

1. 充分使用布局空间的页面设置，以达到想要的图纸布局排版效果。
2. 能进行视口的设置。

【任务实施】

1. 布局页面设置

首先，在 ZWCAD 操作界面的左下方选择“布局 1”，进入图纸空间。如图 6-1 所示。

图 6-1 中的白色区域即为虚拟的图纸部分。图纸中间显示的实线框范围叫视口。默认状态下，一个布局空间只存在一个视口。视口是在图纸空间中显示模型空间图形的一个

窗口。我们可以把它想象成在图纸上打开了一扇虚拟的“窗口”。通过这个“窗口”，我们可以看到三维的模型空间中存在的图形图像。视口的形状、大小可以随意变换，不影响视口中显示的图形本身。在布局空间中，我们同样也可以对图形进行绘制的操作。

图 6-1　布局 1

对布局空间中的虚拟图纸本身进行设置和操作，我们可以在页面设置管理器中进行。右击操作界面左下角的“布局 1”，则会弹出菜单，如图 6-2 所示。

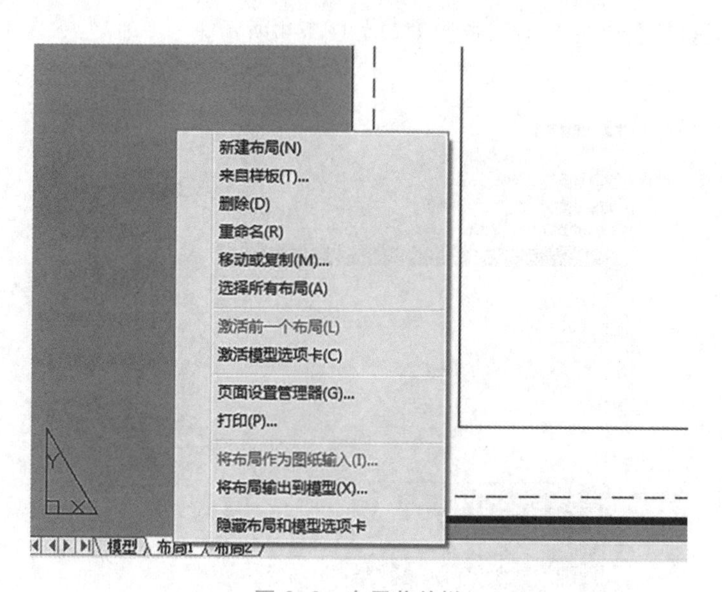

图 6-2　布局菜单栏

同样我们也可以在 ZWCAD 操作界面上方的“文件”下拉菜单中找到“页面设置管理器”进行选择。如图 6-3 所示。

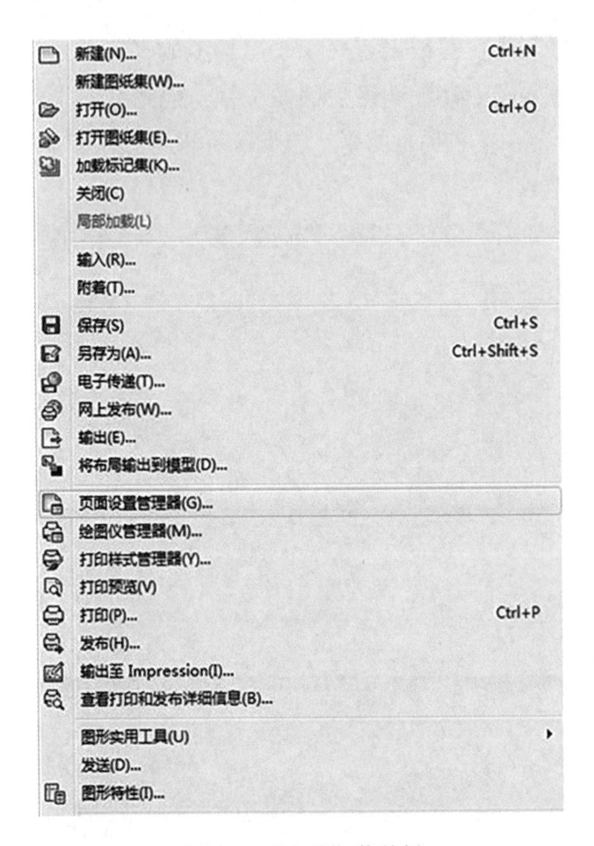

图 6-3 “文件”菜单栏

进入“页面设置管理器”后，弹出窗口如图 6-4 所示。

页面设置管理器
当前布局: 模型
页面设置(P)
当前页面设置: <无>
模型
置为当前(S)
新建(N)...
修改(M)...
重命名(R)
删除(D)
输入(I)...
选定页面设置的详细信息
设备名: 无
绘图仪: 无
打印大小: 215.9 x 279.4 毫米 纵向
位置: 不可用
说明: 在选择新的绘图仪配置名称之前，不能打印该布局。
创建新布局时显示
确定 取消

图 6-4 页面设置管理器

在页面设置管理器当中，我们可以对已有的布局进行修改设置。点击“修改”，则弹出“页面设置”窗口，如图 6-5 所示。

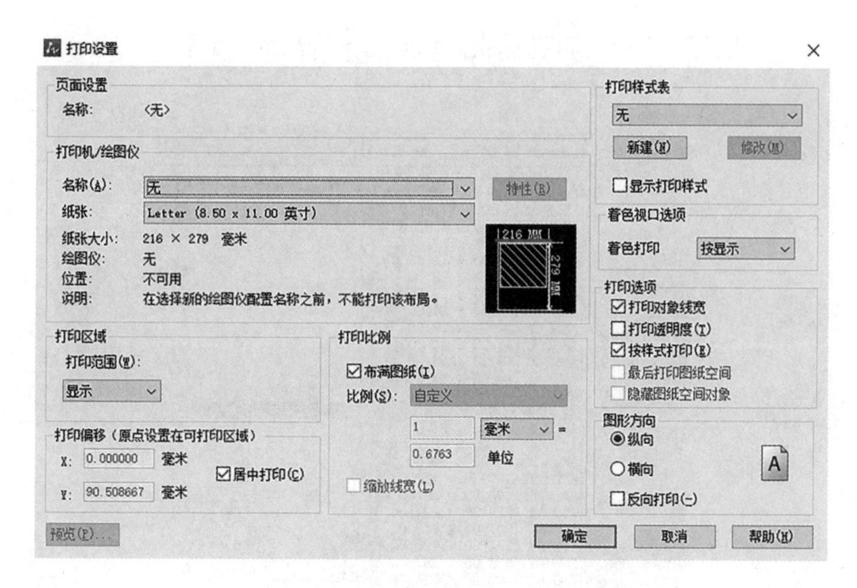

图 6-5　页面设置

2. 设置打印输出设备

在“页面设置”窗口中，我们可以预先对图纸输出打印的各种参数进行设置。例如选择“打印机 / 绘图仪”名称的下拉菜单，可以预先选定我们想要的打印输出设备。如图 6-6 所示。

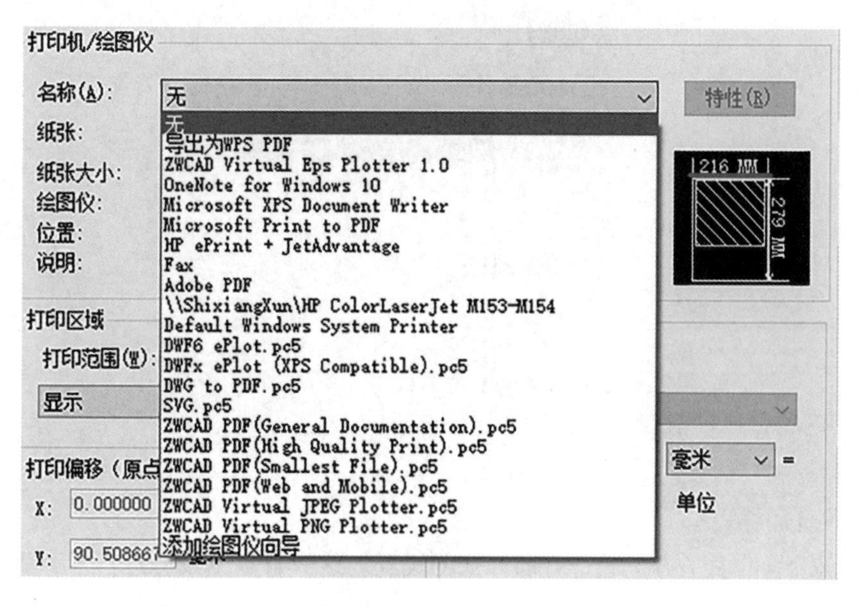

图 6-6　打印机 / 绘图仪

确定打印机或绘图机的配置后，下拉菜单右侧的“特性”可以打开绘图仪配置编辑器，对打印输出设备做进一步的设置。

3. 设置图纸尺寸

在“纸张”下拉菜单中，可以选择我们想要的图纸尺寸。如图 6-7 所示。

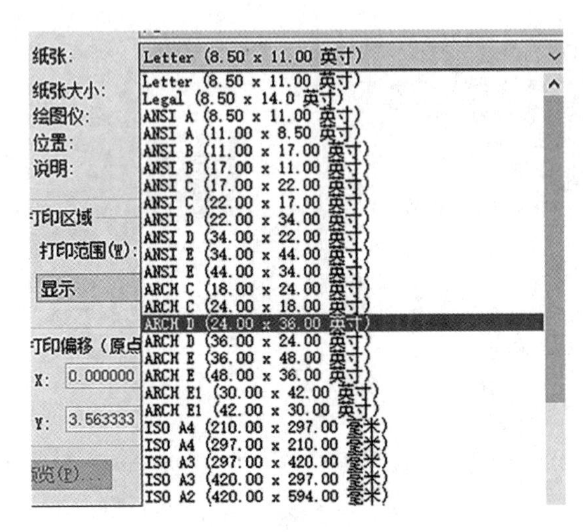

图 6-7　图纸尺寸

4. 设置打印比例

设置打印比例，在“比例”下拉菜单中选择自己想要的比例，同时设定好比例中的单位。一般在布局中，我们通常将打印比例设置为 1∶1，单位为毫米。如图 6-8 所示。

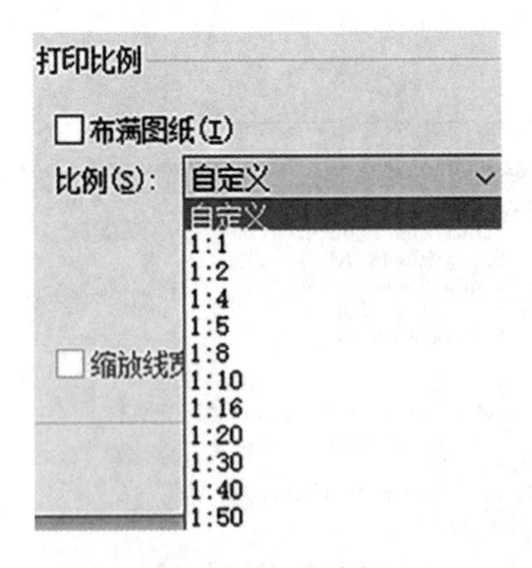

图 6-8　打印比例

5. 设置打印样式

在页面设置的右上方，进行打印样式的设置。这样有利于我们进行下一步的出图打印工作。如图 6-9 所示。

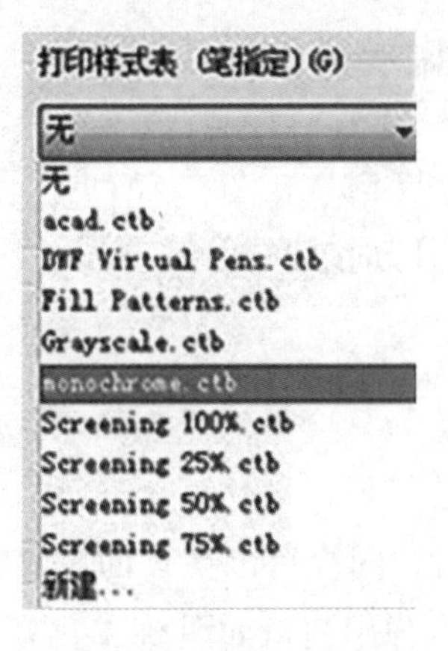

图 6-9　打印样式表

打印样式可以根据出图的需要进行设置。例如打印黑白图样则选择 monochrome.ctb 打印样式。选择样式后，还可以点击修改按钮，打开打印样式表编辑器，在该对话框中编辑打印样式的有关参数，如图 6-10 所示。

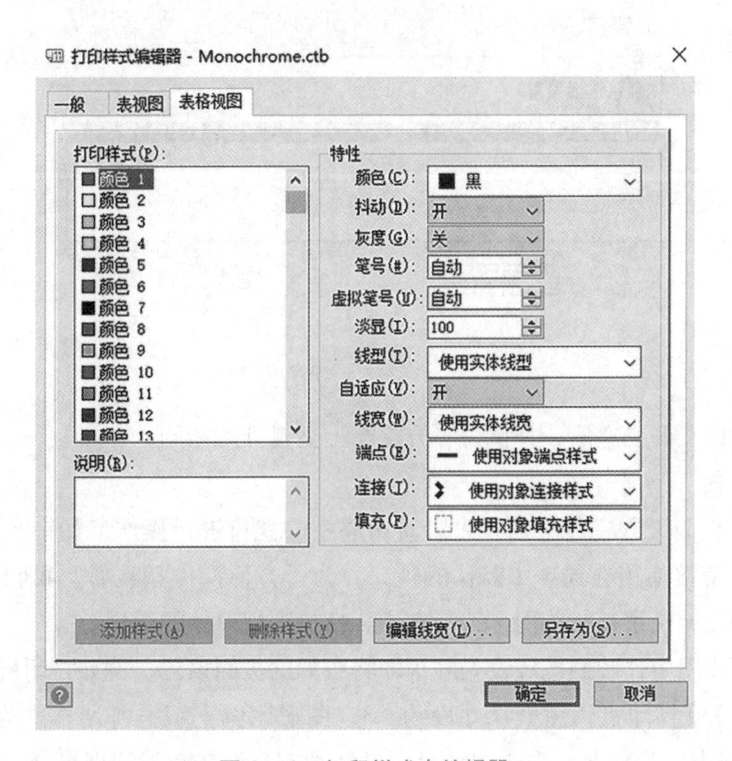

图 6-10　打印样式表编辑器

6. 设置图形方向

在页面设置右下方还可以设置图形方向，方便我们调整图纸的横竖摆放。如图 6-11 所示。

图 6-11　图形方向

7. 新建页面设置

当我们需要新建页面设置时，同样可以在页面设置管理器中进行操作。在页面设置管理器的对话框中选择“新建”，弹出窗口如图 6-12 所示。

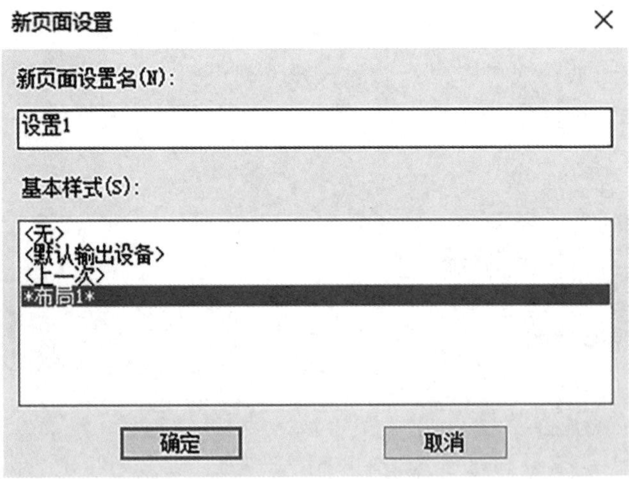

新页面设置

新页面设置名(N):

设置1

基本样式(S):

<无>
<默认输出设备>
<上一次>
布局1

确定　取消

图 6-12 新建页面设置

新建页面设置命名之后，具体设置方法与上文提到的相同。

8. 视口设置

将布局的页面设置完成之后，可以对布局中的视口进行操作。如果布局只需要一个视口，则可以直接使用布局 1 中默认的视口。为了方便操作和观看，我们可以将视口的范围放大一些。无论视口的范围多大，都不会影响到视口中的图形。

在之前的步骤中，我们已经设置好了即将布局的页面设置。例如打印机选择了 Canon Bubble-Jet BJ-330 打印机，图纸尺寸设为 A3，图形比例 1 : 1，打印样式为 monochrome.ctb 样式，图形方向为横向。由于图纸尺寸已经确定，而在布局的视口中，图形的大小可以利用鼠标滚轮自由调整。因此视口中的图形在图纸上显示出来的比例是不确定的，如图 6-13 所示。

在布局中，我们可以看到视口的实线框和虚拟图纸的边界。双击视口实线框内的范围，就可以激活该视口。此时等同于在图纸空间的视口内进入了模型空间，对视口内显

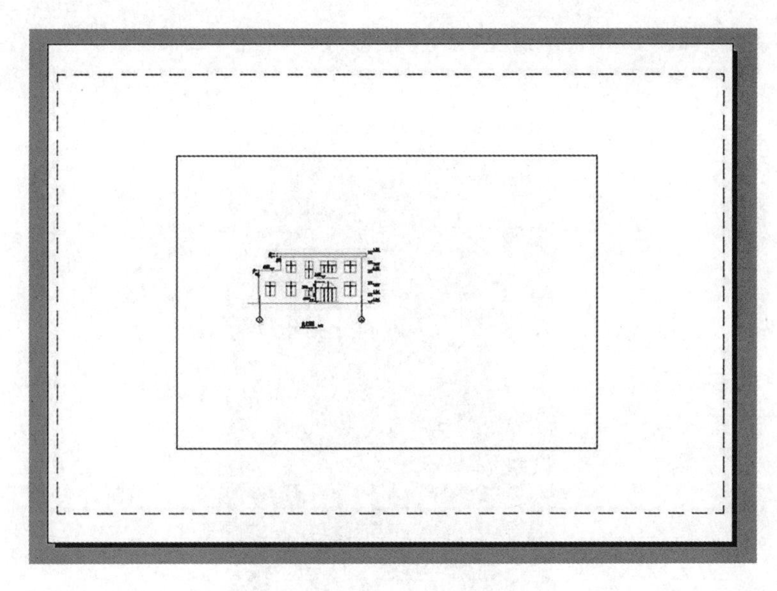

图 6-13　布局 1

示的图形进行操作，其操作方式和模型空间内的绘图方式相同；双击视口实线框外的范围，则回到了布局的图纸空间，只能对视口的位置、形状和范围进行操作，不能影响到视口内显示的图形。

为了按照准确的比例进行出图打印，我们可以通过直接控制视口来设定。设图纸的出图比例为 1∶100。这时候我们要对视口的特性进行设置。选取视口的实线框，即选定该视口，如图 6-14 所示。

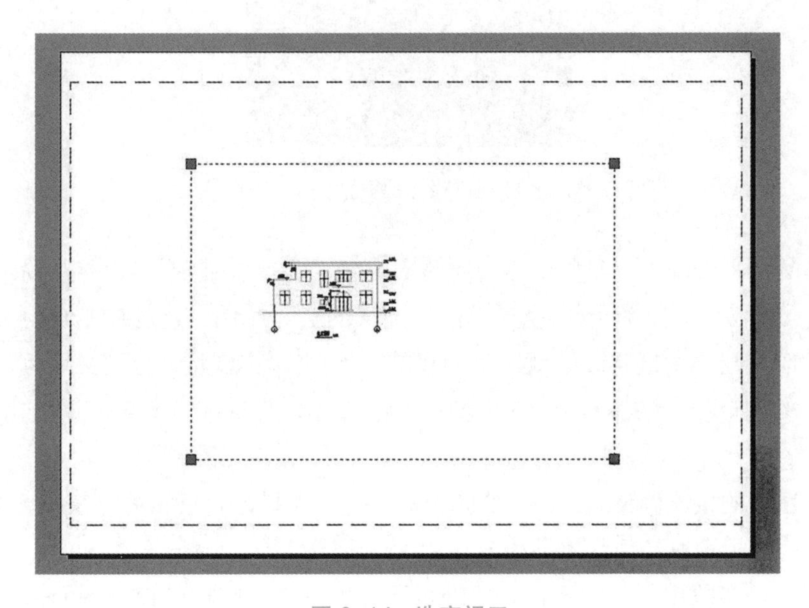

图 6-14　选定视口

执行“特性”命令，可以看到视口的特性窗口，如图 6-15 所示。

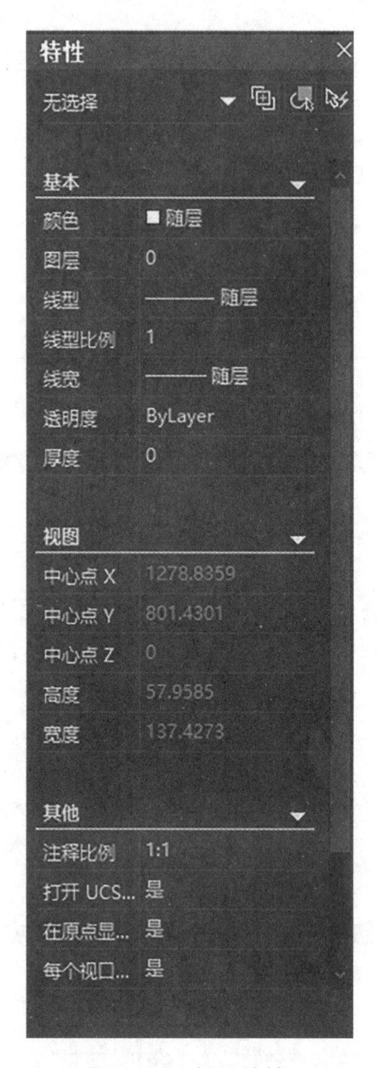

图 6-15　视口特性

在视口的特性管理中，我们主要关注两个内容：“自定义比例”和“显示锁定”。图中显示的自定义比例为当前状态下视口内图形缩放的实际比例。通过控制自定义比例，就能够达到控制布局中图纸实际缩放比例的目的。按照 1∶100 将“自定义比例”改为 0.01 后，视口中的图形就会按照对应 A3 虚拟图纸的大小，自动缩放为 1∶100 的比例。如图 6-16 所示。

此时，图纸的按比例布局已经完成。若要预览出图打印效果，可以在图 5-4 中所示的打印选项卡中选择预览。预览效果如图 6-17 所示。

由于在第一步骤中，我们已在布局的页面设置里将打印样式设为 monochrome.ctb 样式。因此彩色的图形在出图打印时将会变成黑白图样。

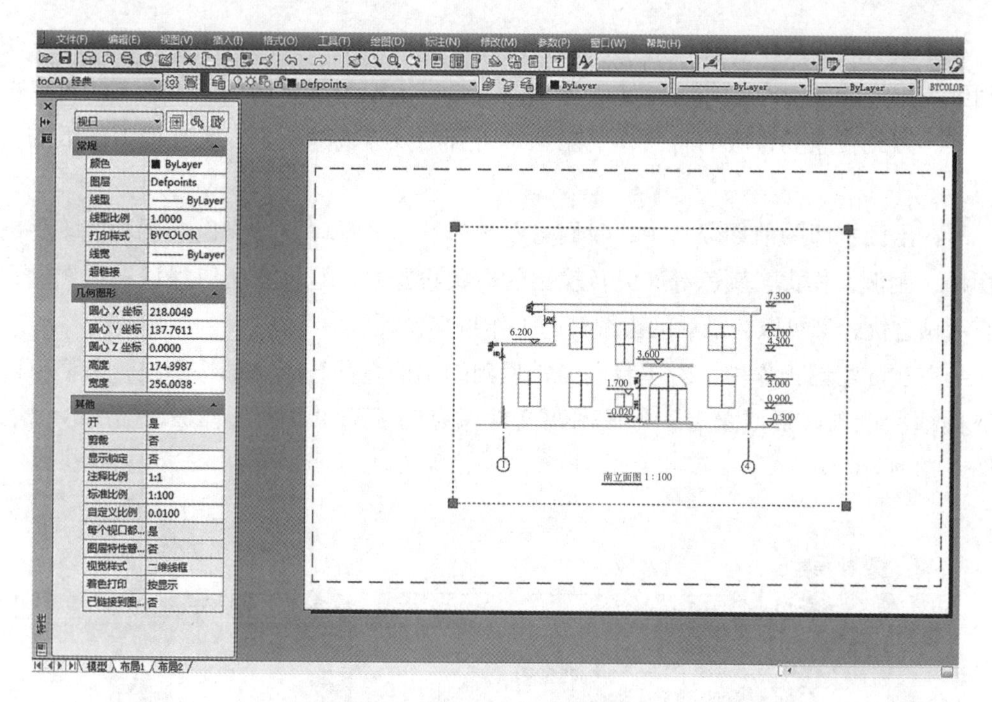

图 6-16　自定义比例视口

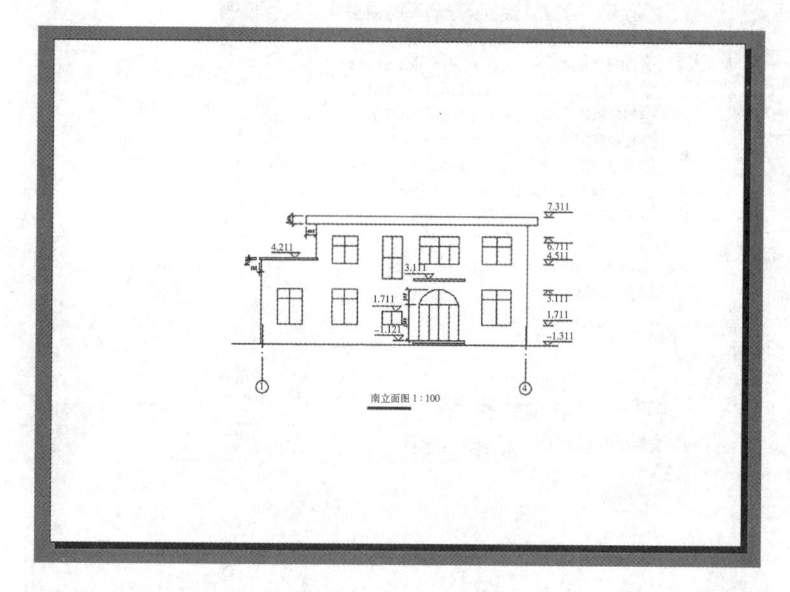

图 6-17　打印预览

【任务总结】

1. 利用布局对 ZWCAD 中的图形文件进行排版布置时，首先要按照 1∶1 的比例进行绘图。这样在绘图时方便，同样在使用图纸空间进行布局和出图打印的时候也很方便。在绘图比例 1∶1 的基础上，页面设置的打印比例同样也需要设置为 1∶1。

2. 在图纸的布局中，视口的范围是可以超过虚拟图纸本身的大小的。但是摆放在虚拟图纸范围外的图形在打印时是无法显示的，只有虚拟图纸范围内的图形，才可以被打印出来。因此在布局排版的时候，要注意将所有的视口内的图形放置在虚拟图纸的范围以内。

3. 在出图打印的前期准备中，我们可以预先利用 ZWCAD 本身的布局功能，将出图的图幅、比例、样式、颜色等，以及输出的方式设置好。这样既可以保证在绘图过程中没有后顾之忧，又可以为最后的出图打印工作带来便利。

4. 在实际绘图工作中，对于我们经常用到的出图页面设置和图幅图框，我们可以绘制完图框和设置好页面之后，将该图幅文件保存为 ZWCAD 图形样板，即 *.dwt 格式。如图 6-18 所示。

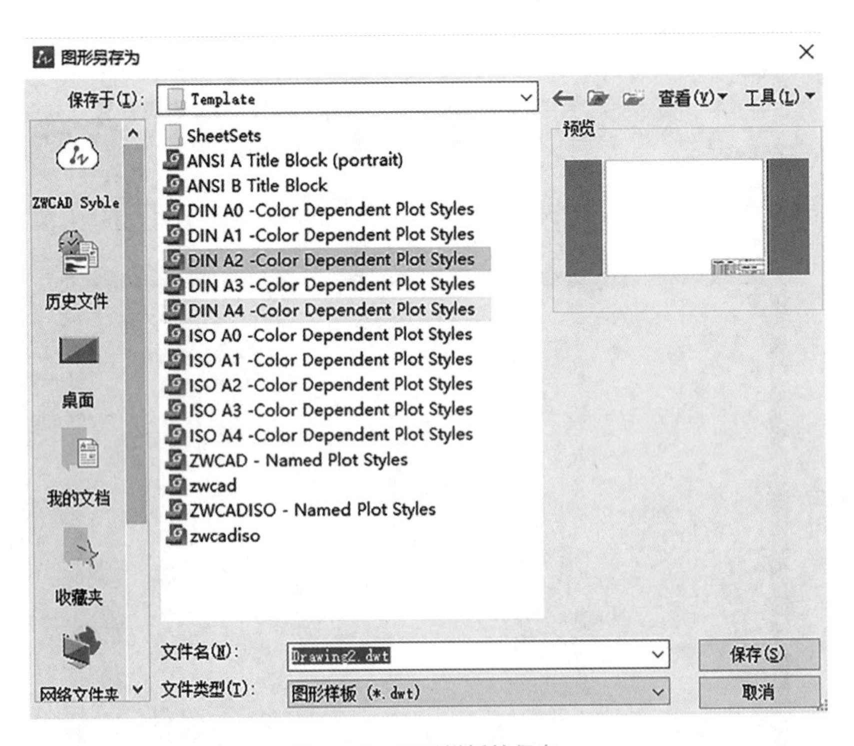

图 6-18　图形样板的保存

保存了常用的图形样板文件之后，以后每次绘制相同页面设置的图纸时只要用该图形样板新建文件就可以再次使用，不需要重复设置。

【任务拓展】

现有已绘制完成的 ZWCAD 图形文件，包括一个建筑平面图和一个建筑详图。要求用 A2 图幅进行出图，建筑平面图的比例为 1∶100，建筑详图的比例为 1∶10。试利用两个不同的视口对图纸进行布局。

任务 6.2 输出打印

【任务内容】

对任务一中已经完成布局的图纸进行出图打印。

【任务分析】

1. 会进行绘图仪的管理和添加。
2. 会进行打印的设置，并完成出图打印。

【任务实施】

一、执行打印命令

在 ZWCAD 操作界面下执行打印命令，有多种操作方式如下：

（1）命令行：PLOT

（2）下拉菜单：“文件”→“打印”

（3）工具栏：“标准”工具栏→“打印”按钮

进入“打印”命令后，屏幕显示“打印”对话框，按下右下角的按钮，将对话框展开，如图 6-19 所示。

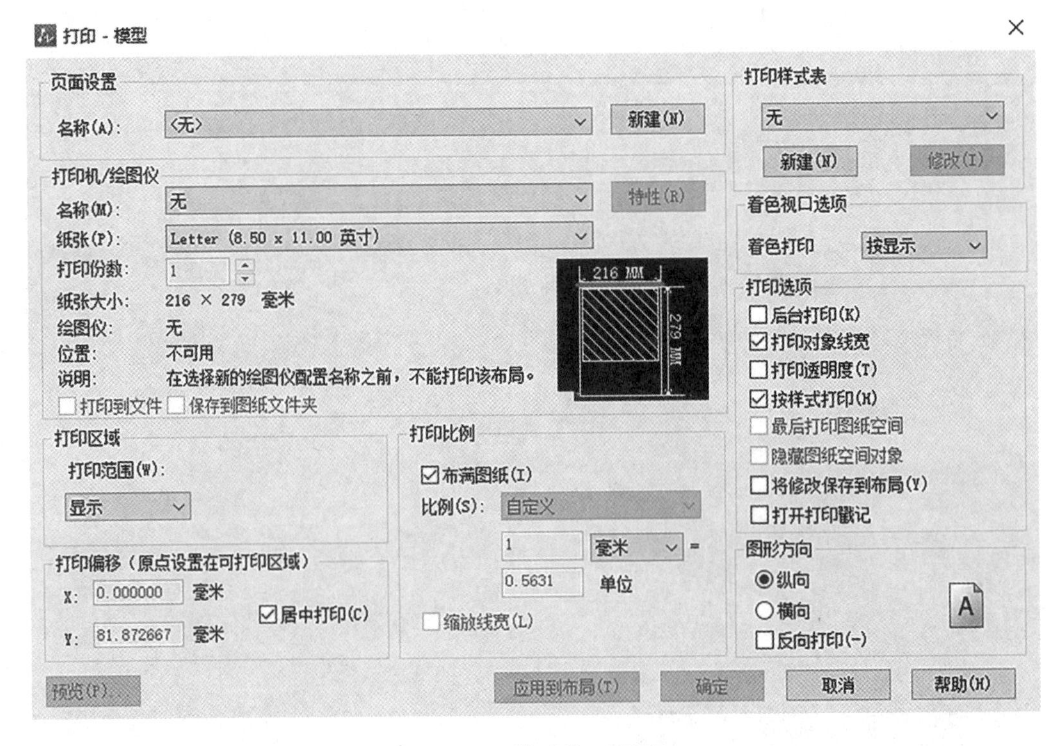

图 6-19 “打印”对话框

该对话框与布局中的图 6-6“页面设置”类似。要注意的是，布局中的页面设置，是对整个布局进行设置，设置之后该布局的每次打印都将按照页面设置的情况进行。而在打印命令中进行设置，只是针对本次打印命令进行设置，不影响之前已经设置好的布局页面设置和下一次打印的设置。

二、设置打印区域

按照之前在布局中介绍的页面设置的方法，同样对打印进行设置，选取合适的打印机、图纸尺寸、打印样式、打印比例和图形方向。除此以外，还需要设置打印区域。

打印区域的设置是为了控制在已经完成的中望 CAD 图形文件中需要打印出来的范

围。点击打印范围下的下拉菜单，如图 6-20 所示。

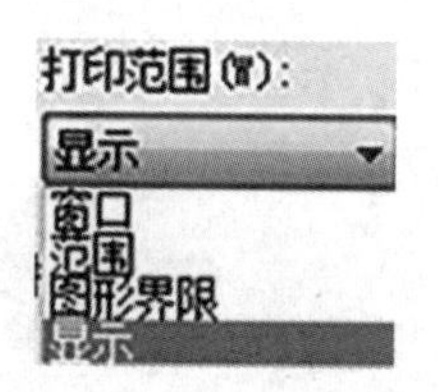

图 6-20 打印范围（一）

对于打印范围内的几种选择，情况如下：

（1）“窗口”选项：用矩形框来选定打印范围的大小。点击“窗口”按钮，可在模型空间内框选要打印的范围。这种操作方式简单方便，易于掌握。

（2）“范围”选项：该选项的打印范围与“范围缩放”命令相似，用于告诉系统打印当前绘图空间内所有包含对象的部分。当模型空间内的所有图形均需要打印，并且已经在模型空间内排布好之后，可以使用该选项。

（3）“图形界限”选项：控制系统打印当前层或由绘图界限所定义的绘图区域。该选项需要提前设置图形界限。

（4）“显示”选项：将当前中望 CAD 操作界面的模型空间所显示的图形进行打印。该操作方式精确度较低，不宜使用于精确打印。

以上四种打印范围的选择，均为在模型空间下执行“打印”命令的情况下使用。若要打印布局，则需要先进入布局空间后再执行“打印”命令。

1. 打印偏移设置

打印偏移是用来确定图形在图纸上的打印位置。

（1）“居中打印”复选框：用于控制是否居中打印。

（2）“X”“Y”文本框：用于控制 X 轴和 Y 轴打印偏移量。

2. 打印比例设置

打印比例的设置方法，与页面设置中的方法相同。我们可以根据出图比例的需要自由设置打印比例。

另外需要注意的是，打印比例中的“布满图纸”勾选之后，中望 CAD 为自动将打印范围布满整张选定的图纸，其打印比例自动计算。在有准确打印比例的要求下，不得使用“布满图纸”的功能。

3. 打印样式设置

打印样式的设置方法参照任务一中的布局页面设置方法。

4. 打印预览

在设置好各种打印参数之后，可以通过“打印”对话框左下角的“预览”按钮进行打印预览。打印预览是一个非常好用的功能命令。通过打印预览，我们可以在出图打印之前预先观察文件打印的设置情况是否与自己的需要相符。对于不符之处，可以再次进行调整和设置。当预览情况符合要求之后，可以确认执行打印命令，进行出图打印。

在进行虚拟打印时，点击确认后，系统会自动弹出对话框，如图 6-21 所示。

图 6-21 打印范围（二）

此时系统需要对输出打印所产生的新图像文件进行命名和保存。通过该对话框可以将输出的文件进行保存。中望 CAD 提供了多种虚拟打印的方式。通过输出打印，我们可以将中望 CAD 图形文件转换为 XPS、JPG、PNG、PDF 等多种格式的文件。

【任务总结】

1. 在中望 CAD 的输出打印过程中，对于图形中某些不需要打印出来的部分，我们可以专门设置图层，将其全部归到该图层下，然后在图层特性管理器当中把该图层设为非打印状态。这样就能够对图形文件方便地进行选择是否需要打印。

2. 在输出打印前，应当对图纸进行检查，查看是否有跑字、丢字、图形移位和尺寸标注移位、图形文件版本不兼容等情况。充分利用打印预览命令可以有效地预防打印错误的发生。

【任务拓展】

1. 将任务一中已布局的图形文件用 A3 纸进行打印，打印比例为建筑平面图 1 : 200、建筑详图 1 : 20，打印样式为 monochrome.ctb 样式。

2．将任务一中已布局的图形文件进行虚拟打印，形成 JPG、PNG、XPS 文件各一份，要求用 A2 图幅，打印比例为建筑平面图 1∶100、建筑详图 1∶10，打印样式为 monochrome.ctb 样式，居中打印，使用窗口选定打印范围。

项目七
结构模型三维转换

【项目说明】

建筑模型是一种三维立体模型，可以直观地体现图纸信息，弥补图纸在表现上的局限性。常用的三维设计软件有 Auto CAD 基本三维设计、Pro/E、3ds Max、Autodesk Revit、中望 3D One 等。在掌握 CAD 绘图技巧的基础上，通过三维设计软件快速从二维到三维，建立三维模型，可以将建筑设计可视化，更好地理解和展示做法与结构，培养和提升学生三维空间想象能力和创新设计技能。为了使初学者更容易操作和掌握三维建模，本教材主要介绍中望 3D One Plus。

任务 7.1　女儿墙节点模型创建

6. 女儿墙节点模型创建

【任务内容】

使用 3D One Plus 创建女儿墙节点模型，完成效果如图 7-1 所示。

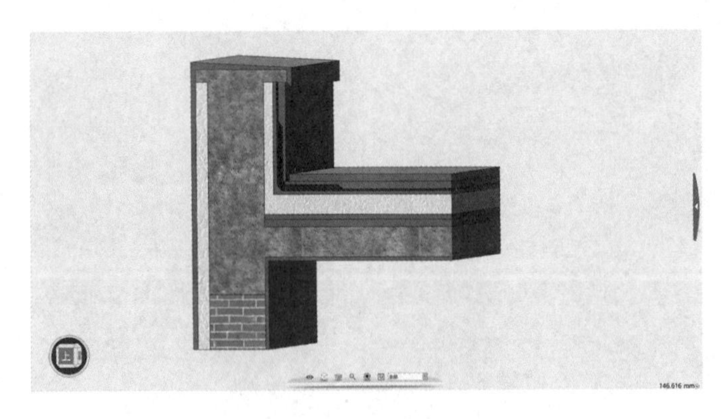

图 7-1　女儿墙节点模型

【任务分析】

1. 了解 3D One Plus 软件工作界面；

2. 通过练习，掌握女儿墙节点二维底图处理方式；

3. 通过练习，掌握女儿墙节点转化为三维模型的方式。

【任务实施】

一、认识 3D One Plus

3D One Plus 是中望软件依托自主三维 CAD 核心技术研发的三维创意设计软件，拥有工业级的设计功能，旨在开拓数字建模思维，引领创新能力发展，为其营造更贴近岗位需求、就业要求的学习环境。3D One Plus 的主要功能有以下几点：

1. 实体创建

支持空间任意位置创建六面体、球体、圆环体、圆柱体、圆锥体、椭球体等基本实体。

2. 曲面建模

支持空间任意位置、任意角度建立平面；支持三维空间自由绘制、编辑曲线；空间曲线即可构建曲面，控制点即能随意变形曲面。

3. 特征造型

通过拉伸、旋转、扫掠、放样、圆角、倒角、拔模等功能快速完成创意模型搭建，支持使用对三维模型进行抽壳、扭曲、弯折、锥削等特殊功能对三维模型进行编辑修改。

4. 视觉优化

支持运用颜色、透明度、材质贴图、渲染等功能将三维模型可视化，优化作品视觉效果。

5. 3D 打印

方式灵活，内置多家 3D 打印机分层软件的接口，无需格式转换，一键完成模型导入至打印机的分层软件；可选择全部或特定对象打印，实现零件精准替换或拼装。

二、认识软件的工作界面

1. 打开 3D One Plus 程序，如图 7-2 所示，文件菜单可以新建、打开、导入、另存为、导出文件。

2. 绘图工具命令栏具有创建基本实体、绘制草图、空间曲线描绘、特征造型、基本编辑、组合编辑等功能。

3. 视图导航可以切换正视图与透视图，调整模型视图。

4. 视图工具栏可以对齐视图，调整模型渲染模式；具有显示与隐藏视图，锁定实体，缩放整图与 3D 打印功能。

5. 资源库具有进入 3D One 社区、贴图、切换材质与场景、插入电子件等功能。

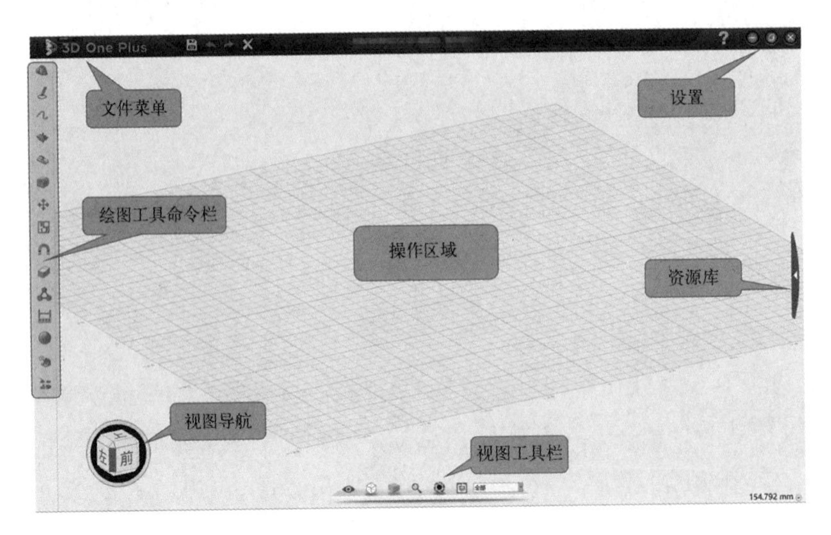

图 7-2　3D One Plus 操作界面

三、鼠标硬件操作

1. 单击鼠标左键可进行命令操作、定点操作和选择操作；选择物体，双击物体边缘或面可出现对应命令。

2. 长按鼠标中键并滑动可平移视图；滚动中键可放大和缩小视图；点击鼠标中键可重复上一次命令。

3. 长按鼠标右键并滑动可旋转视图。

四、女儿墙节点二维底图处理

1. 绘制女儿墙节点详图

根据项目四建筑详图绘制方法，绘制女儿墙节点详图，如图 7-3 所示。

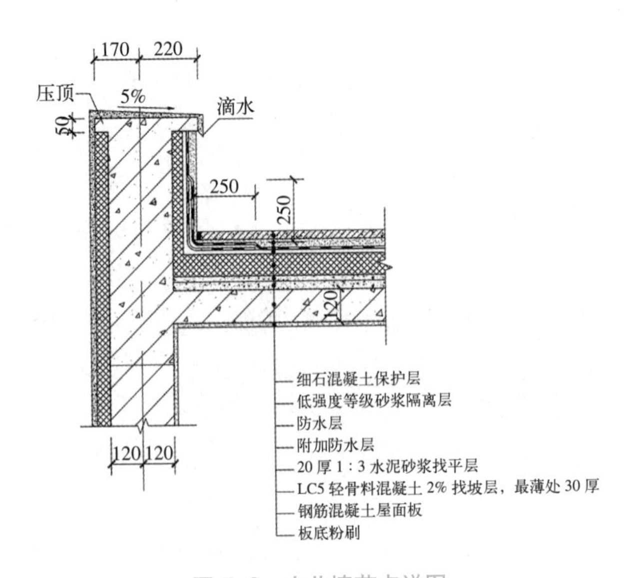

图 7-3　女儿墙节点详图

2. 删除标注文字、填充

使用“图层隔离（LAYISO）”命令隔离标注和文字图层。全选整个图形删除所有的标注、文字、填充，使用“取消图层隔离（LAYUNISO）”命令取消图层隔离，如图 7-4 所示。

3. 二维底图编辑

使用“直线（LINE）”命令使图形闭合，利用“偏移（OFFSET）”命令，偏移出防水上下轮廓，通过修改线型比例及线型，完成防水材料轮廓处理，如图 7-5 所示。

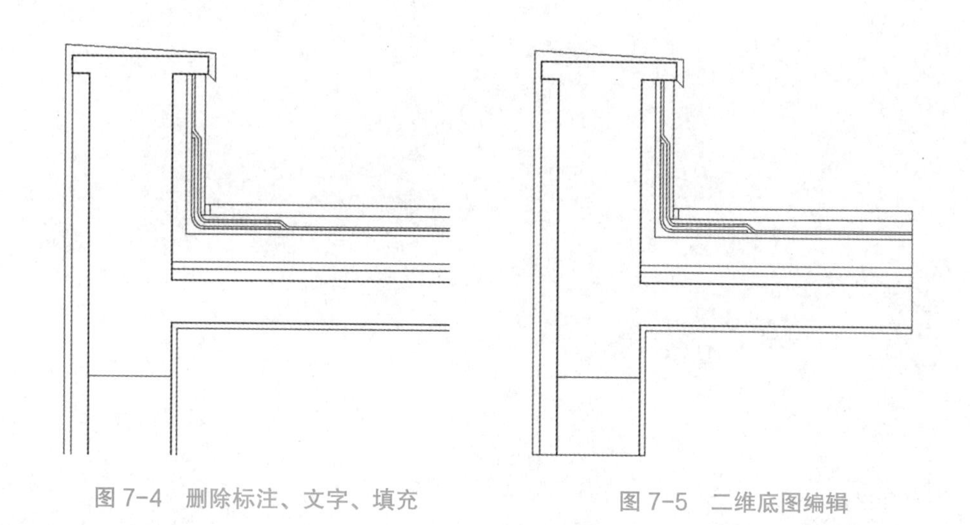

图 7-4 删除标注、文字、填充　　　图 7-5 二维底图编辑

4. 边界选取及爆炸处理

切换图层颜色为红色，使用“边界（BOUNDARY）”命令依次选取边界以形成封闭区域，使用“移动（MOVE）”命令将形成的封闭区域依次移动并进行爆炸处理，如图 7-6 所示。

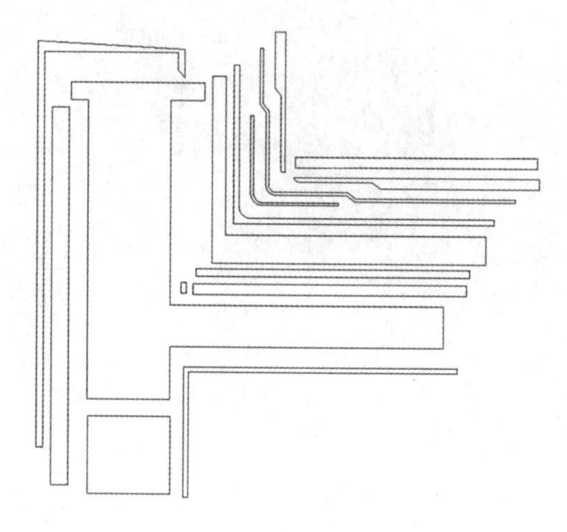

图 7-6 边界选取及爆炸处理

五、女儿墙节点模型创建

1. 底图导入

打开 3D One Plus 点击“草图绘制”命令中的“矩形”进入草图空间，点击键盘“ESC”取消矩形绘制并保持在草图空间内；打开 CAD 选择爆炸后图形，点击键盘组合键“CTRL+C”复制底图；切换至 3D One Plus 草图空间内，点击键盘组合键“CTRL+V”粘贴底图；点击“完成”命令退出草图空间，如图 7-7 所示。

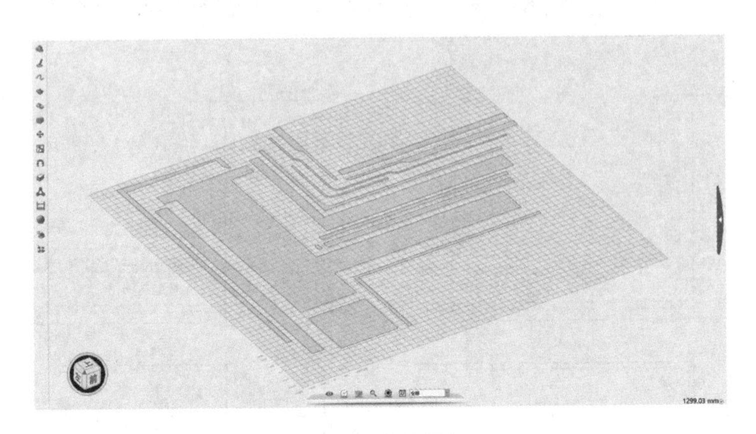

图 7-7　底图导入

2. 实体创建

旋转视图至合适位置，点击“特征造型”命令中“拉伸”命令，选择轮廓为二维底图，输入拉伸长度 800，点击确认，如图 7-8 所示。

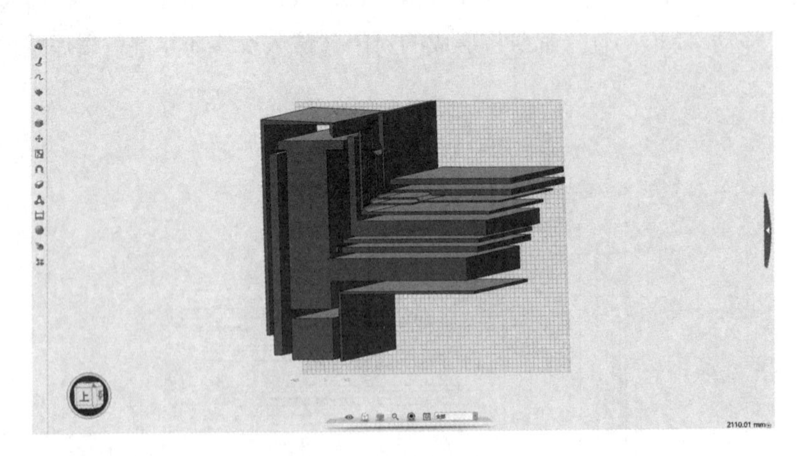

图 7-8　实体创建

3. 模型组合

旋转视图为上视图，点击“基本编辑”命令中“移动”命令，选择实体、起始点与目标点，将爆炸的三维模型移动组合，如图 7-9 所示。

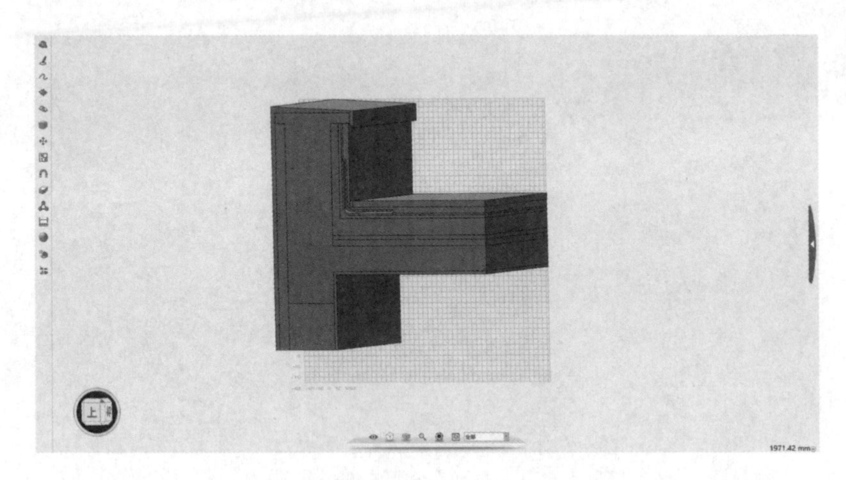

图 7-9　模型组合

4. 材料贴图

点击“资源库”中“视觉样式”，在贴图中选择适当的材料贴图，对模型的面进行贴图，贴图选面时，同时摁住键盘“SHIFT”键则会全选该实体所有面。

【任务总结】

1. 通过教师课堂演示讲解，让学生了解 3D One Plus 软件；

2. 通过练习，掌握创建建筑节点三维模型的方式。

【任务拓展】

创建如图 7-10 所示的屋面出入口建筑节点模型。

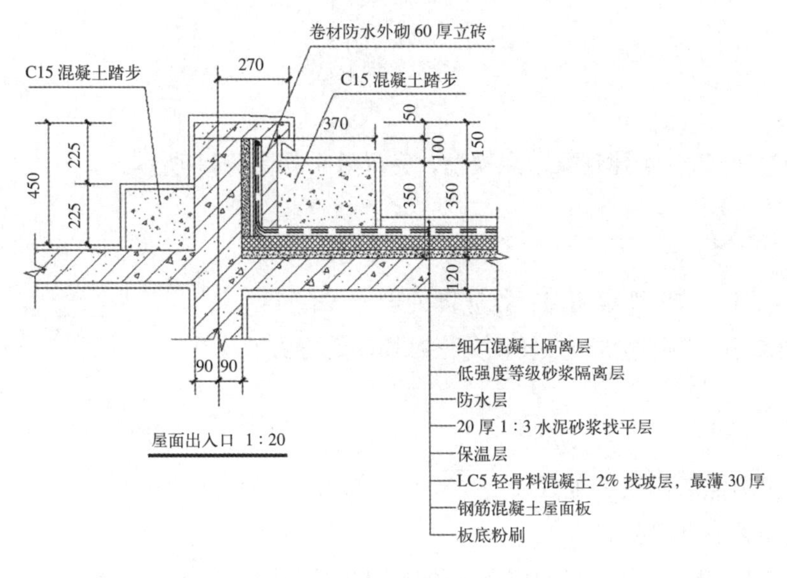

图 7-10　屋面出入口

TASK DEBRIEFING 任务报告

任务7.2　连梁节点模型创建

【任务内容】

使用 3D One Plus 创建连梁节点模型，完成效果如图 7-11 所示。

【任务分析】

1. 通过练习，掌握连梁节点二维底图处理方式；
2. 通过练习，掌握连梁节点转化为三维模型的方式。

【任务实施】

一、连梁节点二维底图处理

1. 绘制连梁节点详图

根据图 7-12 提供的结构详图信息，绘制 LL1 纵剖图，如图 7-13 所示。

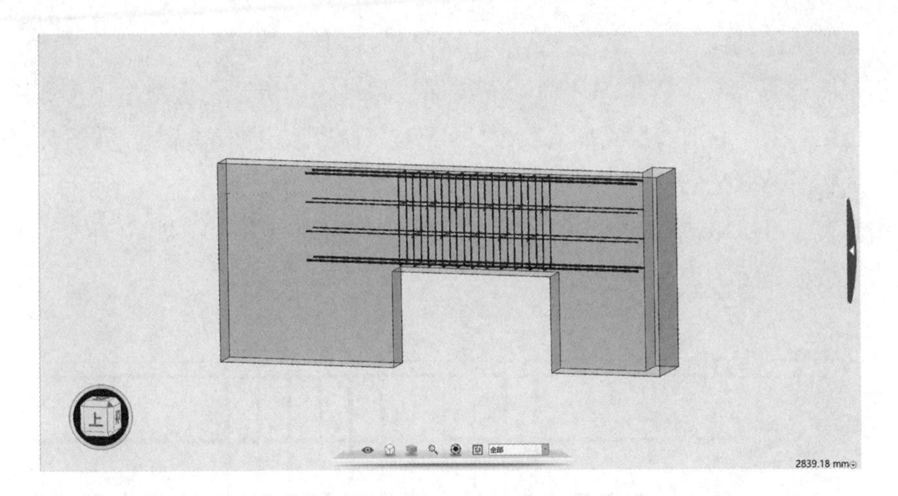

图 7-11　连梁节点模型

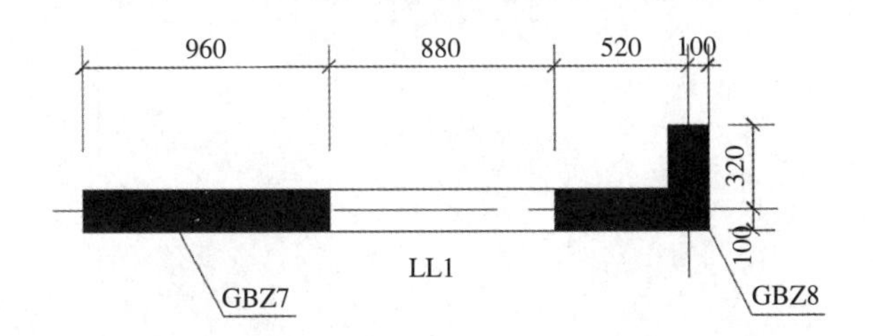

剪力墙梁表							
梁号	楼层	梁顶相对标高高差	梁截面	上部纵筋	下部纵筋	腰筋	箍筋
LL1	5~8 层	0.000	200×670	2Φ16	2Φ16	4Φ10	Φ8@100（2）

注：混凝土强度等级 C35，抗震等级三级，保护层厚度 20mm。

图 7-12　LL1 结构详图

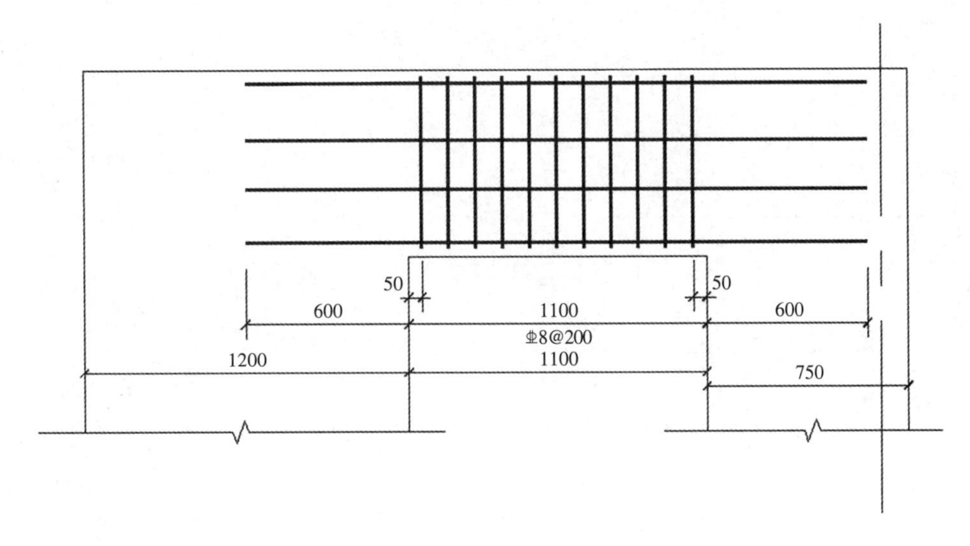

图 7-13　LL1 纵剖图

2. 删除标注、轴线

使用“图层隔离（LAYISO）”命令隔离标注和轴线图层。全选整个图形删除所有的标注和轴线，使用“取消图层隔离（LAYUNISO）”命令取消图层隔离，如图 7-14 所示。

3. 二维底图编辑

使用“直线（LINE）”命令使图形闭合，利用“分解（EXPLODE）”命令，将所有钢筋分解为直线，如图 7-15 所示。

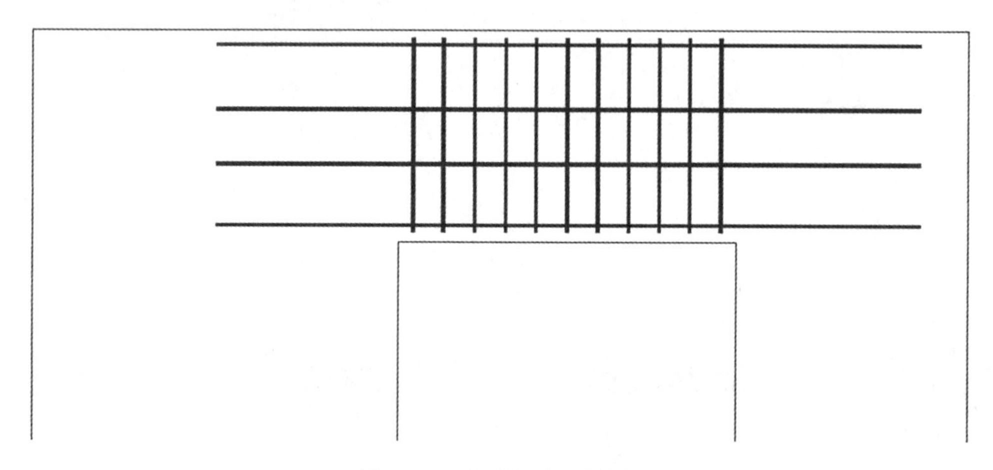

图 7-14　删除标注、轴线

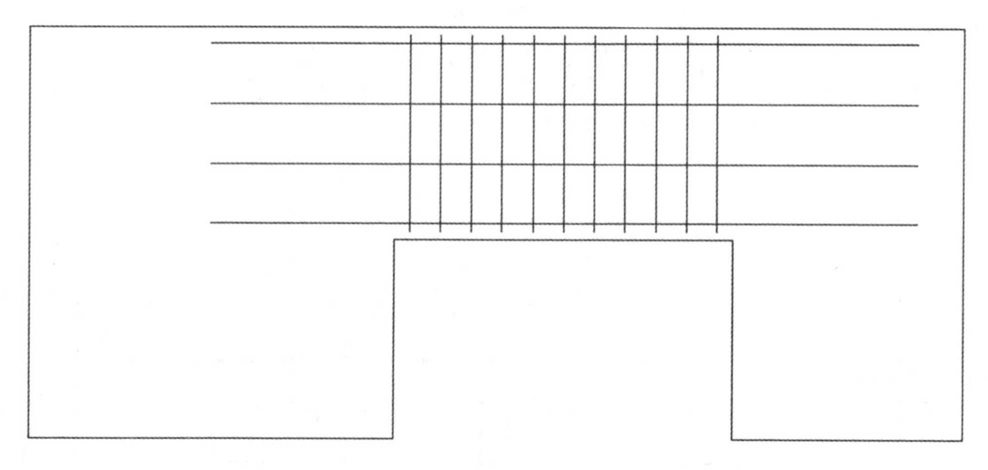

图 7-15　二维底图编辑

二、连梁节点模型创建

1. 底图导入

打开 3D One Plus 点击“草图绘制”命令中的“矩形”进入草图空间，点击键盘“ESC”取消矩形绘制并保持在草图空间内；打开 CAD 选择图形，点击键盘组合键“CTRL+C”复制底图；切换至 3D One Plus 草图空间内，点击键盘组合键“CTRL+V”粘贴底图；点击“完成”命令退出草图空间，如图 7-16 所示。

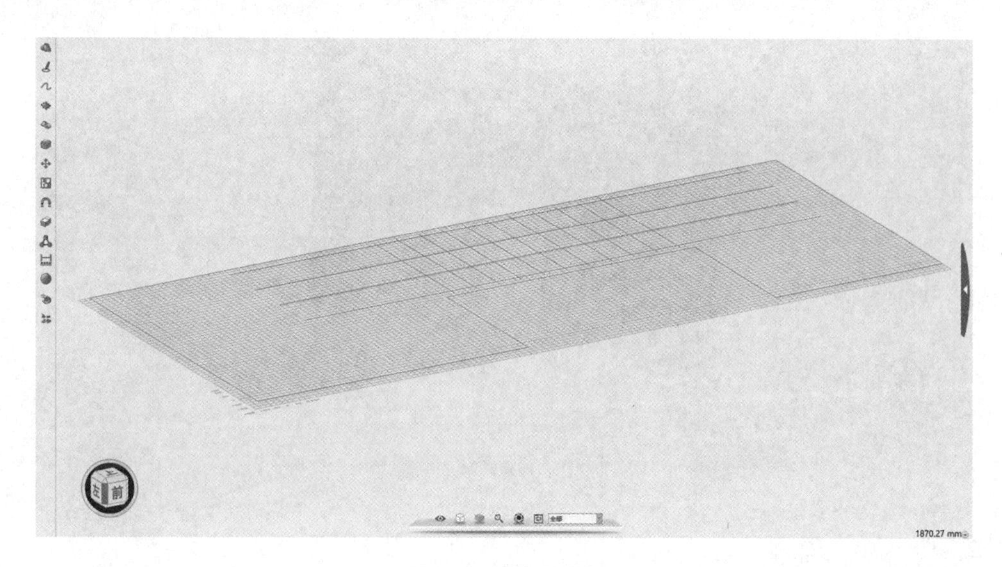

图 7-16　底图导入

2. 结构轮廓面创建

切换视图为上视图，点击“草图绘制”中的“直线”命令，描绘底图结构轮廓，点击确认形成结构轮廓面，如图 7-17 所示。

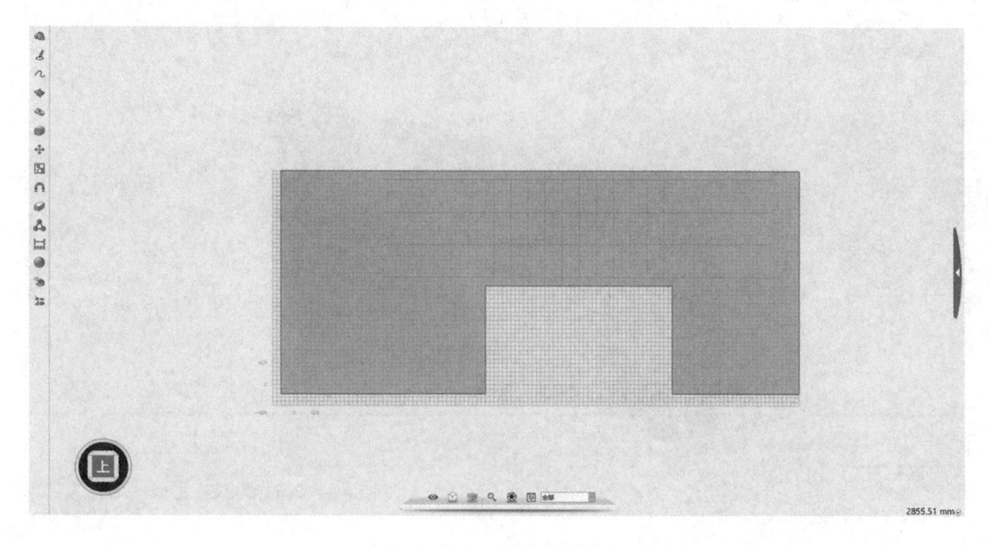

图 7-17　结构轮廓面

3. 结构轮廓体创建

旋转视图至合适位置，点击“特征造型”命令中“拉伸”命令，选择结构轮廓面，输入拉伸长度 200，点击确认。如图 7-18 所示。

图 7-18　结构轮廓体创建

4. 结构轮廓体完善

旋转视图至合适位置，点击“草图绘制”中的“矩形”命令，根据 GBZ8 位置及尺寸信息，选择正确参考面并绘制宽度为 200 的矩形结构轮廓面；点击“特征造型”命令中“拉伸”命令，选择矩形结构轮廓面，输入拉伸长度 220，创建结构轮廓体；点击“组合编辑”命令，依次选择基体和合并体，完成结构轮廓体组合。如图 7-19 所示。

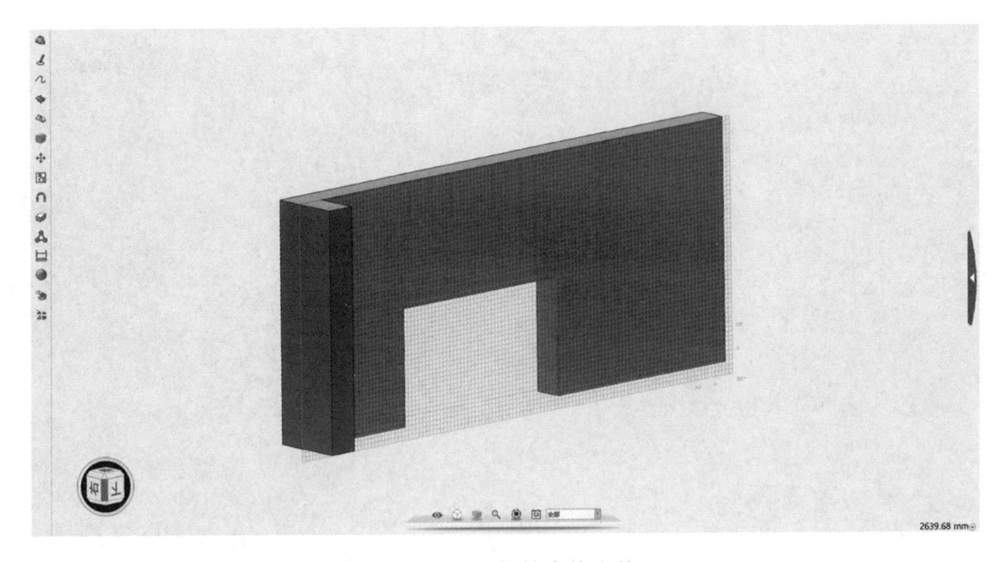

图 7-19　结构轮廓体完善

5. 连梁纵筋模型创建

(1) 点击视图工具栏中“显示 / 隐藏”命令，点击“隐藏几何体”命令，选择结构轮廓体进行隐藏，如图 7-20 所示。

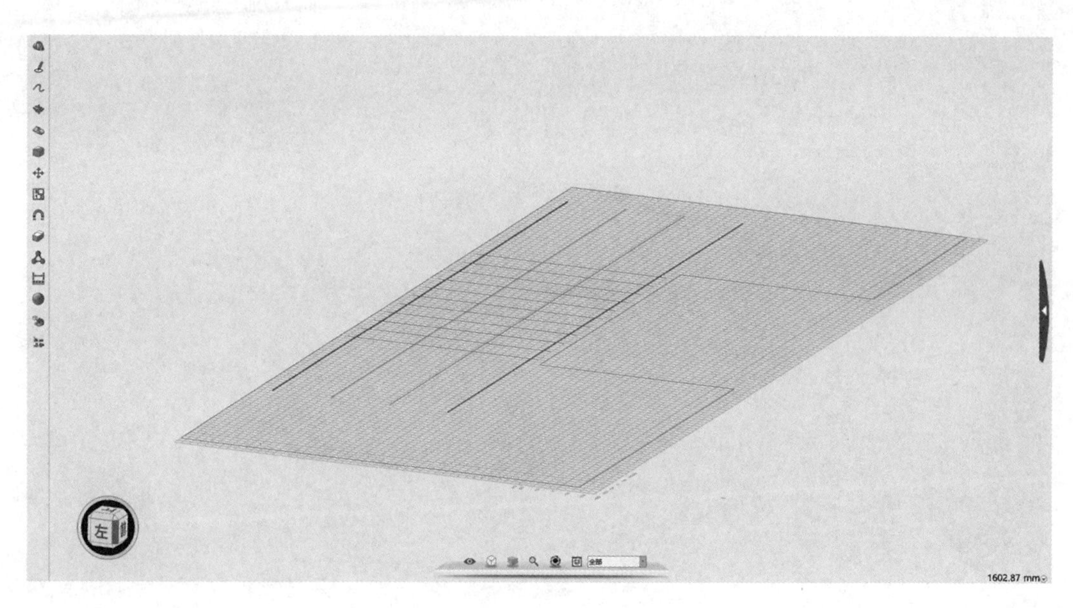

图 7-20　隐藏结构轮廓体

（2）切换视图为上视图，点击“草图绘制”中“参考几何体”命令，选择上部纵筋和下部纵筋，点击确认。点击视图工具栏中“显示 / 隐藏”命令，隐藏底图。

（3）旋转视图至合适位置，点击“草图绘制”中“圆形”命令，选择钢筋端点为参考面，绘制直径为 16 的圆形，如图 7-21 所示。

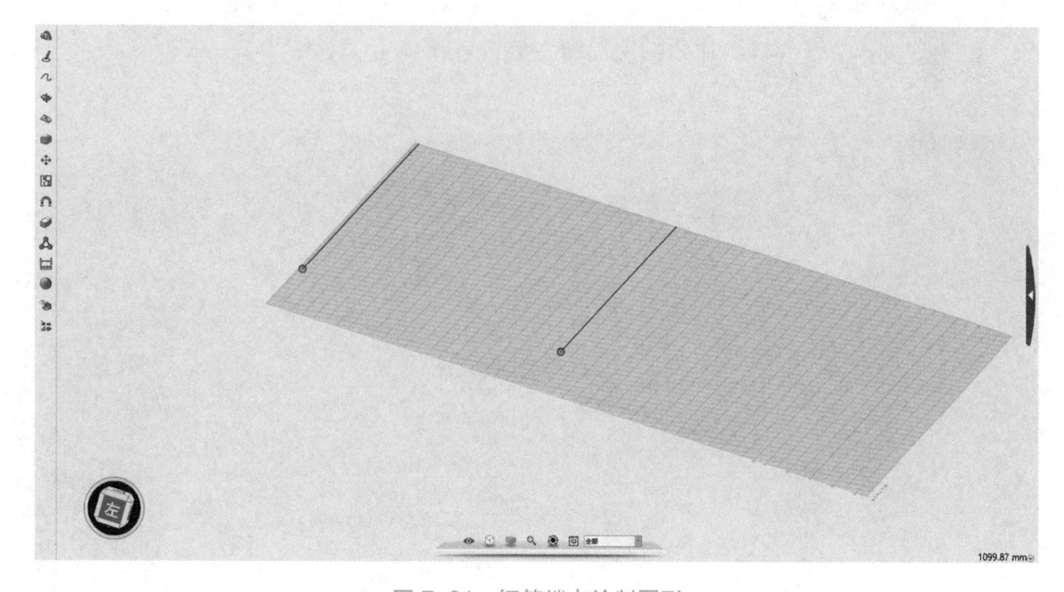

图 7-21　钢筋端点绘制圆形

（4）点击“特征造型”中“扫掠”命令，选择圆形为轮廓，钢筋为路径，点击确定完成纵筋模型创建，如图 7-22 所示。

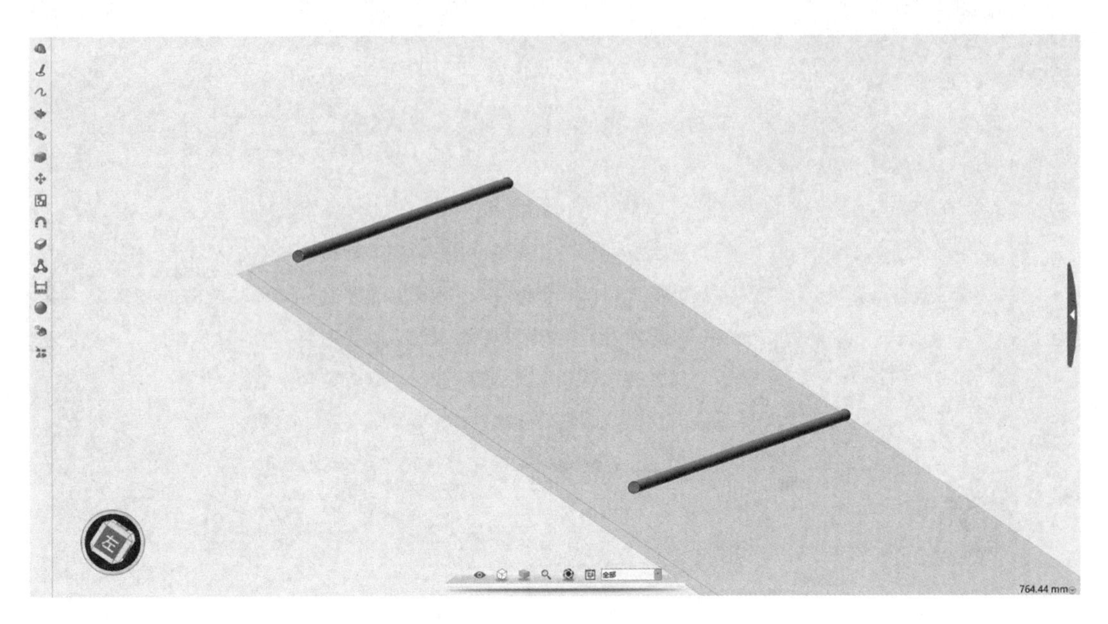

图 7-22　纵筋模型创建

（5）切换视图为左视图，选择创建完成的两根纵筋模型，点击“基本编辑”中“移动”命令，切换移动模式为“动态移动”，拖动向上坐标轴，输入移动距离 28，完成两根纵筋的位置移动，如图 7-23 所示。

（6）选择移动完成的两根纵筋模型，点击“基本编辑”中“阵列”命令，选择方向向上，修改阵列距离为 144，阵列钢筋根数 2 根，点击完成，如图 7-24 所示。

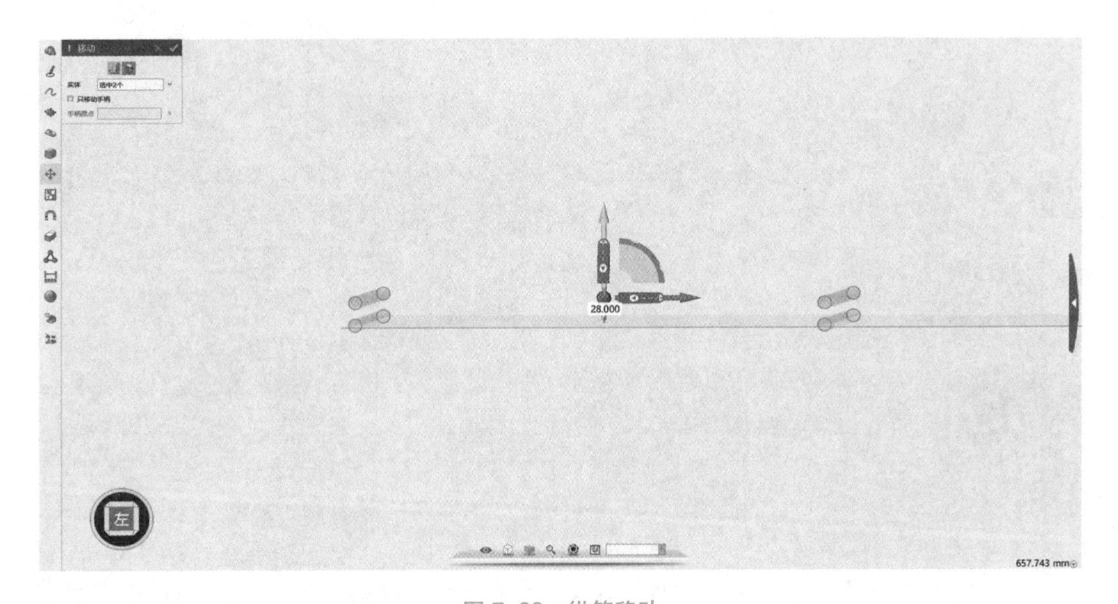

图 7-23　纵筋移动

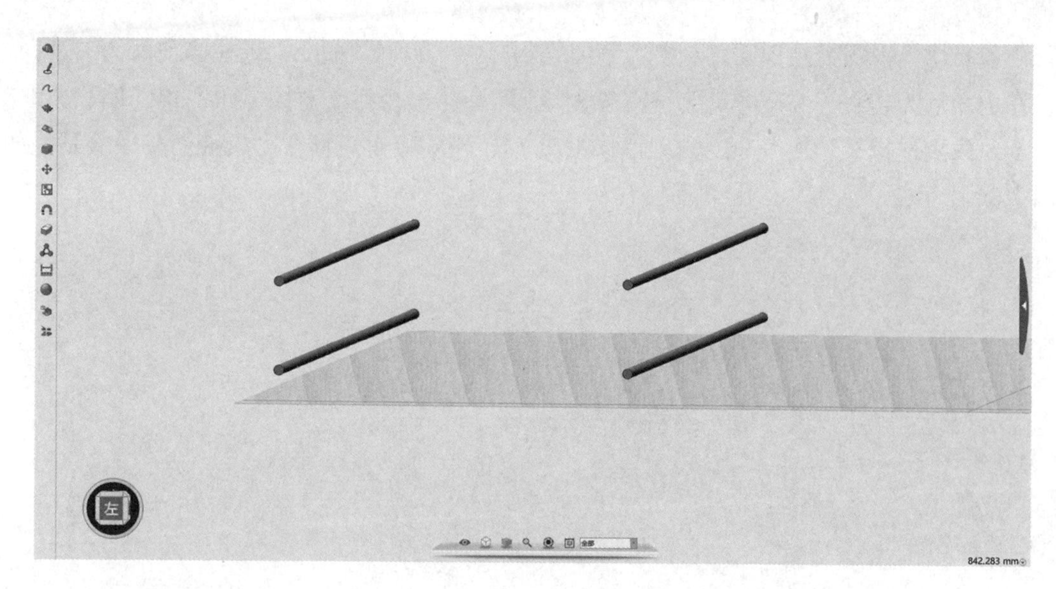

图 7-24　纵筋阵列

6. 连梁腰筋模型创建

参考连梁纵筋模型创建步骤，创建直径为 10，保护层厚度为 20 的腰筋模型，如图 7-25 所示。

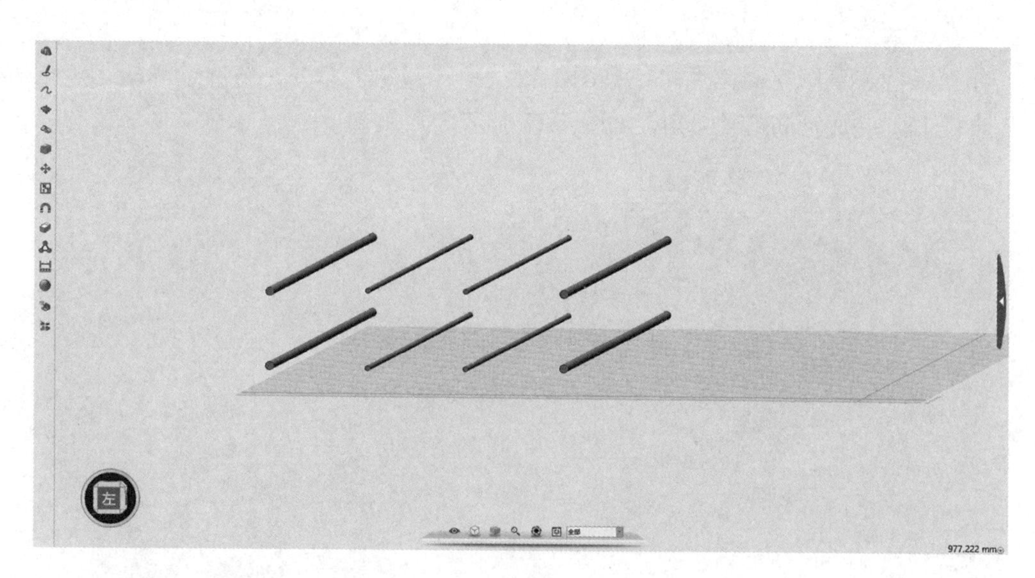

图 7-25　腰筋模型创建

7. 连梁箍筋模型创建

（1）点击视图工具栏中“显示 / 隐藏”命令，点击“显示全部”命令，将所有构件显示；点击视图工具栏中“渲染模式”命令，点击“消隐”命令，将构件以三维线框形式显示。

（2）切换视图为左视图，点击“草图绘制”中“矩形”命令，选择当前面为参考面，以左上角筋为起点，右下角筋为终点绘制矩形；点击命令栏“草图编辑”中“偏移曲线”命令，依次选择矩形4个边，输入偏移距离14，删除原有矩形，完成箍筋路径绘制，如图7-26所示。

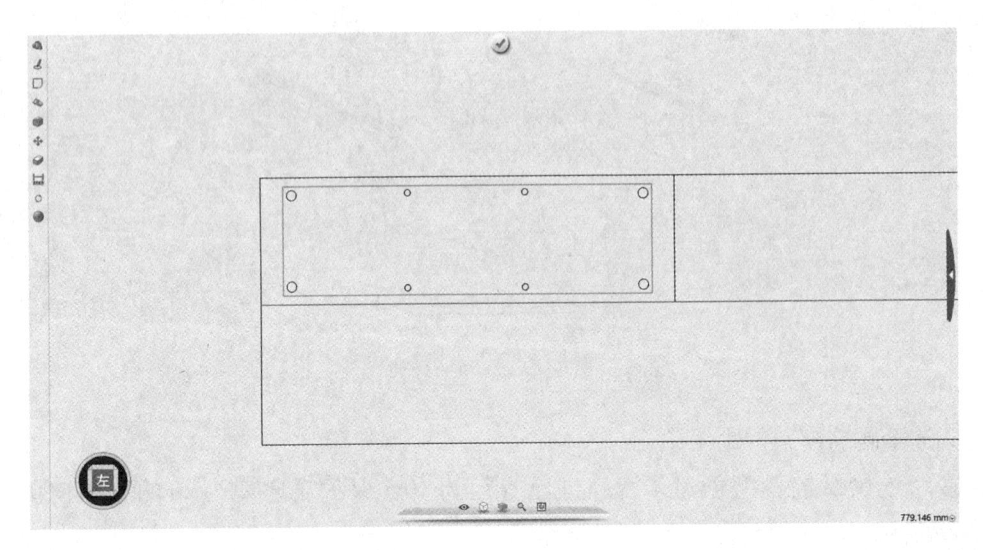

图7-26　箍筋路径

（3）保持在草图空间，点击“草图编辑”中“圆角”命令，依次选择矩形4条边，输入半径15，完成箍筋路径圆角，如图7-27所示。

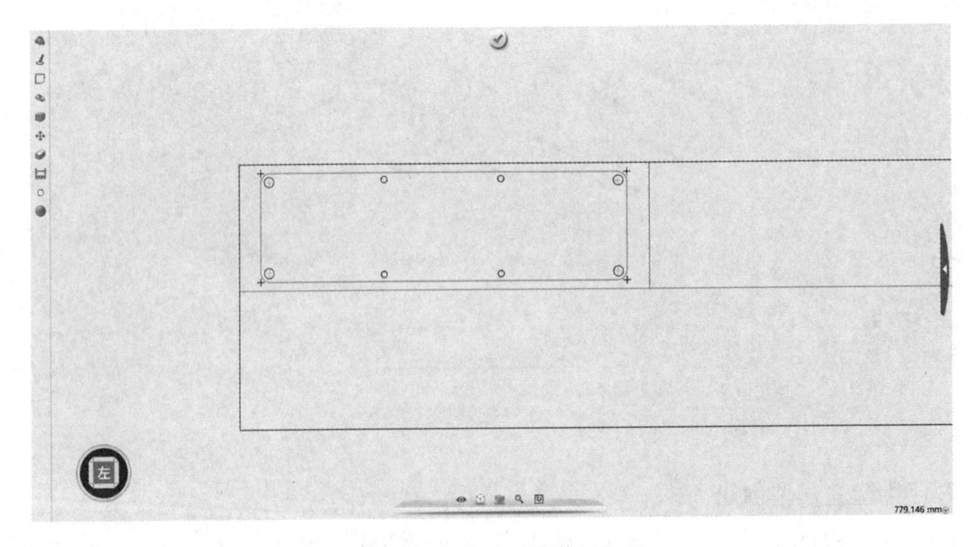

图7-27　箍筋路径圆角

（4）点击确认退出草图空间，点击“草图绘制”中“圆形”命令，选择箍筋路径任意点为参考面，绘制直径为 8 的圆；点击“特征造型”中“扫掠”命令，选择圆形为轮廓，箍筋为路径，点击确定完成箍筋模型创建。切换渲染模式为着色模式，如图 7-28 所示。

（5）点击视图工具栏中“显示 / 隐藏”命令，点击“隐藏几何体”命令，隐藏结构轮廓体；切换视图为上视图，点击“基本编辑”中“移动命令”命令，切换移动模式为“动态移动”，拖动向右坐标轴，输入移动距离 -1250，完成箍筋位置移动，如图 7-29 所示。

（6）选择移动完成的箍筋模型，点击“基本编辑”中“阵列”命令，选择方向向右，修改阵列距离为 1000，阵列根数 11 根，点击完成，如图 7-30 所示。

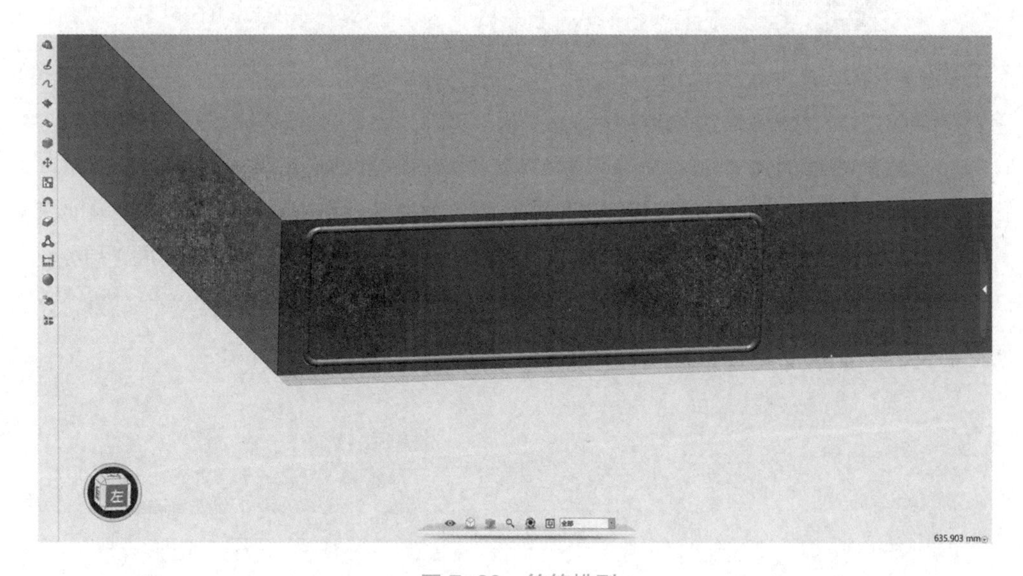

图 7-28　箍筋模型

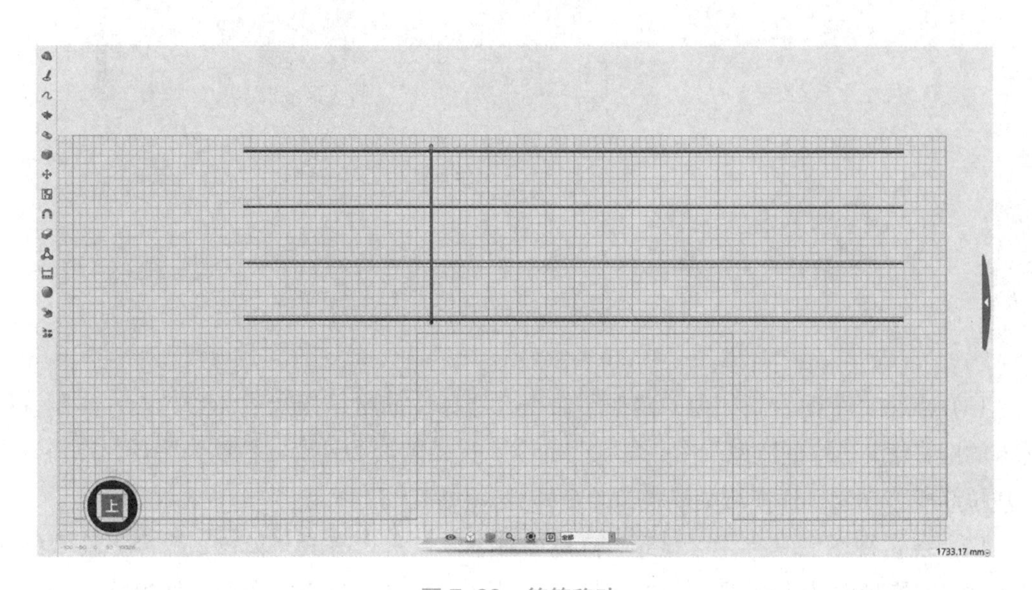

图 7-29　箍筋移动

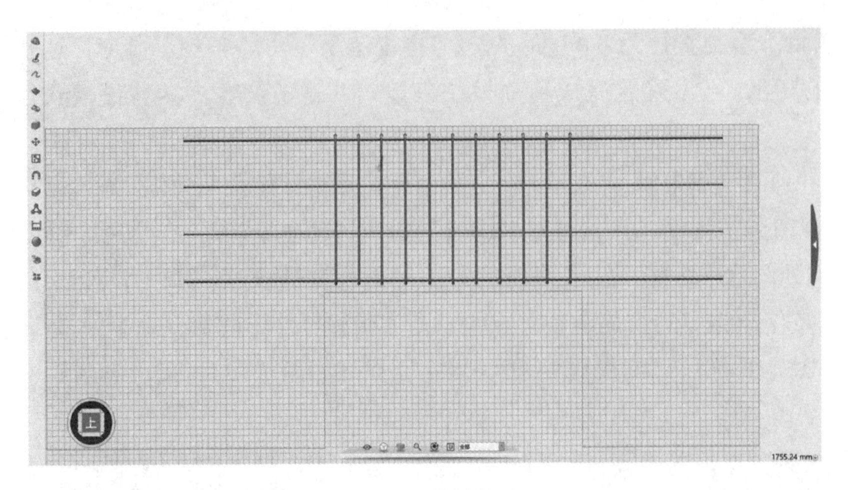

图 7-30　箍筋偏移

8. 连梁拉筋模型创建

（1）点击视图工具栏中“显示 / 隐藏”命令，点击“显示全部”命令，将所有构件显示；点击视图工具栏中“渲染模式”命令，点击“消隐”命令，将构件以三维线框形式显示。

（2）切换视图为左视图，点击“草图绘制”中“直线”命令，选择当前面为参考面，根据箍筋位置绘制拉筋路径，点击确认退出草图空间，如图 7-31 所示。

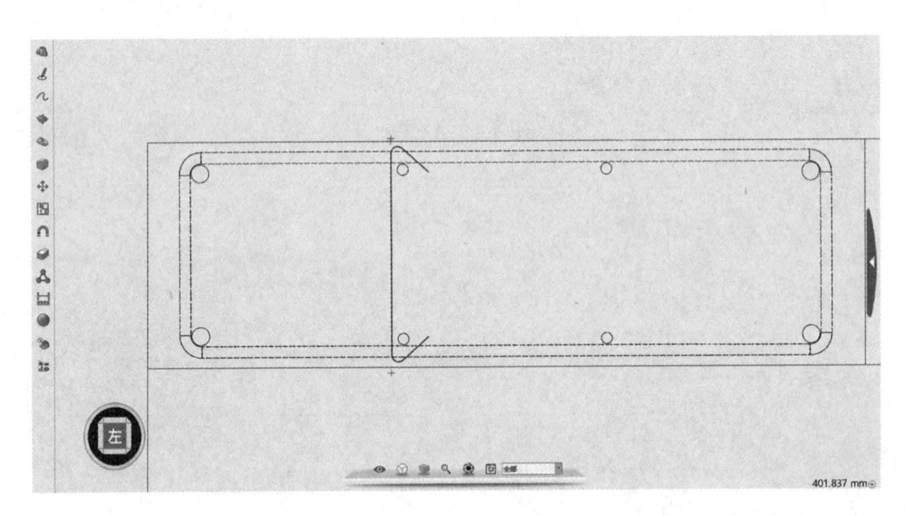

图 7-31　拉筋路径

（3）点击“草图绘制”中“圆形”命令，选择拉筋路径任意点为参考面，绘制直径为 6 的圆；点击“特征造型”中“扫掠”命令，选择圆形为轮廓，拉筋为路径，点击确定完成拉筋模型创建。切换渲染模式为着色模式，如图 7-32 所示。

（4）点击视图工具栏中“显示 / 隐藏”命令，点击“隐藏几何体”命令，隐藏结构轮廓体；切换视图为上视图，点击“基本编辑”中“移动命令”命令，切换移动模式为

“动态移动”，拖动向右坐标轴，输入移动距离 -1243；点击手柄侧边并滑动，输入旋转角度 -45°，完成箍筋位置调整，如图 7-33 所示。

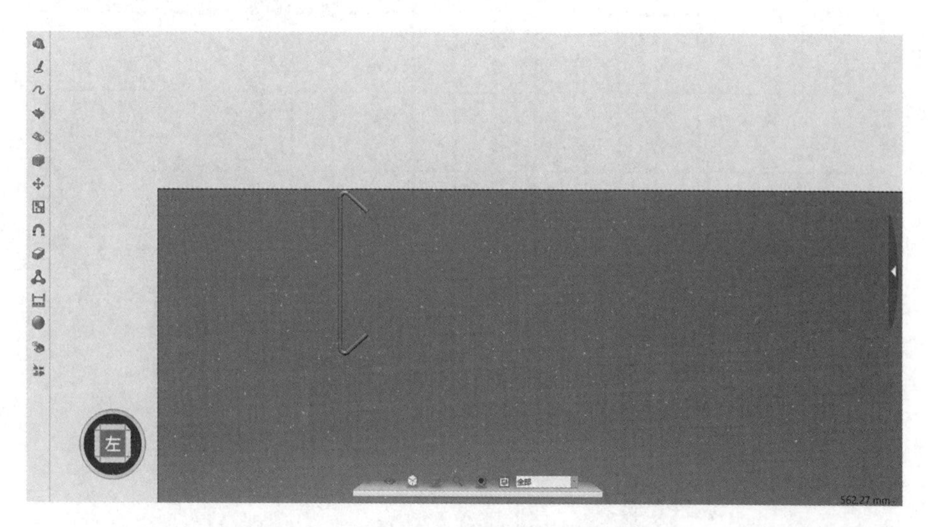

图 7-32　拉筋模型

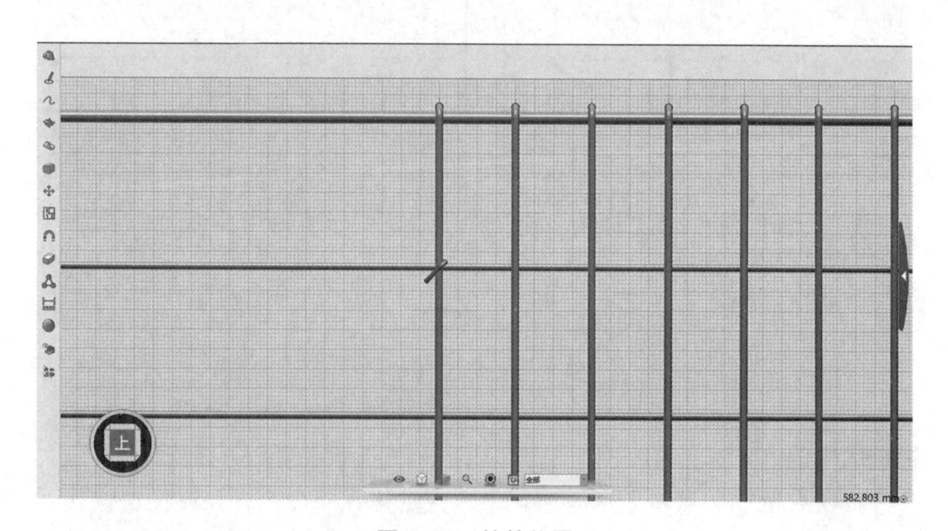

图 7-33　拉筋位置

（5）选择调整完成的拉筋模型，点击“基本编辑”中“阵列”命令，选择方向向右，修改阵列距离为 1000，阵列根数 6 根，点击完成，完成第一排拉筋创建，如图 7-34 所示。

（6）选择第一排所有拉筋模型，使用组合键“Ctrl+C”复制命令，以第一排腰筋端点为起始点，第二排腰筋端点为目标点，将第一排拉筋复制至第二排，全选第二排拉筋，将第二排拉筋向右整体移动 -100，删除多余拉筋，完成第二排拉筋创建，如图 7-35 所示。

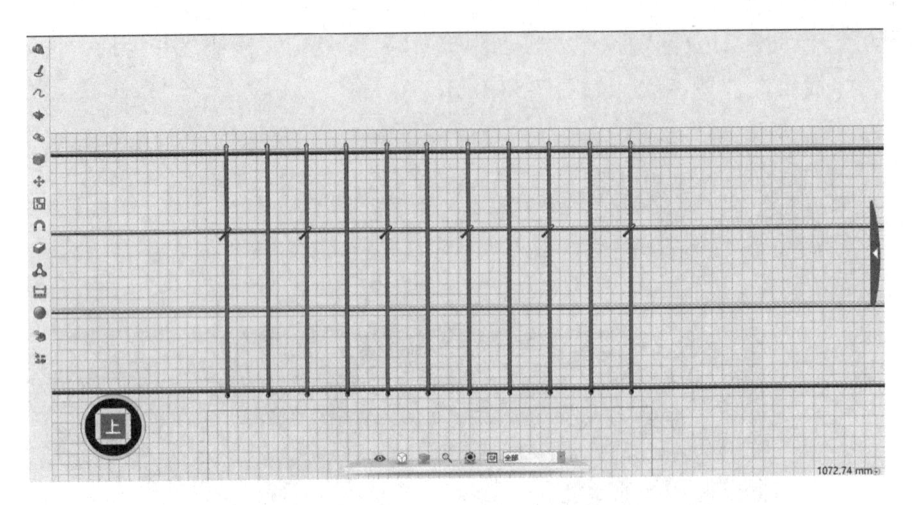

图 7-34　第一排拉筋

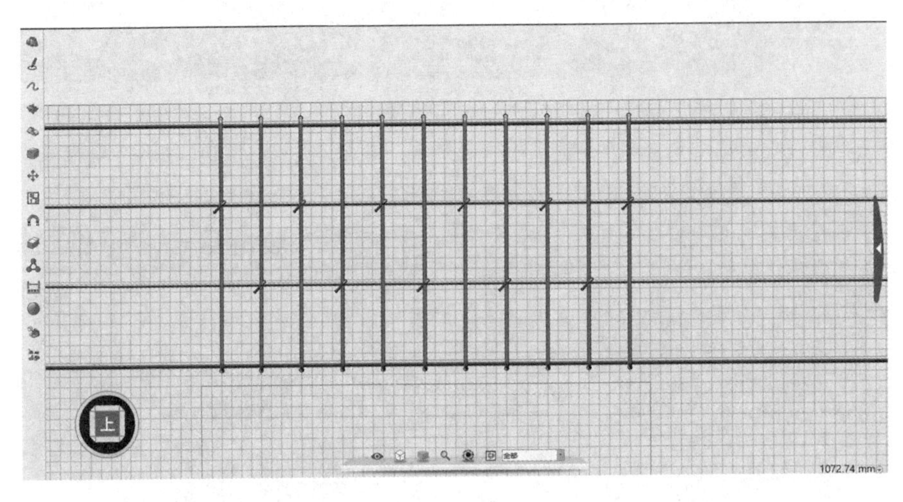

图 7-35　第二排拉筋

9. 视觉优化

(1) 选择所有钢筋，点击“资源库”中“视觉样式”命令，在贴图中选择适当的材料贴图，对钢筋模型进行贴图。

(2) 点击视图工具栏中“显示 / 隐藏”命令，点击“显示全部”命令，将所有构件显示。

(3) 选择结构轮廓体，点击“颜色”命令，选择合适的颜色和透明度，完成连梁节点模型创建。

【任务总结】

1. 通过教师课堂演示讲解，让学生了解连梁节点模型创建方法；

2. 通过练习，掌握创建结构节点三维模型的方式。

【任务拓展】

创建如图 7-36 所示的 KL1 结构节点模型。

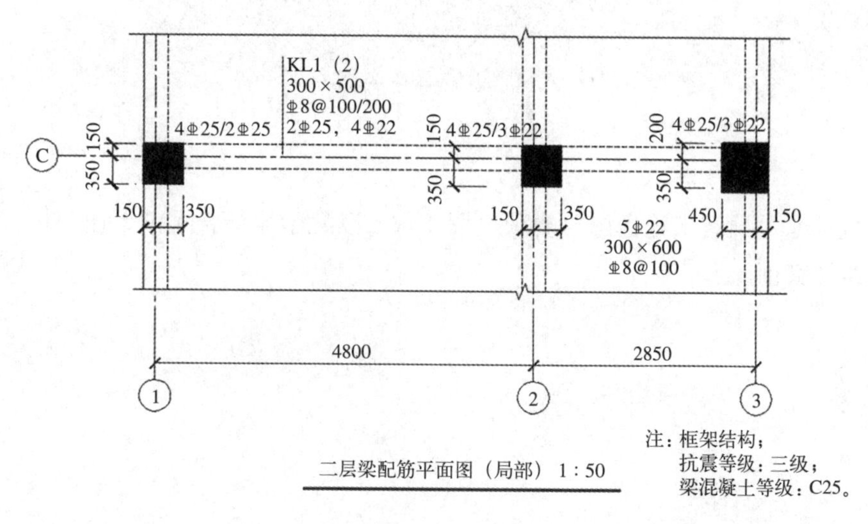

图 7-36 KL1

综合实训 1
“建筑工程识图”赛项绘图实训

结合近年来“建筑工程识图”赛项绘图要求，以某学校综合实训大楼为例，为广大师生提供绘图实训。

模块一　建筑识图与绘图

任务一　建筑施工图识图（略）

任务二　建筑施工图绘图

试题 1：建筑平面图绘制

按照工程变更单建筑施工图变更内容，完成某学校综合实训大楼一层平面图局部绘制（⑥－⑨轴）。

绘图要求：

1. 按表 1 设置图层。

表 1

图层名称	颜色	线型	线宽
轴线	红	CENTER	0.15
墙体和楼板	255	连续	0.5
门窗	青	连续	0.2
玻璃幕墙	125	连续	0.2
金属构件	黄	连续	0.2
标注	绿	连续	0.15
文字	白	连续	默认
其他	191	连续	0.15

2. 文字样式设置

设置样式名“汉字”，字体名为“仿宋”，宽高比为 0.7；设置样式名“非汉字”，字体名为“Simplex”，宽高比为 0.7。

3. 尺寸标注样式设置

尺寸标注样式名为“尺寸”。文字样式选用“非汉字”，箭头大小为 1.2mm，基线间距 8mm，尺寸界限偏移尺寸线 2mm，尺寸界限偏移原点 5mm，文字高度 3mm，使用全局比例为 100。

4. 其他

（1）须注写房间名称，采用 3.5 号字；图名比例无须注写。

（2）电梯轿厢、卫生洁具、消防设施、配电排水设施、预留孔洞、消防救援口等无须绘制；索引符号、引出标注、箭头等无须绘制；尺寸只须标注外部两道尺寸、轴线编号；须标注标高、门窗编号。

（3）除注明外，墙厚 200mm；所有门居墙中；门开启线均为 90 度；门以双线绘制，厚度 30mm；未注明尺寸的门垛均绘制 100 或贴柱边。

5. 绘图比例 1∶1，出图比例 1∶100。

保存要求：

完成绘制任务后，将绘制好的试题 1 保存在指定的文件夹，文件名为“试题 1-xxx.dwg”，xxx 为赛位号。

试题 2：建筑立面图绘制

在已经给出的图形基础上，找出错点或遗漏点并修改，完成某学校综合实训大楼⑥ - ⑨立面图（折断线以外无须绘制，转角按正投影绘制）。

绘制要求：

1. 按表 2 设置图层，线宽默认。

表 2

图层名称	颜色	线型
轴线	1	CENTER
立面线	255	连续
门窗分格及开启线	青	连续
金属构件线	125	连续
标注	绿	连续

2. 其他

（1）龙骨按实际尺寸用双线绘制，其余门窗分格线均用单线绘制；

（2）饰面板、雨篷等投影无需绘制；无须绘制材料图例、无须图案填充及文字注释等；

（3）须绘制层高定位线及水平定位轴线，须标注轴线号；

（4）文字、尺寸标注样式设置同试题 1；

（5）须标注垂直方向 3 道尺寸、标高；须标注水平方向轴线尺寸与总尺寸。图名比例无须注写。

3. 绘图比例 1：1，出图比例 1：100。

保存要求：

完成绘制任务后，将绘制好的试题 2 保存在以赛位号命名的文件夹，文件名为“试题 2-xxx.dwg”，xxx 为赛位号。

试题 3：建筑剖面图绘制

打开一层平面图，在已给出的图形基础上，结合以下要求，完成Ⅳ－Ⅳ剖面图的绘制。绘制要求：

1. 按表 3 设置图层。

表 3

图层名称	颜色	线型	线宽
剖切到的构件	255	连续	0.5
剖切到的门窗	青	连续	0.2
文字	白	连续	默认
标注	绿	连续	0.2
轴线	1	CENTER	0.15
填充	8	连续	0.15
其他	6	连续	0.15

2. 其他

（1）除注明外，板厚均为 120mm；

（2）无须绘制建筑粉刷层；框架梁、过梁按图纸绘制，墙梁同墙厚；

（3）梁、柱投影可见线无须绘制；投影可见门用单线绘制；钢筋混凝土部分需填实，其余无须进行材料图例填充；

（4）标注必要的尺寸和标高，样式同试题 1；须注写房间名称。

3. 绘图比例 1 : 1，出图比例 1 : 100。

保存要求：

完成绘制任务后，将绘制好的试题 3 保存在以赛位号命名的文件夹，文件名为“试题 3-xxx.dwg”，xxx 为赛位号。

试题 4：建筑楼梯图绘制

在已给出的图形基础上，结合以下要求，完成楼梯 1-1 剖面图的绘制（折断线以外无须绘制）。

1. 按表 4 设置图层。

表 4

图层名称	颜色	线型	线宽
轴线	1	CENTER	0.15
剖切到的构件	255	连续	0.5
投影可见线	6	连续	0.2
剖切到的门窗	青	连续	0.2
填充	8	连续	0.15
文字	白	连续	默认
标注	绿	连续	0.2

2. 其他

(1) 除注明外，板厚均为 120mm；无须绘制建筑粉刷层；墙厚 200mm；门窗四线间距为 70mm、60mm、70mm；梁尺寸 250mm × 550mm（墙体处梁宽与墙厚同）；过梁宽同墙厚，高度 250mm；

(2) 栏杆扶手无须绘制；须表示防火隔墙区域，以 45° 斜线填充；其余材料图例无须填充；

(3) 标注必要的尺寸和标高，样式设置同试题 1；图名比例无须注写。

3. 绘图比例 1 : 1，出图比例 1 : 50。

保存要求：

完成绘制任务后，将绘制好的试题 4 保存在以赛位号命名的文件夹，文件名为“试题 4-xxx.dwg”，xxx 为赛位号。

任务三　建筑模型三维转换

试题 5：建筑节点图绘制

在已给出的图形基础上，结合以下要求，完成某学校综合实训大楼三、四层平面图中⑭ - Ⓓ 轴处楼梯间墙身节点④的绘制（如图所示处），折断线外无需绘制。具体要求如下：

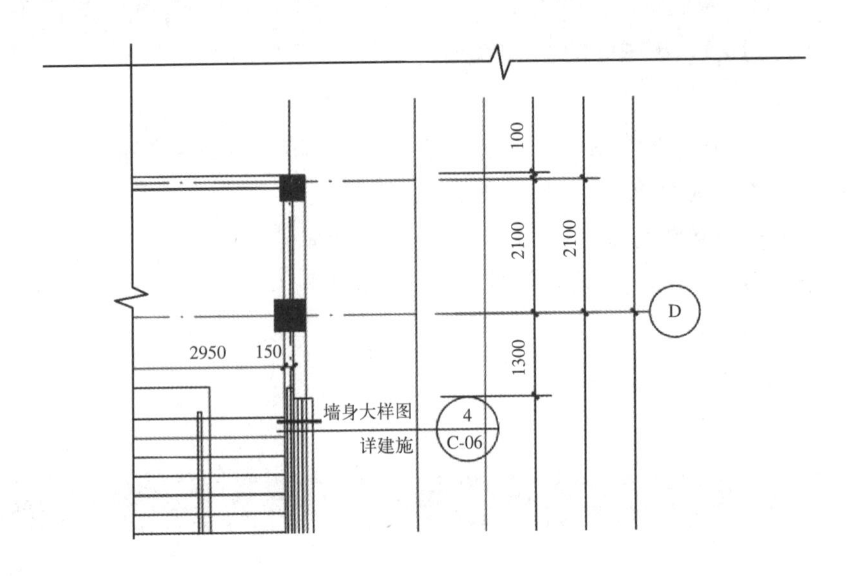

绘制要求：

1. 按表 5 设置图层。

表 5

图层名称	颜色	线型	线宽
结构轮廓线	255	连续	0.5
材料构造线	243	连续	0.2
剖切到的门窗	青	连续	0.2
轴线	1	CENTER	0.15
填充	8	连续	0.15
文字	白	连续	默认
标注	绿	连续	0.2

2. 文字样式设置

设置样式名“汉字”，字体名为“仿宋”，宽高比为 0.7；设置样式名“非汉字”，字体名为“Simplex”，宽高比为 0.7。

3. 尺寸标注样式设置

尺寸标注样式名为“尺寸”。文字样式选用“非汉字”，箭头大小为 1.2mm，基线间距 8mm，尺寸界限偏移尺寸线 2mm，尺寸界限偏移原点 5mm，文字高度 3mm，使用全局比例为 20。

4. 其他

（1）窗台做钢筋混凝土压顶，内外均出挑墙面 100mm，厚 100mm；外窗台铝板面层，坡度 3%；厚度 8mm；

（2）面层粉刷厚度按 50mm 绘制；其余（板底、梁等）粉刷按 20mm 绘制；

（3）须标注必要的尺寸和标高，且进行文字注释；

（4）正确进行材料图例填充。

5. 绘图比例 1∶1，出图比例 1∶30。

保存要求：

完成绘制任务后，将绘制好的试题 5 保存在以赛位号命名的文件夹，文件名为"试题 5-xxx.dwg"，xxx 为赛位号。

试题 6：建筑节点三维转换

将完成的试题 5 建筑节点图，在建模软件内创建节点构造模型。

模型建立要求：

1. 建模比例 1∶10。

2. 材质要求：须在对应位置贴材质，使用材质名称：砖、混凝土，其余材质按软件默认。

3. 玻璃设置为白色，透明度 50%。

保存要求：完成绘制任务后，将绘制好的试题 6 保存在以赛位号命名的文件夹，文件名为"试题 6-xxx.Z1"，xxx 为赛位号。

注：以上任务如提供样板图，已设置图层"样板"的图层已锁定，不得删除不得编辑修改。

模块二　结构识图与绘图

任务一：结构施工图识图（略）

任务二：结构施工图绘图

结构施工图绘图要求：

试题 1：绘制附录 4：某学校综合实训大楼施工图中结施图——基础平面结构布置图中 6 轴交 D 轴承台基础构造详图，标高范围为承台垫层底至 ±0.000。

绘图要求：

1. 绘制基础梁纵筋，标注钢筋信息，标注相关的构造尺寸（钢筋断点长度、锚固长度等）；

2. 绘制基础梁箍筋，标注箍筋信息，标注相关的构造尺寸（首道箍筋定位尺寸必须标注）；

3. 绘制指定位置的 1-1 断面图

（1）绘制基础梁轮廓，标注尺寸及标高；

（2）绘制基础梁钢筋，标注钢筋信息；

4. 绘图比例 1 : 1，出图比例 1 : 50（纵断面图）及 1 : 25（1-1 断面图），尺寸标注选用标注样式中“比例 50”及“比例 25”标注。

保存要求：

完成绘制任务后，将绘制好的试题 1 保存在指定文件夹，文件名为“试题 1-xxx.dwg”，xxx 为赛位号。

试题 2：根据提供的附录施工图文件——结施 04，综合识读后绘制 5 轴交 C 轴框架柱 KZ12 在 12.550-16.150 标高范围内柱内钢筋构造详图。

绘图要求：

1. 绘制指定范围内柱、梁轮廓线，标注柱、梁尺寸；
2. 绘制柱纵筋，标注纵筋信息；
3. 绘制柱纵筋连接构造，标注相关的构造尺寸；
4. 绘制柱箍筋，标注加密区及非加密区范围，标注箍筋信息（柱箍筋可示意绘制）；
5. 绘图比例 1 : 1，出图比例 1 : 50，尺寸标注选用标注样式中“比例 50”标注。

保存要求：

完成绘制任务后，将绘制好的试题 2 保存在指定文件夹，文件名为“试题 2-xxx.dwg”，xxx 为赛位号。

试题 3：根据提供的附录施工图文件——结施 06，综合识读后绘制标高 12.550 处 1/A 轴至 C 轴交 7 轴范围内框架梁 KL18（3A）的纵剖面图。

绘图要求：

1. 绘制指定范围内梁、柱轮廓线，标注梁、柱尺寸；
2. 绘制梁纵筋，标注钢筋信息，标注相关的构造尺寸（钢筋断点长度、锚固长度等）；
3. 绘制梁箍筋，标注加密区及非加密区范围，标注箍筋信息（梁箍筋可示意绘制）；
4. 绘图比例 1 : 1，出图比例 1 : 50，尺寸标注选用标注样式中“比例 50”标注。

保存要求：

完成绘制任务后，将绘制好的试题 3 保存在指定文件夹，文件名为“试题 3-xxx.dwg”，xxx 为赛位号。

试题 4：根据提供的附录施工图文件——结施 05，综合识读绘制 8.950~10.750 标高 AT2 楼梯板配筋构造。

绘图要求：

1. 绘制梯梁、梯板轮廓线，标注相关的尺寸及标高；
2. 绘制楼梯板钢筋，标注梯板钢筋信息，标注相关的构造尺寸；

3. 绘制楼梯 1-1 断面图

（1）绘制 1-1 断面轮廓，标注相关的尺寸；

（2）绘制 1-1 断面钢筋，标注钢筋信息；

4. 绘图比例 1 : 1，出图比例 1 : 25，尺寸标注选用标注样式中"比例 25"标注。

保存要求：

完成绘制任务后，将绘制好的试题 4 保存在指定文件夹，文件名为"试题 4-xxx.dwg"，xxx 为赛位号。

任务三：结构模型三维转换

试题 5：结构模型三维转换，根据完成的试题 3 中 KZ12 构造详图，在建模软件内创建构造模型。

模型建立要求：

1. 创建框架梁三维模型；
2. 创建框架梁纵筋及箍筋，钢筋颜色设置为红色；
3. 框架梁设置为灰色，透明度设置为 50%；
4. 框架梁模型创建比例 1 : 10。

注：墙身分布筋可不绘制；箍筋弯钩可不创建；箍筋直径按 10mm；纵筋直径按 20mm；保护层厚度按 20mm；钢筋材质无需贴图。

保存要求：

完成绘制任务后，将绘制好的试题 5 保存在指定文件夹，文件名为"试题 5-xxx.Z1"，xxx 为赛位号。

<table>
<tr><td colspan="10" align="center">工程变更单</td></tr>
<tr><td>建设单位</td><td></td><td>设计号</td><td></td><td>专业</td><td>建筑</td><td>编号</td><td></td><td>日期</td><td></td></tr>
<tr><td>项目名称</td><td>某学校综合实训大楼</td><td>变更原因</td><td colspan="4"></td><td colspan="3">共　页　第　页</td></tr>
<tr><td>主送单位</td><td></td><td>抄送单位</td><td colspan="7"></td></tr>
<tr><td colspan="10">变更内容：
建筑施工图变更如下：
在门厅右侧增加一间 30 人实训室，⑧轴与 Ⓑ、⑧轴 - ⑨轴与 Ⓑ 轴处新增墙体，墙厚 200，该实训室的门编号为 M1230。</td></tr>
</table>

综合实训 2
"1+X" 建筑工程识图职业技能等级考证绘图实训

结合近年来"1+X"建筑工程识图职业技能等级考证绘图要求，以某学校综合实训大楼为例，为广大师生提供绘图实训。

任务一：绘图环境及打印设置（初级）

1. 新建文件

启动 CAD 绘图软件，自行完成新建后按要求进行设置。

2. 设置绘图环境参数

（1）设置图形单位中长度、角度、精度的保留小数点位数（精度设置为 0.00）。

（2）根据绘图习惯，调整绘图选项板中十字光标大小、自动捕捉标记大小、靶框大小、拾取框大小和夹点大小。

（3）自定义草图设置

3. 设置图层、文字样式、标注样式

（1）图层设置至少包括：轴线、墙体、门窗、楼梯踏步、散水坡道、标注、文字、填充等。图层颜色自定，图层线型和线宽应符合建筑制图国家标准要求。

（2）设置两个文字样式，分别用于"汉字"和"非汉字"的注释，所有字体均为直体字，宽度因子为 0.7。

①用于"汉字"的文字样式

文字样式命名为"HZ"，字体名选择"仿宋"。

② 用于"非汉字"的文字样式

文字样式命名为"FHZ"，字体名选择"simplex.shx"，大字体选择"HZTXT"。

（3）设置尺寸标注样式

尺寸标注样式名为"BZ"，其中文字样式用"FHZ"，其他参数请根据国标的相关要求进行设置。

4. 模型空间、布局空间设置参数

（1）在模型空间和布局空间分别按 1 : 1 比例放置符合国标的 A3 横向图框，并按照出图比例进行缩放。设置布局名称为"PDF-A3"。

（2）按照出图比例设置视口大小，并锁定浮动视口比例及大小尺寸。

5. 打印设置

配置打印机 / 绘图仪名称为 DWG TO PDF.pc5；纸张幅面为 A3、横向；可打印区域页边距设置为 0，采用单色打印，打印比例为 1∶1，图形绘制完成后按照出图比例进行布局出图。

6. 文件保存要求

将文件命名为"学号 + 任务一"保存至电脑，保存格式为 .dwg。

任务二：三面投影图绘制（初级）

1. 新建文件

启动 CAD 绘图软件，自行完成新建后按要求进行绘制。

2. 绘图要求

（1）抄绘下列主视图与俯视图。

（2）补充绘制图样的左视图。

（3）无需标注尺寸。

3. 文件保存要求

将文件命名为"学号 + 任务二"保存至电脑，保存格式为 .dwg。

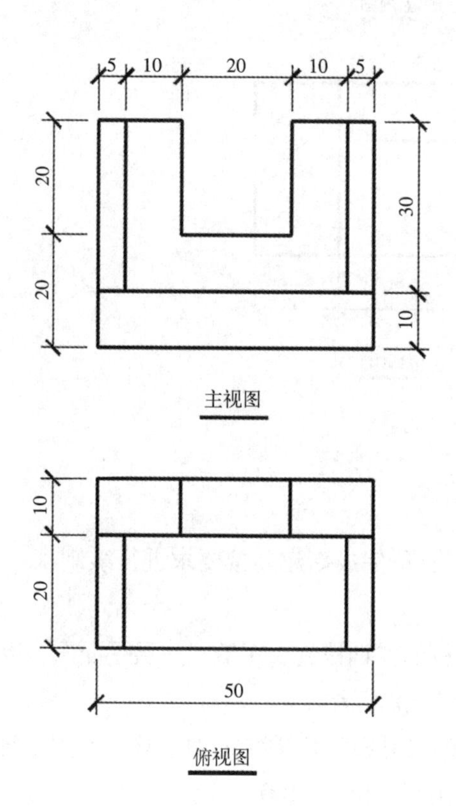

任务三：轴测图绘制（初级）

1. 新建文件

启动 CAD 绘图软件，自行完成新建后按要求进行绘制。

2. 绘图要求

（1）根据给定组合体的三面投影图完成组合体正等轴测图的绘制。

（2）无需标注尺寸。

（3）提供的示例图仅供参考。

3. 文件保存要求

将文件命名为“学号 + 任务三”保存至电脑，保存格式为 .dwg。

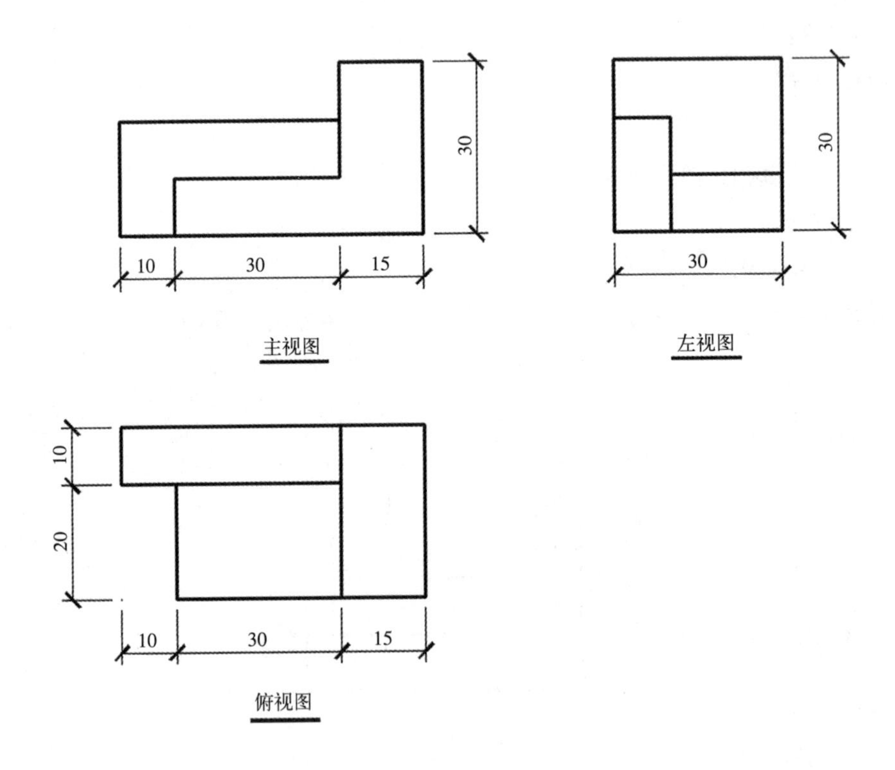

任务四：施工图绘制（初级）

1. 新建文件

启动 CAD 绘图软件，自行完成新建后按要求进行绘制。

2. 绘图要求

（1）抄绘附录 1：某学校的实训楼施工图纸“一层平面图”中④轴 ~ ⑥轴与Ⓐ轴 ~ Ⓑ轴围成的区域，房间内部尺寸无需标注。

（2）图中未明确标注的尺寸根据住宅建筑构造常见形式自行决定。

（3）绘图比例 1∶1，出图比例 1∶100。

(4) 仅需绘制墙体、门窗及门窗编号、柱子、台阶、标高、功能区文字、索引符号、外部尺寸标注、指北针和图名。无需绘制楼梯、家具、保温线、电梯图例等其他图元。

3. 文件保存要求

将文件命名为"学号 + 任务四"保存至电脑，保存格式为 .dwg。

任务五：出图打印（初级）

1. 虚拟打印

将任务四绘制完成的"一层平面图"布置在 A3 图框布局中，布局设置与任务一要求保持一致，将"一层平面图"打印输出为 PDF 格式。

2. 文件保存要求

将 PDF 文件命名为"学号 + 任务五"保存至电脑。

任务六：建筑平面图绘制（中级）

1. 图层设置要求如下：

图层名称	颜色	线型 线宽	线宽
轴线	1	DASHDOT	0.15
墙体楼板	2	连续	0.5
门窗	4	连续	0.2
其余投影线	5	连续	0.13
填充	8	连续	0.05
尺寸标注	3	连续	0.09
文字	7	连续	默认
楼梯	2	连续	0.2
图框	6	连续	0.35
其他	6	连续	0.13

2. 文字样式设置

(1) 汉字：样式名为"汉字"，字体名为"仿宋"，宽高比为 0.7。

(2) 非汉字：样式名为"非汉字 "，字体名为"Simplex"，宽高比为 0.7。

3. 尺寸样式设置

尺寸标注样式名为"标注 100"。文字样式选用"非汉字"，箭头大小为 1.2mm，文字高度为 3mm，基线间距 10mm，尺寸界线偏移尺寸线 2mm，尺寸界线偏移原点 5mm，使用全局比例为100。主单位格式为“小数”，精度为“0”。

4. 抄绘附录1：某学校的实训楼施工图纸，三层平面图局部，并根据变更要求绘制完成。绘图比例1∶1，出图比例1∶100。绘制要求如下，其余未明确部分按现行制图标制。

绘制要求：

（1）绘制①轴 - ④轴与Ⓐ轴 -Ⓓ轴围和成的绘图区域；

（2）材料图例、家具、洁具、封闭阳台无需绘制；

（3）所有门均采用单线绘制，门定位居墙中绘制；

（4）尺寸标注仅绘制外围四道尺寸标注，内部尺寸标注无需绘制；

（5）要求绘制出相应的轴线及轴线编号、柱子及剪力墙、墙体、门窗、尺寸标注、图名、比例、房间名称、标高、门窗编号等。

5. 文件保存要求

将文件命名为“学号 + 任务六”保存至电脑。

任务七：建筑立面图绘制（中级）

1. 绘制附录1：某学校综合实训楼施工图纸中⑥轴 - ⑨轴立面图局部。绘图比例1∶1，出图比例1∶100。要求如下，其余未明确部分按现行制图标准绘图。

绘制要求：

（1）水平方向绘制范围为⑥轴 - ⑨轴，竖向方向为 −0.450m 到 19.800m 之间。

（2）根据图纸所给出的平立剖，画出正确的⑥轴 - ⑨轴立面图。

（3）门窗样式按门窗大样图绘制。

（4）需画出轴线、墙体、轮廓、地坪、门窗、尺寸、图名、比例、标高、标注等；百叶窗画出示意即可。

2. 文件保存要求

将文件命名为“ 学号 + 任务七 ”保存至电脑。

任务八：建筑详图绘制（中级）

1. 依据楼梯大样图，绘制附录1：某学校综合实训楼施工图纸，楼梯二层 ~ 六层局部剖面图。绘图比例1∶1，出图比例1∶50。要求如下，其余未明确部分按现行制图标准绘制。

绘图要求：

（1）绘制范围①轴到②轴，4.500 到 19.800m。

（2）需画出轴线、墙体、门窗、梯段、平台、各剖切看线、尺寸标注、图名、比例、标高。

（3）剖切到的构件需填充图例。

（4）楼梯栏杆无需绘制。

2. 文件保存要求

将文件命名为“学号 + 任务八”保存至电脑。

任务九：（中级）

1. 识读提供的施工图，绘制附录 1：某学校综合实训楼施工图纸，结施 04 中 KZ2 从 12.500 ~ 16.150 标高范围内柱纵断面图。

2. 绘制要求：

（1）绘制框架柱纵筋，标注全部纵筋的类型、直径；柱纵筋采用焊接连接，绘制柱纵筋焊接连接的位置，标注接头位置尺寸。

（2）绘制框架柱箍筋，标注箍筋的类型、直径、间距、范围（柱箍筋加密区的范围按 50 的倍数取值）。

（3）钢筋用粗实线绘制，图层不作要求。

（4）文字注写采用样板图中设定的文字样式“FS”。

（5）尺寸标注采用样板图中设定的标注样式“比例 50”。

（6）绘图比例 1 : 1，出图比例 1 : 50。

3. 保存和提交要求

绘制完成后保存为“学号 + 任务九 .dwg ”。

任务十：（中级）

1. 识读提供的施工图，绘制附录 1：某学校综合实训楼施工图纸，结施 10 四层梁配筋平面图中 KL3（5）指定位置的 1-1（④轴以左 1000mm）、2-2（④轴以左 3000mm）、3-3（⑦轴以右 800mm）截面图。

2. 绘制要求：

（1）绘制梁板轮廓线，标注梁的截面尺寸、梁面标高。

（2）绘制梁的纵筋，标注梁纵筋的类型、数量、直径。

（3）绘制梁的箍筋，标注梁箍筋的类型、直径、间距。

（4）钢筋用粗实线绘制，图层不作要求。

（5）文字注写采用样板图中设定的文字样式“FS”。

（6）尺寸标注采用样板图中设定的标注样式“比例 25”。

（7）绘图比例 1 : 1, 出图比例 1 : 25。

注：梁截面图绘制样式可参考样板图中示例图绘制。

3. 保存和提交要求

绘制完成后保存为“学号 + 任务十 .dwg”。

参考文献

[1] 黄晓丽，仇务东 . 建筑 CAD 实例教程（中望 CAD）. 北京：中国建筑工业出版社，2021.4.

[2] 杜瑞锋，韩淑芳，齐玉清 . 建筑工程 CAD. 北京：北京理工大学出版社，2020.6.

[3] 夏玲涛 . 建筑 CAD 技能实训 . 北京：中国建筑工业出版社，2012.6.

[4] 傅华夏．建筑三维平法结构图集 [M].2 版．北京：北京大学出版社，2018.

[5] 吴舒琛，王献文 . 土木工程识图（房屋建筑类）. 北京：高等教育出版社，2010.7.

[6] 吴承霞，韩超，赵霞主编；广州中望龙腾软件股份有限公司组织编写 . 建筑工程识图与绘图技能实训 . 北京：中国建筑工业出版社，2022.9.

[7] 王昌辉 . 建筑工程计算机辅助技术应用 . 北京：中国建筑工业出版社，2014.12.

[8] 王昌辉，付云芸 . 建筑 CAD. 武汉：中国地质大学出版社，2017.3.

[9] 程晓慧，冯雪芳 . 建筑 CAD. 武汉：中国地质大学出版社，2020.7.

[10] 中华人民共和国住房和城乡建设部．建筑结构制图标准（GB/T 50105—2010）[S]．北京：中国建筑工业出版社，2010。

[11] 中华人民共和国住房和城乡建设部．混凝土结构施工图平面整体表示方法制图规则和构造详图（现浇混凝土框架、剪力墙、梁、板）（22G101-1）[S]．北京：中国计划出版社，2022．

[12] 中华人民共和国住房和城乡建设部．混凝土结构施工图平面整体表示方法制图规则和构造详图（现浇混凝土板式楼梯）（22G101-2）[S]．北京：中国计划出版社，2022．

[13] 中华人民共和国住房和城乡建设部．混凝土结构施工图平面整体表示方法制图规则和构造详图（独立基础、条形基础、筏形基础、桩基础）（22G101-3）[S]．北京：中国计划出版社，2022．

附录 1 中望 CAD 常用的快捷命令

一、字母类

1. 对象特性

ADC，*ADCENTER（设计中心“Ctrl+ 2”）
CH，MO *PROPERTIES（修改特性“Ctrl+ 1”）
MA，*MATCHPROP（属性匹配）
ST，*STYLE（文字样式）
COL，*COLOR（设置颜色）
LA，*LAYER（图层操作）
LT，*LINETYPE（线形）
LTS，*LTSCALE（线形比例）
LW，*LWEIGHT（线宽）
UN，*UNITS（图形单位）
ATT，*ATTDEF（属性定义）
ATE，*ATTEDIT（编辑属性）
BO，*BOUNDARY（边界创建，包括创建闭合多段线和面域）
AL，*ALIGN（对齐）
EXIT，*QUIT（退出）
EXP，*EXPORT（输出其他格式文件）
IMP，*IMPORT（输入文件）
OP，PR *OPTIONS（自定义 CAD 设置）
PRINT，*PLOT（打印）
PU，*PURGE（清除垃圾）
R，*REDRAW（重新生成）
REN，*RENAME（重命名）
SN，*SNAP（捕捉栅格）
DS，*DSETTINGS（设置极轴追踪）
OS，*OSNAP（设置捕捉模式）
PRE，*PREVIEW（打印预览）
TO，*TOOLBAR（工具栏）
V，*VIEW（命名视图）
AA，*AREA（面积）
DI，*DIST（距离）
LI，*LIST（显示图形数据信息）

2. 绘图命令：

PO，*POINT（点）
L，*LINE（直线）
XL，*XLINE（射线）
PL，*PLINE（多段线）
ML，*MLINE（多线）
SPL，*SPLINE（样条曲线）
POL，*POLYGON（正多边形）
REC，*RECTANGLE（矩形）
C，*CIRCLE（圆）
A，*ARC（圆弧）
DO，*DONUT（圆环）
EL，*ELLIPSE（椭圆）

REG，*REGION（面域）
MT，*MTEXT（多行文本）
T，*MTEXT（多行文本）
B，*BLOCK（块定义）
I，*INSERT（插入块）
W，*WBLOCK（定义块文件）
DIV，*DIVIDE（等分）
H，*BHATCH（填充）

3. 修改命令：

CO，*COPY（复制）
MI，*MIRROR（镜像）
AR，*ARRAY（阵列）
O，*OFFSET（偏移）
RO，*ROTATE（旋转）
M，*MOVE（移动）
E，DEL 键 *ERASE（删除）
X，*EXPLODE（分解）
TR，*TRIM（修剪）
EX，*EXTEND（延伸）
S，*STRETCH（拉伸）
LEN，*LENGTHEN（直线拉长）
SC，*SCALE（比例缩放）
BR，*BREAK（打断）
CHA，*CHAMFER（倒角）
F，*FILLET（倒圆角）
PE，*PEDIT（多段线编辑）
ED，*DDEDIT（修改文本）

4. 视窗缩放：

P，*PAN（平移）
Z+ 空格 + 空格，* 实时缩放
Z，* 局部放大
Z+P，* 返回上一视图
Z+ E，* 显示全图

5. 尺寸标注：

DLI，*DIMLINEAR（直线标注）
DAL，*DIMALIGNED（对齐标注）
DRA，*DIMRADIUS（半径标注）
DDI，*DIMDIAMETER（直径标注）
DAN，*DIMANGULAR（角度标注）
DCE，*DIMCENTER（中心标注）
DOR，*DIMORDINATE（点标注）
TOL，*TOLERANCE（标注形位公差）
LE，*QLEADER（快速引出标注）
DBA，*DIMBASELINE（基线标注）
DCO，*DIMCONTINUE（连续标注）
D，*DIMSTYLE（标注样式）
DED，*DIMEDIT（编辑标注）
DOV，*DIMOVERRIDE（替换标注系统变量）

二、常用 CTRL 快捷键

【CTRL】+ 1 *PROPERTIES（修改特性）
【CTRL】+ 2 *ADCENTER（设计中心）
【CTRL】+ O *OPEN（打开文件）
【CTRL】+ N、M *NEW（新建文件）
【CTRL】+ P *PRINT（打印文件）
【CTRL】+ S *SAVE（保存文件）
【CTRL】+ Z *UNDO（放弃）
【CTRL】+ X *CUTCLIP（剪切）
【CTRL】+ C *COPYCLIP（复制）
【CTRL】+ V *PASTECLIP（粘贴）
【CTRL】+ B *SNAP（栅格捕捉）
【CTRL】+ F *OSNAP（对象捕捉）

【CTRL】+ G *GRID（栅格）

【CTRL】+ W *（对象追踪）

【CTRL】+ L *ORTHO（正交）

【CTRL】+ U *（极轴）

三、常用功能键

【F1】*HELP（帮助）

【F3】*OSNAP（对象捕捉）

【F8】*ORTHO（正交）

【F2】*（文本窗口）

【F7】*GRIP（栅格）

附录 2
某学校综合实训大楼施工图纸

7. 某综合实训
大楼施工图纸

某学校综合实训大楼施工图纸

图 纸 目 录

	图纸目录					设计号	
	项目名称：某学校综合实训大楼					共 × 页	

序号	图 号	图 纸 名 称	图幅	图纸张数		备 注
				新图	旧图	
1	建施 01	建筑施工图设计总说明				
2	建施 02	一层平面图				
3	建施 03	三、四层平面图				
4	建施 04	顶层平面图				
5	建施 05	①-⑭轴立面图				
6	建施 06	⑭-①轴立面图				
7	建施 07	Ⓓ-Ⓐ轴立面图　Ⓐ-Ⓓ轴立面图				
8	建施 08	Ⅰ-Ⅰ剖面图　Ⅱ-Ⅱ剖面图				
9	建施 09	Ⅲ-Ⅲ剖面图、实训室大样图、卫生间大样图				
10	建施 10	门窗大样图				
11	建施 11	墙身大样图、柱子大样图				
12	建施 12	楼梯间大样图、玻璃幕墙大样图				
13	建施 13	楼梯间大样图、电梯厅大样图				
14	结施 01	结构设计总说明				
15	结施 02	桩基础说明				
16	结施 03	基础平面结构布置图				
17	结施 04	框架柱平面结构布置图				
18	结施 05	基础梁结构布置图				
19	结施 06	四-五层梁结构布置图				
20	结施 07	四-五层楼板结构布置图				
21	结施 08	屋顶层梁结构布置图				
22	结施 09	楼梯间屋顶结构布置图				